"十二五"高等职业教育机电类专业规划教材

液 压 与 气 动

张耀武　主　编

王晓东　曹　飞　张晓英　副主编

U0310536

中国铁道出版社

CHINA RAILWAY PUBLISHING HOUSE

内 容 简 介

全书由液压技术和气动技术两篇组成。本书共分15章,其主要内容包括:液压系统流体力学基础、液压动力元件、液压执行元件、液压控制元件、液压辅助装置、液压基本回路、典型液压系统—组合机床液压系统、液压系统维护、气源装置、辅件及执行元件、气动控制元件、气动逻辑元件、气动控制回路、电子气动技术、电子液压技术以及液压设备的维护及故障诊断初步等。每章均附有习题以供检测知识掌握程度。

本书借鉴先进理念,以图代文,化繁为简;模块组合,层次分明;案例介绍,通俗易懂。舍弃了传统教材中繁琐的文字叙述、理论性较强的公式推导、复杂的元件结构图,取而代之的是简要的文字说明、结论性的经验公式、清晰的元件回路简图及生动的典型实例。书中将大量的形象图片和必要的说明文字进行有机地组合,在一定程度上降低了理论难度,还可以帮助学生提高学习效率,增强感性认识。

本书适合作为高等职业院校、高等专科院校以及成人高等院校机械设计制造类、自动化类等各相关专业的教学用书,也可作为中等专业学校机械类专业的教材,还可供相关专业的工程技术人员的参考用书。

图书在版编目(CIP)数据

液压与气动/张耀武主编. —北京:中国铁道出版社,2014.2

"十二五"高等职业教育机电类专业规划教材

ISBN 978 - 7 - 113 - 17881 - 9

Ⅰ.①液… Ⅱ.①张… Ⅲ.①液压传动—高等职业教育—教材②气压传动—高等职业教育—教材 Ⅳ.①TH137②TH138

中国版本图书馆 CIP 数据核字(2014)第 004499 号

书　　名:**液压与气动**

作　　者:张耀武　主编

策　　划:何红艳　　　　　　　　　　读者热线:400 - 668 - 0820

责任编辑:何红艳

编辑助理:耿京霞

封面设计:付　巍

封面制作:白　雪

责任校对:汤淑梅

责任印制:李　佳

出版发行:中国铁道出版社(100054,北京市西城区右安门西街8号)

网　　址:http://www.51eds.com

印　　刷:航远印刷有限公司

版　　次:2014 年 2 月第 1 版　　　　2014 年 2 月第 1 次印刷

开　　本:787mm×1092mm　1/16　印张:17　字数:412 千

印　　数:1~3 000 册

书　　号:ISBN 978 - 7 - 113 - 17881 - 9

定　　价:33.00 元

当前，液压传动技术水平的高低已成为衡量一个国家工业发展水平的重要标志。随着电子技术、计算机技术、信息技术、自动控制技术及新工艺、新材料的发展和应用，液压传动技术也在不断创新。液压传动技术已成为工业机械、工程建筑机械及国防尖端产品不可缺少的重要技术。而其向自动化、高精度、高效率、高速化、高功率、小型化、轻量化方向发展，是不断提高它与电传动、机械传动竞争能力的关键。液压传动正向高速化、高压化、集成化、大流量、大功率、高效、低噪声、经久耐用方向发展。本教程极力体现这些特征。

"液压与气动"是机械设计制造类、自动化类等各相关专业的专业基础课程。该课程是针对车辆、数控机床和大型机械等机电一体化设备的维护、保养和维修工作岗位职业能力的需求，从传统的发展起来的一门职业能力课程。

通过该课程的学习，使学生熟练掌握机电一体化设备的组装、调试、维护、保养和维修工作岗位所需要液压、气动以及电气控制的必备知识。学完后，学生能够正确选用液压、气动、电控等元件，能较熟练地理解和绘制液气压回路和电气控制原理图，了解液气压回路和电气控制回路的分析方法，得到实际应用的基本技能以及液压与气动系统的安装、调试、维护、保养以及诊断和排除系统故障的职业能力。

一、教材设计理念

以职业能力为目标，以先进、实用为原则，以够用为尺度、以就业市场为导向，做到既能及时反映本专业领域的新技术，又要突出高等职业教育特色，重点强化专业实践技能和职业能力的培养，以满足不断发展的市场对人才的培养要求。

1. 以职业能力为目标，重视职业能力的培养

培养职业能力是职业技术教育的核心，本课程按照机电一体化专业人员工作岗位职业能力要求和教、学、做合一的思想构建课程教学体系，大力开展工学结合，校企合作，加强实训、实习基地建设突出实践能力培养，改革人才培养模式，加大课程建设与改革的力度，增强学生的职业能力和专业技能。

2. 以先进、实用为原则，以够用为尺度进行教材设计

教育内容是根据当今机电一体化专业领域的行业发展对高职教学的要求，把现在广泛被民用的电液比例控制技术纳入本课程的教学中，做到既先进又实用。在安排教学内容的深度上本着理论够用的尺度，淡化了以前传统的液气压传动课程中的设计计算和研究型的理论，强化了实际操作技能，真正突出了高等职业教育的特色和实际工作岗位对毕业生的要求。

3. 以就业市场对本课程的要求来组织教材内容

毕业生可在交通部门、水力机械、电站动力设备、工程机械、建筑机械、流体传动与

控制、液力传动等研究制造部门进行相关工作，也可在高校从事相关实践教学工作。目前人才市场液压方面很缺人，都需要配置液压人员。

二、教材设计思路

本教材设计思路是按实际的液压与气动传动设备岗位工作为主线，通过企业调研、分析液压与气动设备装调与维修、维护与保养的工作过程和所需能力要求，通过行业专家论证，归纳出设备装调与维修、使用、维护与保养以及系统改造岗位所需要的专业知识和能力，以确定教材内容。

三、教材设计原则

（1）以学生为主体，按学生的认知规律设置学习内容。

（2）选择液压传动系统为切入点，按对液、气压传动设备的认知规律和维护、维修的检查工作过程的顺序进行设计。

（3）电液压及其电气控制是液气压传动设备的装调与维修、维护与保养以及系统改造的必备知识，因此，把它们也列入本课程的教学，使本课程真正融机、电、液、气于一体，适应液气压传动设备维护、维修技能的需要。

（4）以液气压传动设备的典型故障为载体，按机械系统、油路系统和电控系统的单一故障到综合故障进行叙述。液气压传动设备是电控系统控制电磁阀，电磁阀控制流体控制阀，流体控制阀控制流体的方向、压力和流量，从而控制机械执行机构动作的方向、速度和力度，因此液气压传动设备的电控系统、油路、机械系统任何一个处有故障就会造成动作无力或不动作的现象。因此用具有范例特征故障的排除过程，有利于对学生进行职业能力的培养。

四、对本课程的教学建议

本课程是综合性课程，因此在教学中应注意知识的迁移，贯彻应用性、针对性原则。教学中以学生为主体，可采用讨论课、故障案例分析等方法组织教学，使学生进行探究式学习，培养创新思维。

本书由呼和浩特职业学院铁道学院张耀武任主编，王晓东、曹飞、张晓英任副主编。参加本书编写工作的人员还有呼和浩特职业学院李耀伟、王宏亮、石明勋、迟洪、韩东伟、彭文良、崔立堃、赵朝，南京铁道职业技术学院杨昆等。呼和浩特职业学院机电工程学院崔星教授主审。赵朝承担了全部液压与气动外文资料的翻译工作。

本书通过了呼和浩特职业学院教材审定委员会审定。在此，对他们以及关心支持本书编写的各位同仁表示衷心的感谢！

由于时间仓促，加之编者水平有限，书中难免存在疏漏与不足之处，恳请广大读者不吝指教。

编　者
2013 年 12 月

目 录

第一篇 液 压 技 术

第二篇　气动技术

第一篇 液压技术

　　一个完整的液压系统由动力元件、执行元件、控制元件、辅助元件和液压油五个部分组成。动力元件的作用是将原动机的机械能转换成液体的压力能，用液压系统中的油泵向整个液压系统提供动力。液压泵的结构形式一般有齿轮泵、叶片泵和柱塞泵三种。执行元件（如液压缸和液压马达）的作用是将液体的压力能转换为机械能，驱动负载做直线往复运动或回转运动。控制元件（即各种液压阀）在液压系统中控制和调节液体的压力、流量和方向。根据控制功能的不同，液压阀可分为压力控制阀、流量控制阀和方向控制阀三种。其中压力控制阀又分为溢流阀（安全阀）、减压阀、顺序阀等；流量控制阀包括节流阀、调整阀、分流集流阀等；方向控制阀包括单向阀、液控单向阀、梭阀、换向阀等。根据控制方式不同，液压阀可分为开关式控制阀、定值控制阀和比例控制阀。辅助元件包括油箱、滤油器、油管及管接头、密封圈、压力表、油位油温计等。液压油是液压系统中传递能量的工作介质，分为各种矿物油、乳化液和合成型液压油等几大类。

　　现代的"液压"是电子和机械技术相结合的一种技术，它已经从传统的机控发展到电控，从状态控制发展到过程控制，当代的液压设备已经向自动化和智能化方向发展。在液压控制系统中，常用的控制方式是电子控制或 PLC 控制。虽然也有"纯液压"系统控制，但由于其控制较复杂，而且"纯液压"系统也不能实现复杂的控制，因此，较少采用。

第一章 绪 论

学习目标

1. 了解液压传动的发展概况。
2. 熟悉液压传动的工作原理及组成。
3. 了解液压传动的优缺点及其应用。

第一节 液压传动发展概况

利用液压传动这种方式来做功是从 1795 年英国制成第 1 台水压机开始的，至今已经有 200 多年的历史了。这种液压传动方式直到 20 世纪 30 年代才较普遍地应用于起重机、机床及工程机械。液压传动由于具有重量轻、快速性好、能无级调速、易于实现过载保护等优点在各工业部门得到十分广泛的应用。从第二次世界大战期间出现的响应迅速、精度高的液压控制机构所装备的各种军事武器到第二次世界大战结束后液压技术广泛应用于各种民用工业，其在现代农业、制造业、能源工程、化学与生化工程、交通运输与物流工程、采矿与冶金工程、油气探采与加工、建筑与公共工程、水利与环保工程、航天与海洋工程等领域获得了广泛的应用。

液压传动正向高速化、高压化、集成化、大流量、大功率、高效、低噪声、经久耐用方向发展。尤其是 20 世纪下半叶以来，液压技术与电子及信息技术相结合，发展了机械电子一体化的元器件及系统，新型液压元件和液压系统借助于计算机辅助设计（Computer Aided Design，CAD）、计算机辅助测试（Computer Aided Testing，CAT）、计算机直接智能控制（Computer Direct Control，CDC）及现场总线控制与实时监测等技术，实现机、电、液、计的机电一体化，智能化、网络化相结合是当前液压传动及控制技术发展和研究的方向。

液压传动技术水平的高低已成为衡量一个国家工业发展水平的重要标志。历史的经验证明，流控学科技术的发展，仅有 20% 是靠本学科的科研成果推动，50% 来源于其他领域的发明，移植其他技术成果占 30%，即大部分来源于其他相关学科进步的推动。随着应用了电子技术、计算机技术、信息技术、自动控制技术及新工艺、新材料的发展和应用，液压传动技术也在不断创新。液压传动技术已成为工业机械、工程建筑机械及国防尖端产品不可缺少的重要技术。而其向自动化、高精度、高效率、高速化、高功率、小型化、轻量化方向发展，是不断提高它与电传动、机械传动竞争能力的关键。目前，液压现场总线技术、自动化控制软件技术、纯水液压传动、电液集成块等方面的应用展示出液压传动技术发展动态。纯水液压传动以纯水（不含任何添加剂的天然水，含海水和淡水）为工作介质。而纯水的物理化学性质与液压油有很大的差别，所以纯水液压传动与油压传动相比既有优势又有技术难题。现场总线是连接智能化仪表和自动化系统的全数字式、双向传输、多分支结构的通信网络。自动化控制软件技术在多轴运动控制中，采用 SPS（Stoner Pipeline Simulator，石油天然气长输管道模拟计算软件）可编程控制技术。在这种情况下，以 PC（Personal Computer，个人计算机）为基础的现代控制技术也和自动化控制领域一样，运用于液压与气动。自动化控制软件将 SPS 的工作原则与操作监控两项任务集成而发挥优势。操作监控技术在伺服驱动中已经发展得比较成熟，并且具有强大的功能和功率。

第二节　液压传动的工作原理及其组成

一、概述

通常一部完整的机器主要由三部分组成，即原动机、传动机构和工作机。原动机包括电动机、内燃机等。工作机即完成该机器工作任务的直接部分，如车床的刀架、车刀、卡盘等。为适应工作机工作力和工作速度变化范围较宽的要求以及其他操作性能（如停止、换向等）的要求，在原动机和工作机之间设置了传动装置（又称传动机构）。

传动机构通常分为机械传动、电气传动和流体传动。其传动方式分别如下：

（1）机械传动：通过齿轮、齿条、蜗轮、蜗杆等机件直接把动力传送到执行机构的传递方式。

（2）电气传动：利用电力设备，通过调节电参数来传递或控制动力的传动方式。

（3）流体传动：是以流体为工作介质进行能量的转换、传递和控制的传动。流体传动分类如图 1-1 所示。

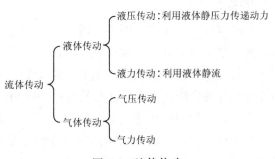

图 1-1　流体传动

二、液压传动的工作原理

液压传动的工作原理，可以用一个液压千斤顶的工作原理来说明。

图 1-2 所示是液压千斤顶的工作原理图。大油缸 9 和大活塞 8 组成举升液压缸。杠杆手柄 1、小油缸 2、小活塞 3、单向阀 4 和 7 组成手动液压泵。如提起手柄使小活塞向上移动，小活塞下端油腔容积增大，形成局部真空，这时单向阀 4 打开，通过吸油管 5 从油箱 12 中吸油；用力压下手柄，小活塞下移，小活塞下腔压力升高，单向阀 4 关闭，单向阀 7 打开，

下腔的油液经管道 6 输入举升油缸 9 的下腔，迫使大活塞 8 向上移动，顶起重物。再次提起手柄吸油时，单向阀 7 自动关闭，使油液不能倒流，从而保证了重物不会自行下落。不断地往复扳动手柄，就能不断地把油液压入举升缸下腔，使重物逐渐地升起。如果打开截止阀 11，举升缸下腔的油液通过管道 10、截止阀 11 流回油箱，重物就向下移动。这就是液压千斤顶的工作原理。

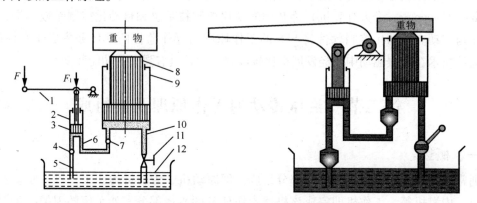

图 1-2　液压千斤顶工作原理图

1—杠杆手柄；2—小油缸；3—小活塞；4、7—单向阀；5—吸油管；6、10—管道；

8—大活塞；9—大油缸；11—截止阀；12—油箱

通过对图 1-2 所示的液压千斤顶工作过程的分析，可以初步了解液压传动的基本工作原理。液压传动是利用有压力的油液作为传递动力的工作介质。压下杠杆时，小油缸 2 输出压力油，是将机械能转换成油液的压力能，压力油经过管道 6 及单向阀 7，推动大活塞 8 举起重物，是将油液的压力能又转换成机械能。大活塞 8 举升的速度取决于单位时间内流入大油缸 9 中油容积的多少。由此可见，液压传动是一个不同能量的转换过程。

三、液压传动系统的组成

液压千斤顶是一种简单的液压传动装置。图 1-3 所示为一种驱动工作台的液压传动系统，它由油箱、滤油器、液压泵、溢流阀、开停阀、节流阀、换向阀、液压缸以及连接这些元件的油管、接头组成。其工作原理：液压泵由电动机驱动后，从油箱中吸油。油液经滤油器进入液压泵，油液由泵腔的低压侧吸入，从泵的高压侧输出，在图 1-3（a）所示状态下，通过开停阀 10、节流阀 7、换向阀 5 进入液压缸左腔，压力油推动活塞连同工作台向右移动。这时，液压缸右腔的油经换向阀 5 和回油管 6 排回油箱。如果将换向阀手柄转换成图 1-3（b）所示状态，则压力管中的油将经过开停阀 10、节流阀 7 和换向阀 5 进入液压缸右腔，压力油推动活塞连同工作台向左移动，并使液压缸左腔的油经换向阀 5 和回油管 6 排回油箱。

工作台的移动速度是通过节流阀来调节的。当节流阀开大时，进入液压缸的油量增多，工作台的移动速度增大；当节流阀关小时，进入液压缸的油量减小，工作台的移动速度减小。为了克服移动工作台时所受到的各种阻力，液压缸必须产生一个足够大的推力，这个推力是由液压缸中的油液压力所产生的。要克服的阻力越大，缸中的油液压力越高；反之压力就越低。这种现象说明了液压传动的一个基本原理，即压力决定于负载。从机床工作台液压系统的工作过程可以看出，一个完整的、能够正常工作的液压系统，应该由以下五个主要部分组成。

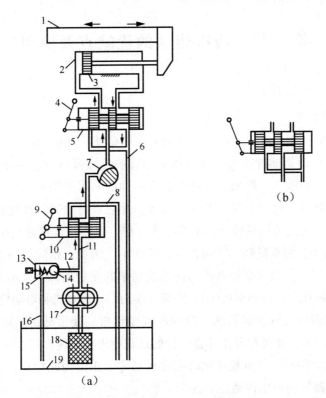

图 1-3 机床工作台液压系统工作原理图

1—工作台；2—液压缸；3—活塞；4—换向手柄；5—换向阀；6、8、16—回油管；7—节流阀；
9—开停手柄；10—开停阀；11—压力管；12—压力支管；13—溢流阀；14—钢球；15—弹簧；
17—液压泵；18—滤油器；19—油箱

1. 能源装置

能源装置是供给液压系统压力油，将机械能转换成液压能的装置。其最常见的形式是液压泵。

2. 执行装置

执行装置是把液压能转换成机械能的装置。其形式有做直线运动的液压缸，做回转运动的液压马达，它们又称为液压系统的执行元件。

3. 控制调节装置

控制调节装置是对系统中的压力、流量或流动方向进行控制或调节的装置，如溢流阀、节流阀、换向阀、开停阀等。

4. 辅助装置

辅助装置是除上述三部分之外的其他装置，如油箱、滤油器、油管等。辅助装置对保证系统正常工作是必不可少的。

5. 工作介质

工作介质即传递能量的流体，如液压油等。

第三节　液压传动的优缺点及应用

一、液压传动的优缺点

1. 液压传动的优点

液压传动之所以能得到广泛的应用，是由于它具有以下的主要优点：

（1）由于液压传动是油管连接，所以借助油管的连接可以方便灵活地布置传动机构，这是比机械传动优越的地方。例如，在井下抽取石油的泵可采用液压传动来驱动，以克服长驱动轴效率低的缺点。由于液压缸的推力很大，加之极易布置，在挖掘机等重型工程机械上，已基本取代了老式的机械传动，不但操作方便，而且外形美观大方。

（2）液压传动装置的重量轻、结构紧凑、惯性小。例如，相同功率液压马达的体积仅为电动机的 12% ~ 13%。液压泵和液压马达单位功率的重量指标，目前是发电机和电动机的 1/10，液压泵和液压马达可小至 0.002 5 N/W（牛/瓦），发电机和电动机则约为 0.03 N/W。

（3）可在大范围内实现无级调速。借助阀或变量泵、变量马达，可以实现无级调速，调速范围可达 1∶2 000，并可在液压装置运行的过程中进行调速。

（4）传递运动均匀平稳，负载变化时速度较稳定。正因为此特点，金属切削机床中的磨床传动现在几乎都采用液压传动。

（5）液压装置易于实现过载保护，即借助于设置溢流阀等，同时液压件能自行润滑，因此使用寿命长。

（6）液压传动容易实现自动化，即借助于各种控制阀，特别是采用液压控制和电气控制结合使用时，能很容易地实现复杂的自动工作循环，而且可以实现遥控。

（7）液压元件已实现了标准化、系列化和通用化，便于设计、制造和推广使用。

2. 液压传动的缺点

液压传动主要具有以下缺点：

（1）液压传动是以液压油为工作介质，在相对运动表面间不可避免地存在漏油等因素，同时油液又不是绝对不可压缩的，因此使得液压传动不能保证严格的传动比，因而液压传动不宜应用在传动比要求严格的场合，如螺纹和齿轮加工机床的传动系统。

（2）液压传动对油温的变化比较敏感，温度变化时，液体黏性变化，引起运动特性的变化，使得工作的稳定性受到影响，所以它不宜在温度变化很大的环境条件下工作。

（3）为了减少泄漏，以及为了满足某些性能上的要求，液压元件的配合件制造精度要求较高，加工工艺较复杂。

（4）液压传动要求有单独的能源，不像电源那样使用方便。

（5）液压系统发生故障不易检查和排除。

（6）由于采用油管传输压力油，距离越长，沿程压力损失越大，故不宜远距离输送动力。

总之，液压传动的优点是主要的，随着设计制造和使用水平的不断提高，有些缺点正在逐步加以克服。因此，液压传动有着广泛的发展前景。

二、液压传动在机械中的应用

液压传动在其他机械工业部门的应用情况如表1-1所示。

表1-1 液压传动在各类机械行业中的应用实例

行 业 名 称	应用场所举例
工程机械	挖掘机、装载机、推土机、压路机、铲运机等
起重运输机械	汽车吊、港口龙门吊、叉车、装卸机械、皮带运输机等
矿山机械	凿岩机、开掘机、开采机、破碎机、提升机、液压支架等
建筑机械	打桩机、液压千斤顶、平地机等
农业机械	联合收割机、拖拉机、农具悬挂系统等
冶金机械	电炉炉顶及电极升降机、轧钢机、压力机等
轻工机械	打包机、注塑机、校直机、橡胶硫化机、造纸机等
汽车工业	自卸式汽车、平板车、高空作业车、汽车中的转向器、减振器等
智能机械	折臂式小汽车装卸器、数字式体育锻炼机、模拟驾驶舱、机器人等

小 结

1. 液压传动的发展概况。液压传动的工作原理及组成。液压系统的五大组成部分及其作用。

2. 液压传动的优缺点。

复习思考题

1. 什么是液压传动？简述其工作原理。
2. 液压系统由哪几部分组成？简述各部分的作用。
3. 简述液压、气动与机械传动的区别。

第二章 液压系统流体力学基础

学习目标

1. 掌握液压传动中的两个主要参数（压力与流量）的基本概念、单位。
2. 了解液压传动中的液压冲击及空穴现象，液压油的性能及选用。
3. 要求学生理解基本概念并会应用。

第一节　液压传动中的两个重要参数

压力和流量是流体传动及其控制技术中重要的两个基本参数，它们相当于机械传动中的力和速度。

在液压传动系统中，液体是有黏性的，并在流动中表现出来。液体的黏性是指流动中产生内摩擦力（黏性力）的性质，它总是阻碍液体的相对滑动，抵抗剪切变形，造成流动阻力和能量损耗。同时流体是可压缩的，液体的可压缩性是指液体受压力后其密度（容积）发生变化的性质。液压油和水的可压缩性很小，通常按不可压缩流体处理，即认为其密度等于常数。

所谓理想液体是指没有黏性的液体，同时，一般都视为在等温的条件下把黏度、密度视作常量来讨论液体的运动规律。然后再通过实验对产生的偏差加以补充和修正，使之符合实际情况。

本节主要讲述三个基本方程式，即液流的连续性方程、伯努利方程和动量方程。它们是刚体力学中的质量守恒及动量守恒原理在流体力学中的具体应用。前两个方程描述了压力、流速与流量之间的关系，以及液体能量相互间的变换关系，后者描述了流动液体与固体壁面之间作用力的情况。

一、压力及其性质

（一）压力的定义及单位

1. 压力的定义

在一般情况下，压力是空间坐标和时间的标量函数。流体中一点的压力又称为该点流体的静压，即单位面积上所受的法向力称为压力（物理学中称为压强）。压力通常用 p 表示。

2. 压力的单位

（1）在国际单位制（SI）中，压力的单位为 N/m^2，即 Pa，由于 Pa 单位太小，因而常采用 kPa（千帕）和 MPa（兆帕）。

$$1\text{MPa} = 10^3\ \text{kPa} = 10^6\ \text{Pa}$$

（2）在重力单位制中（也是工程中常使用），压力的单位采用 bar 和 kgf/cm²。

$$1\text{bar} = 1.02\text{kgf/cm}^2 = 0.1\text{MPa} = 14.5\text{psi}（磅/平方英寸）$$

单位总结如下：

$$1\text{N/m}^2 = 1\ \text{Pa}$$
$$1\text{kPa} = 1\ 000\ \text{Pa}$$
$$1\text{MPa} = 1\ 000\ 000\ \text{Pa}$$
$$1\text{bar} = 100\ 000\ \text{Pa}$$
$$1\text{bar} = 1\text{kgf/cm}^2$$

3. 压力的表示方法

压力是比较容易测量的。通常用压力计测得的压力是以大气压力为基准的压力值，称为相对压力或表压力。以 $p = 0$（完全真空）绝对真空作为基准所表示的压力称为绝对压力。当绝对压力小于大气压力时，大气压力与绝对压力之差称为真空压力或真空度。相对压力是以大气压力作为基准所表示的压力，由测压仪表所测得的压力都是相对压力。因此，相对压力 = 绝对压力 − 大气压力。绝对压力、表压力和真空度的关系如图 2-1 所示。

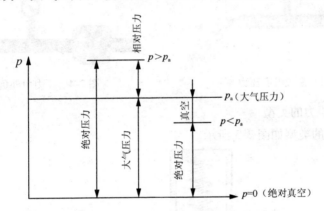

图 2-1　绝对压力、相对压力及真空度

4. 液压系统中压力的形成

如图 2-2 所示，液压泵的出油腔、液压缸左腔以及连接管道组成一个密封容积。液压泵启动后，将油箱中的油吸入这个密封容积中，活塞杆有向右运动的趋势，但因受到负载 R 的作用（包括活塞与缸体之间的摩擦力）阻碍这个密封容积的扩大，于是其中的油液受到压缩，压力就会升高。当压力升高到能克服负载 R 时，活塞才能被液压油所推动，压力与负载的关系即：

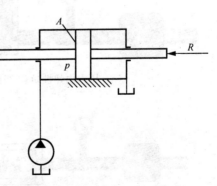

图 2-2　液压系统中压力的形成

$$p = \frac{R}{A} \tag{2-1}$$

式中　　R——负载；

　　　　A——活塞的有效面积。

结论：液压系统中的压力是由于油液的前面受负载阻力的阻挡，后面受液压泵输出油液的不断推动而处于一种"前阻后推"的状态下产生的，而压力的大小决定于外负载。当然，液体的自重也能产生压力，但一般较小，因而通常情况下液体自重产生的压力忽略不计。

5. 系统压力的产生条件与压力损失的估算

1）系统压力的产生条件

系统的压力取决于负载。只要系统有负载，系统内才有压力。图 2-3 所示为系统没有压力示意图，图 2-4 所示为压力由外负载产生示意图。

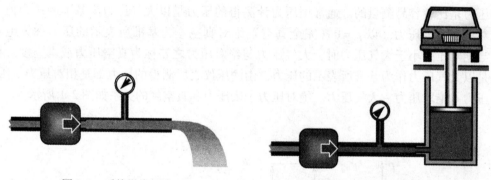

图 2-3　系统没有压力　　　　　　　　　　图 2-4　压力由外负载产生

2）负载产生压力的类型

负载产生压力的类型如图 2-5 所示。

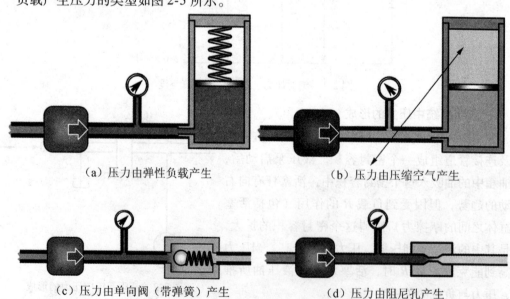

（a）压力由弹性负载产生　　　　　　　　（b）压力由压缩空气产生

（c）压力由单向阀（带弹簧）产生　　　　（d）压力由阻尼孔产生

图 2-5　负载产生压力的类型

图 2-6 所示为液压系统压力计算示意图。

$$p = \frac{W}{A} \tag{2-2}$$

式中　W——重量；

　　　A——面积。

图 2-7 所示为压差计算示意图，为了获得两倍的流量，需要四倍压降压力由阻尼孔产生。

$$p_1 - p_2 = \Delta p \tag{2-3}$$

注意：$\Delta p \propto A \times Q^2$。

对于矿物油来说，由液柱高产生的压力在液压系统所占的比例很小，一般可以忽略不计。其中，压力由水头（高度）产生。

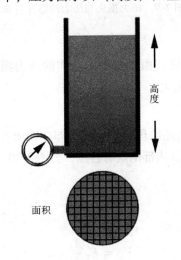

图 2-6　液压系统压力计算示意图

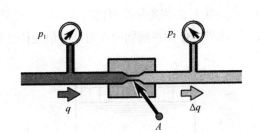

图 2-7　压差计算示意图

6. 功率与温升的计算

1）液压系统的功率计算

液压系统的功率计算原理如图 2-8 所示。

$$P = \frac{p \times q}{600} \tag{2-4}$$

式中　P——功率，单位为 kW；

　　　p——压力，单位为 MPa；

　　　q——流量，单位为 L/min。

2）压力损失与压力油温升折算

若 $p_2 < p_1$，则 $P_o < P_i$，功率 ΔP 等于发热量。

对于矿物油来说，1.75 MPa（Δp）压差对应于 1 ℃，如图 2-9 所示。

$$P_i = p_1 \times q \tag{2-5}$$

式中　P_i——输入功率，单位为 kW。

$$P_o = p_2 \times q \tag{2-6}$$

式中　P_o——输出功率，单位为 kW。

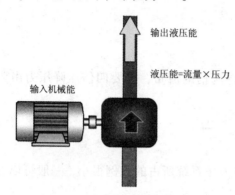

图 2-8　液压系统的功率计算原理

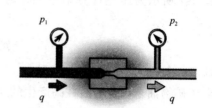

图 2-9　压力损失与压力油温升折算

（二）液压传动的基本特征

液压传动区别于其他传动方式主要有如下两个特征（由于传动中液体的压力损失相对工作压力比较小，讨论中忽略液体的压力损失和容积损失）。

1. 特征一

力（或力矩）的传递是按照帕斯卡原理（或静压传递原理）进行的，即在密闭容器中的静止液体，由外力作用在液面的压力能等值地传递到液体内部的所有各点，如图 2-10 所示。

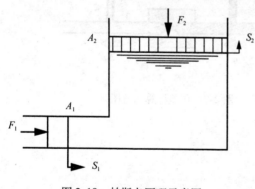

$$p = \frac{F_1}{A_1} = \frac{F_2}{A_2} \tag{2-7}$$

或

$$F_2 = F_1 \frac{A_2}{A_1} \tag{2-8}$$

当 $A_2 \gg A_1$ 时，有 $F_2 \gg F_1$。利用这个原理可以制成力的放大机构如液压千斤顶等。如果不考虑流体的可压缩性、漏损以及缸体与管路的变形，则由体积流量守恒可得到两活塞移动距离 S_1、S_2、移动速度 v_1 和 v_2 之间的关系为

图 2-10　帕斯卡原理示意图

$$\frac{S_2}{S_1} = \frac{v_2}{v_1} = \frac{F_1}{F_2} = \frac{A_1}{A_2} \tag{2-9}$$

$$q_v = A_1 v_1 = A_2 v_2 \tag{2-10}$$

根据帕斯卡原理可以得出以下推论：

（1）活塞的推力等于油压力与活塞面积的乘积。

（2）油压力 p 由外负荷建立，由（2-1）式可知，当 $R = 0$ 时，$p = 0$。

2. 特征二

速度或转速的传递按"容积变化相等"的原则进行。如果能设法调节进入缸体的流量，即可调节活塞的移动速度，也就是流体传动中能实现无级调速。

【例】　图 2-11 所示为一个 49 kN 的液压千斤顶，活塞 A 的直径 $D_A = 1.3$ cm，柱塞 B 的直径 $D_B = 3.4$ cm，杠杆长度如图所示，问杠杆段应加多大力才能起重 49 kN 的重物？

解：由于压力决定于负载，若起重 49 kN 重物所需油液压力

$$p = \frac{W}{A_B} = \frac{W}{\frac{\pi}{4}D_B^2} = \frac{49 \times 10^3}{\frac{\pi}{4} \times 3.4^2 \times 10^{-4}} = 53.9(\text{MPa})$$

作用到活塞 A 上的力

$$F_A = pA_A = p\frac{\pi}{4}D_A^2 = 53.9 \times 10^6 \times \frac{\pi}{4} \times 1.3^2 \times 10^{-4} = 7.154(\text{kN})$$

在杠杆端应施加的力

$$F = \frac{F_A \times 25}{750} = \frac{7154 \times 25}{750} = 238(\text{N})$$

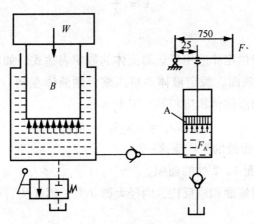

图 2-11　液压泵的工作原理（单位：mm）

A—活塞；B—柱塞；W—重物

二、流量

（一）定义与单位

1. 理想液体与定常流动

液体具有黏性，并在流动时表现出来，因此研究流动液体时就要考虑其黏性，而液体的黏性阻力是一个很复杂的问题，这就使得对流动液体的研究变得复杂。因此，引入理想液体的概念，理想液体就是指没有黏性、不可压缩的液体。首先对理想液体进行研究，然后再通过实验验证的方法对所得的结论进行补充和修正。这样，不仅使问题简单化，而且得到的结论在实际应用中仍具有足够的精确性。把既具有黏性又可压缩的液体称为实际液体。

2. 流量和平均流速

1）流量

单位时间内通过通流截面的液体的体积称为流量，用 q 表示，即

$$q = \frac{V}{\Delta t} \tag{2-11}$$

体积流量的常用单位为 L/min。对微小流束，通过 dA 上的流量为 dq，其表达式为

$$\mathrm{d}q = u\mathrm{d}A \tag{2-12}$$

$$q = \int_A u\mathrm{d}A \tag{2-13}$$

2）平均流速

在实际液体流动中，由于黏性摩擦力的作用，通流截面上流速 u 的分布规律难以确定，因此引入平均流速的概念，即认为通流截面上各点的流速均为平均流速，用 v 来表示，则通过通流截面的流量就等于平均流速乘以通流截面积。令此流量与上述实际流量相等，得：

$$q = \int_A u\mathrm{d}A = vA \tag{2-14}$$

流速的常用单位为 m/s，则平均流速表达式为 v

$$v = \frac{q}{A} \tag{2-15}$$

3. 流量连续性原理

连续性方程是质量守恒定律应用于运动流体的数学表达式。如图 2-12 所示，流体流过某一通道的 1-1、2-2 截面，假定液体不可压缩，则液体在同一单位时间内流过同一通道、两个不同通流截面的液体体积应相等，即 $V_1 = V_2$

$$\rho_1 v_1 A_1 = \rho_2 v_2 A_2 = 常量 \tag{2-16}$$

式中 v_1、v_2——1、2 截面处的平均流速；

A_1、A_2——通流截面 1、2 处的面积。

上式表明：流速和通流面积成反比，内径大即 d 大，则 A 大，v 小。反之，内径小即 d 小，则 A 小，v 大。

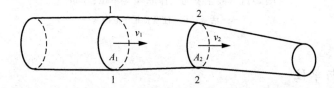

图 2-12 液流的连续性原理

第二节 液压冲击及空穴现象

一、液压冲击现象

1. 液压冲击

在液压系统中，由于某种原因（当极快地换向或关闭液压回路时）而引起油液的压力在瞬间急剧升高，形成较大的压力峰值，这种现象称为液压冲击（水力学中称为水锤现象）。在研究液压冲击时，必须把液体当作弹性物体，同时还须考虑管壁的弹性。

2. 产生液压冲击的原因

（1）液流突然停止运动时会产生液压冲击。如果管路输入端为一容积较大的油箱或为

一蓄能器，如图2-13所示为某液压传动油路的一部分，管路 A 的入口端装有蓄能器，出口端装有快速电磁换向阀，这时可以认为管路输入端压强是恒定的。当阀门开启而开度不变时，则输入端和输出端流量都是恒定的，即

$$q_{10} = q_{20} = vA \qquad (2\text{-}17)$$

式中　v——管道内平均流速；

　　　A——管道断面积。

当阀门突然关闭时，如果认为液体是不可压缩的，则在此瞬时输出端（仅仅是输出端）流量将首先由 q_{20} 突然改变为零，这时在输出端（阀门前面）的油液突然失去了动能，而造成压强的突然升高，升高的压强以声速 c 向输入端传递，并使管道内的油液依次失去流速。设管路长为 l，则阀门关闭后 $t_1 = l/c$ 时压强传递至输入端，由于输入端固有的压强小于传递来的压强，油液就向油箱或蓄能器倒流，使输入端压强下降，并以声速 c 依次向输出端传递，至 $t_2 = 2l/c$ 后到达输出端，这时由于阀门是呈关闭状态，因此油液的倒流就使阀门前输出端的压强由高压突然变为低压，这里造成的低压又将以声速 c 向输入端传递。循环往复使管内发生压强的振荡。如果不是由于液压阻力和管壁变形消耗了一部分能量，这种情况将会永远继续下去。

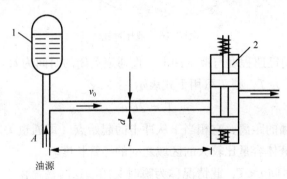

图2-13　液压冲击的液压传动油路分析

1—气体蓄能器；2—电磁换向阀

图2-14是在理想情况下冲击压力的变化规律。该处的压力每经过 $2l/c$ 时间段，互相变换一次。实际上由于液压阻力及管壁变形需要消耗一定的能量，因此它是一个逐渐衰减的复杂曲线，如图2-15所示。

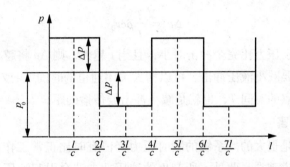

图2-14　在理想情况下冲击压力的变化规律

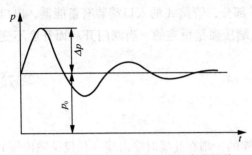

图 2-15 实际情况下冲击压力的变化规律

（2）在液压系统中，高速运动的工作部件的惯性力也会引起压力冲击。如工作部件换向或制动时，常在油液从液压缸排出的排油管路上由一个控制阀关闭油路，这时油液不能再从油缸中排出，但是运动部件因惯性的作用还不能立即停止运动，这样也会引起液压缸和管路中的油压急剧升高而产生液压冲击，如图 2-16 所示。

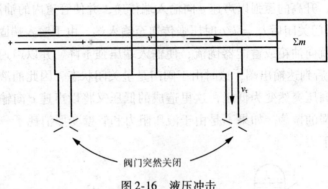

图 2-16 液压冲击

（3）液流通道关闭迅速程度与液压冲击。设通道关闭的时间为 t，冲击波从起始点开始再反射到起始点的时间为 T，则 T 可用下式表示

$$T = 2l/c \tag{2-18}$$

式中 l——冲击波传播的距离，它相当于从冲击的起始点（即通道关闭的地方）到蓄能器或油箱等液体容量比较大的区域之间的导管长度。

如果通道关闭的时间 $t < T$，此情况称为瞬时关闭，这时液流由于速度改变所引起的能量化全部转变为液压能，这种液压冲击称为完全冲击（即直接液压冲击）。

如果通道关闭的时间 $t > T$，此情况称为逐渐关闭。实际上，一般阀门关闭时间还是较长的，此时冲击波折回到阀门时，阀门尚未完全关闭。所以液流由于速度改变所引起的能量变化仅有一部分（相当于 T/t 的部分）转变为液压能，这种液压冲击称为非完全冲击（即间接液压冲击）。这时液压冲击的冲击压力可按下述公式计算：

$$\Delta p = \frac{T}{t} \rho c v_0 \tag{2-19}$$

由上式可知，冲击压力比完全冲击时小，且当 t 越大，则 Δp 将越小。

由此可以看出，要减小液压冲击，可以增大关闭通道的时间 t，或者减少冲击波从起始点开始再反射到起始点的时间 T，也就是减小冲击波传播的距离 l。

3. 液压冲击的危害

液压冲击的危害是很大的。系统的瞬时压力峰值有时比正常工作压力高好几倍，而使按工作压力设计的管道破裂。此外，所产生的液压冲击波会引起液压系统的振动和冲击噪声。因此在液压系统设计时要考虑这些因素，应当尽量减少液压冲击的影响。

4. 减少液压冲击的措施

减少和防止液压冲击的根本措施是避免液流速度的急剧变化，其具体办法有以下4种：

（1）缓慢关闭阀门，削减冲击波的强度。

（2）在阀门前设置蓄能器，以减小冲击波传播的距离。

（3）应将管中流速限制在适当范围内，或采用橡胶软管，也可以减小液压冲击。

（4）在系统中装置安全阀，可起卸载作用。

二、空穴现象

气穴是液压系统中常出现的故障现象，它会引起液压系统工作性能恶化，除了产生振动和噪声外，还会因气泡占据一定空间而破坏液体的连续性，降低吸油管的通油能力，使容积效率降低，损坏零件，缩短液压元件和管道的寿命，造成流量和压力波动。

1. 空穴

油液中不可避免地含有一些空气，一部分呈气泡状态，一部分溶于油液中。油液中能溶解的空气量比水中能溶解的更多。在大气压下正常溶解于油液中的空气，当压力低于大气压时，就成为过饱和状态。如果压力继续降低到某一数值，过饱和的空气将从油液中迅速分离析出而产生气泡。此外，当油液中某一点处的压力低于当时温度下的蒸气压力时，油液将沸腾汽化，也会在油液中形成气泡。上述两种情况都会使气泡混杂在液体中，产生气穴，使原来充满在管道或元件中的油液成为不连续状态，这种现象一般称为空穴现象。

2. 气蚀

当气泡随着液流进入高压区时，在高压作用下破裂或急剧缩小，又凝结成液体，原来气泡所占据的空间形成了局部真空，周围液体质点以极高速度来填补这一空间，质点间相互碰撞而产生局部高压，形成液压冲击。如果这个局部液压冲击作用在零件的金属表面上，会使金属表面产生腐蚀。这种因空穴现象产生的腐蚀剂称为气蚀。

液流中产生了空穴现象会使系统中的局部压力猛烈升高，引起噪声和振动，再加上气泡中有氧气，在高温、高压和氧化的作用下就会产生气蚀，使零件表面受到腐蚀，甚至造成元件失灵，引起系统的振动，产生冲击、噪音，气蚀使工作状态恶化。一般由于泵吸入管路连接、密封不严使空气进入管道，回油管高出油面使空气冲入油中而被泵吸油管吸入油路，泵吸油管道阻力过大，流速过高均是造成空穴的原因。

此外，当油液流经节流部位，流速增高，压力降低，在节流部位前后压差达到一定值时也将发生节流空穴现象。

要想完全消除空穴现象是十分困难的，可尽量加以防止，可采取如下3点预防措施：

（1）限制泵吸油口离油面高度。泵吸油口要有足够的管径以提高泵的自吸性能，降低管路等附件引起的压力损失，避免由于油的黏度高而产生吸油不足的现象，防止液压泵吸空，滤油器压力损失要小，自吸能力差的泵用辅助供油。

（2）降低液体中气体的含量。管路密封要好，定期检查吸油管接头的密封状况，防止空气渗入。

（3）对液压元件应选用抗腐蚀能力较强的金属材料。合理设计，提高元件的加工精度，提高元件的抗气蚀能力。

第三节　液　压　油

一、概述

液压油是液压传动系统中的传动介质，不但起传递动力的作用，而且还对液压装置的机构、零件起着润滑、冷却和防止锈蚀、冲洗系统内的污染物并带走热量等重要作用。因此，液压油的品质（物理、化学性质）的优劣直接影响液压系统的工作性能。尤其是其力学性质对液压系统工作的影响很大，同时合理选用液压油也是很重要的。

液压系统工作液体的主要性能包括密度、黏度和黏-温特性、润滑性与抗磨性、防锈和抗腐蚀性、氧化安定性和热安定性、抗剪切安定性、抗乳化性和水解安定性、抗泡性和空气释放性、清洁度和可滤性、对密封材料的相容性及其他要求，例如低温性能、可压缩性等。

液压油新旧牌号对照如表 2-1 所示。

表 2-1　液压油新牌号（40 ℃运动黏度等级）与旧牌号（50 ℃运动黏度等级）对照

新牌号	N7	N10	N15	N22	N32	N46	N68	N100	N150
旧牌号	5	7	10	15	20	30	40	60	80

二、液压油的分类

液压油的品种很多，主要可分为石油型、合成型和乳化型三大类。

1. 石油基液压油

石油基液压油分类如图 2-17 所示。

石油基液压油是以石油的精炼物为基础，加入抗氧化或抗磨剂等混合而成的液压油，不同性能、不同品种、不同精度则加入不同的添加剂。添加剂有抗氧化添加剂、油性添加剂、抗磨添加剂等。不同工作条件要求具有不同性能的液压油，不同品种的液压油是由于精制程度不同和加入不同的添加剂而成。

2. 难燃液压油

难燃液压油分类如图 2-18 所示。

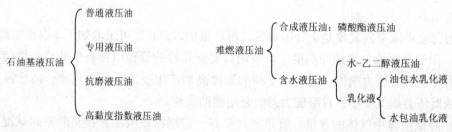

图 2-17　石油基液压油分类　　　　图 2-18　难燃液压油分类

磷酸酯液压油是难燃液压油种类之一。其使用范围宽，温度范围可达 −54 ~ 135 ℃。抗燃性好，氧化安定性和润滑性都很好。缺点是与多种密封材料的相容性很差，有一定的毒性。

水–乙二醇液压油。这种液体由水、乙二醇和添加剂组成，而蒸馏水占 35% ~ 55%，因而抗燃性好。这种液体的凝固点低，可达 –50 ℃，黏度指数高（130 ~ 170），为牛顿流体。缺点是能使油漆涂料变软。但对一般密封材料无影响。

乳化液。乳化液属抗燃液压油，它由水、基础油和各种添加剂组成。分为水包油乳化液和油包水乳化液，前者含水量达 90% ~ 95%，后者含水量达 40%。

三、液压油的选用

液压油通常按以下几方面进行选用。

1. 按工作机械的不同要求选用

精密机械与一般机械对黏度要求不同。精密机械宜采用较低黏度的液压油，例如机床液压伺服系统，为保证伺服动作灵敏性，宜采用黏度较低的油（例如 N15 油，10 号）。

2. 按液压泵的类型选用

液压泵是液压系统的重要元件，其运动速度较高，并且压力、温升都较高，工作时间又长，因而对黏度要求较严格，因此选择黏度时应先考虑到液压泵类型。在一般情况下，可将液压油的黏度作为选择液压泵的基准，如表 2-2 所示。

表 2-2　按液压泵类型推荐用液压油黏度（50 ℃）　　　　　　　单位：cSt

泵类型		工作温度（5 ~ 40 ℃）	工作温度（40 ~ 80 ℃）
叶片泵	工作压力 ≤ 7 MPa	19 ~ 29	25 ~ 44
	工作压力 > 7 MPa	31 ~ 42	35 ~ 55
齿轮泵		19 ~ 42	58 ~ 98
轴向柱塞泵		26 ~ 42	42 ~ 93
径向柱塞泵		19 ~ 29	38 ~ 135

3. 按液压系统工作压力选用

当液压系统工作压力较高时，黏度要用高一些的液压油，以免系统中泄漏过多，造成效率过低；当液压系统工作压力较低时，宜用黏度较低的液压油。

4. 环境温度

由于矿物油的黏度受环境变化影响较大，所以当环境温度较高时，黏度要用高一些的液压油。例如拖拉机的液压传动中，在冬季用 8 号柴油机油，在夏季用 11 号柴油机油。

5. 运动速度

当工作部件的运动速度很高时，油液的流速也高，液压损失也随着增大，由于与液体摩擦会造成能量损失，为减少这种能量损失，宜选用黏度较低的液压油。

6. 根据设备的特殊要求

液压油的选用还要根据主机的工作特点及特殊的工作环境考虑。对一般机械设备采用 NXX 型，对精密设备选用 YA- NXX 型，当要求有抗磨性能（例如高压、高速的工程机械上，要满足高压叶片泵的防磨要求）时，可用 YB- NXX 型（加了抗磨剂），对于电力、冶金、矿山、热加工、塑料加工等机械设备，以及飞机的液压系统，需要选择燃点高的抗燃液压油。

小　结

1. 液压传动中的两个重要参数压力、流量的定义、单位、表示方法及其特征。
2. 液体的流动状态紊流、层流的概念及判别依据。
3. 管路液体的压力损失的类型。
4. 液体流经小孔时的流量计算公式及其在液压元件中的应用。
5. 液压冲击与空穴现象。
6. 液压油的重要性质及其选用。

复习思考题

1. 简述液体压力是如何形成的？常用的压力单位是什么？
2. 简述大气压力、相对压力、绝对压力和真空度的概念？四者之间有什么关系？液压系统中压力指的是什么压力？
3. 当某液压系统压力表的读数为 49×10 Pa 时是什么压力？其绝对压力是多少？
4. 什么是层流和紊流？如何判断液体的流动状态？雷诺数物理意义是什么？
5. 理想液体的伯努利方程的物理意义是什么？
6. 液体流动中为什么会有压力损失？压力损失有哪几种？其损失值与哪些因素有关？
7. 什么是液压系统？
8. 液压系统通常都由哪几部分组成？各部分的主要作用是什么？
9. 液压系统中压力是如何形成的？压力的大小取决于什么？
10. 液压系统中压力的含义是什么？压力的单位是什么？
11. 什么是液压冲击？其发生的原因是什么？
12. 什么是空穴现象？这种现象有哪些危害？怎样避免这种现象？

第三章 液压动力元件

学习目标

1. 了解液压泵的种类和图形符号及液压泵的工作原理和液压泵的性能参数。

2. 了解齿轮泵、叶片泵、柱塞泵的结构、工作原理、流量的计算和这些动力元件的优缺点及其应用。

3. 了解液压泵的噪声发生原因和排除措施以及选用液压泵。

第一节　液压泵的概述

一、常用液压泵种类和图形符号

1. 液压泵的种类

液压泵的种类有很多，按泵的结构形式可分为齿轮泵、叶片泵、柱塞泵、螺杆泵和凸轮转子泵等；按泵的输出流量能否调节可分为定量泵和变量泵；按泵的额定压力的高低可分为低压泵（<2.5 MPa）中压泵（2.5~8.0 MPa）、中高压泵（8.0~16 MPa）、超高压泵（>32 MPa）。

液压泵的类型如图 3-1 所示。

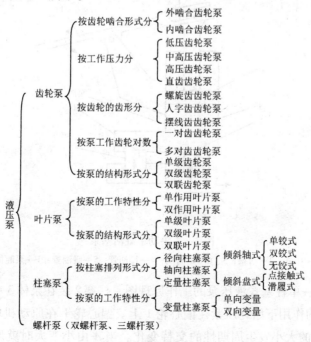

图 3-1　液压泵类型

2. 液压泵的图形符号

液压泵按泵能否调节输出流量可分为定量泵图和变量泵。液压泵的图形符号如图 3-2 所示。

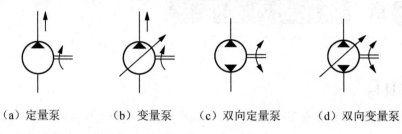

（a）定量泵　　　（b）变量泵　　　（c）双向定量泵　　　（d）双向变量泵

图 3-2　液压泵的图形符号

二、液压泵的工作原理及特点

1. 液压泵的工作原理

如图 3-3 所示，当压杆 1 向下运动时，因活塞向上运动使得泵腔体积 V 逐渐增大，局部形成真空状态，单向阀 3 在大气压作用下关闭，而单向阀 6 被打开，液体经吸油管 5 吸入泵腔内；当压杆 1 向上运动时，活塞 2 向下运动，泵腔体积 V 逐渐减小，油液受挤压使得压力升高，高于大气压，单向阀 6 关闭，腔内压力油推开单向阀 3，泵腔中的液体则经排油管 4 排出。

当活塞 2 向上运动时，单向阀 3 的上腔称为吸油腔，其下腔称为压油腔。

当活塞 2 向下运动，泵向外压油时，单向阀 6 的下腔称为吸油腔，单向阀 6 上腔连同排油管 4 称为压油腔。

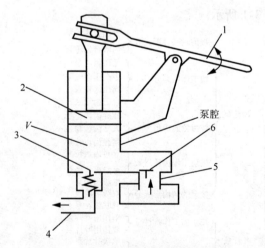

图 3-3　手动单缸活塞泵

1—压杆；2—活塞；3、6—单向阀；4—排油管；5—吸油管；V—泵腔体积

图 3-4 所示为一单柱塞式液压泵的工作原理图，柱塞 2 装在泵体 3 中形成一个密封容积 A，柱塞在弹簧 6 的作用下始终压紧在偏心轮 1 上。偏心轮 1 在原动机驱动下旋转使柱塞 2 作往复运动，使 A 的大小发生周期性的交替变化。当 A 由小变大时就形成部分真空，使油

箱中油液在大气压作用下，经吸油管顶开单向阀 5 进入 A 而实现吸油；反之，当 A 由大变小时，A 腔中吸满的油液将顶开单向阀 4 流入系统而实现压油。这样液压泵就将原动机输入的机械能转换成液体的压力能，原动机驱动偏心轮不断旋转，液压泵就不断地吸油和压油。

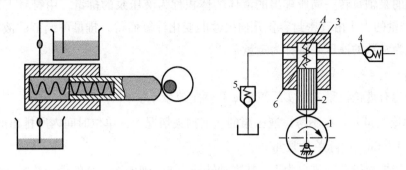

图 3-4 单柱塞式液压泵工作原理图

1—偏心轮；2—柱塞；3—泵体；4、5—单向阀；6—弹簧

综上所述，泵是靠吸油腔体积扩大吸入工作液体，靠压油腔体积缩小排出液体，所以液压泵是靠容积变化进行工作的（转变成液体的压力能）。

2. 液压泵的特点

容积式液压泵的基本特点如下：

（1）具有密封且又可以周期性变化的空间。液压泵输出流量与此空间的容积变化量和单位时间内的变化次数成正比，与其他因素无关。这是容积式液压泵的一个重要特性。

（2）为保证液压泵正常吸油，油箱必须与大气相通，或采用密闭的充压油箱。

（3）具有相应的配流装置，其作用是保证密封容积在吸油过程中与油箱相通，同时关闭供油通路；压油时与供油管路相通而与吸油液腔隔开。液压泵的结构原理不同，其配油机构也不相同。图 3-3 中的单向阀 3、6 就是配油机构。

三、液压泵的主要性能参数

（一）压力

1. 工作压力

液压泵在实际工作时输出油液的压力称为工作压力，用即油液克服阻力建立起来的压力，用符号 p 表示。工作压力的大小取决于外负载的大小和排油管路上的压力损失，与液压泵的流量无关。

2. 额定压力

液压泵在正常工作条件下，按试验标准规定连续运转的最高压力称为液压泵的额定压力，即在液压泵铭牌或产品样本上标出的压力，用符号 p_n 表示。

3. 最高允许压力

在超过额定压力的条件下，液压泵的工作压力随外负载的增加而增加，根据试验标准规定，允许液压泵短暂运行的最高压力值，称为液压泵的最高允许压力，用符号 p_g 表示。

液压泵在工作中应有一定的压力储备，并有一定的使用寿命和容积效率。

（二）排量和流量

1. 排量

液压泵的泵轴每转一周所排出的液体的体积称为液压泵的排量，用符号 V 表示，单位为 mL/r。排量的大小由其密封容积几何尺寸的变化计算而得，排量可调节的液压泵称为变量泵；排量为常数的液压泵则称为定量泵。

2. 流量

流量分为有理论流量 q_t、实际流量 q 和额定流量 q_n。

（1）理论流量 q_t：在不考虑液压泵的泄漏损失情况下，单位时间内所排出的液体体积，常用单位是 L/min，国际单位是 m^3/s。

显然，如果液压泵的排量为 V，其主轴转速为 n，则该液压泵的理论流量 q_t 为

$$q_t = Vn \tag{3-1}$$

（2）实际流量 q：液压泵在某一具体工况下，考虑液压泵泄漏损失时其在单位时间内所排出的液体体积称为实际流量，即

$$q = q_t - \Delta q \tag{3-2}$$

式中　Δq——泄漏流量，单位为 L/min。

（3）额定流量 q_n：液压泵在正常工作条件下，按试验标准规定（如在额定压力和额定转速下）必须保证的流量。

（三）功率和效率

1. 液压泵的功率

（1）输入功率 P_i。液压泵的输入功率是指作用在液压泵主轴上的机械功率，当输入转矩为 T_0，角速度为 ω 时，即

$$P_i = T_0\omega \tag{3-3}$$

（2）输出功率 P。液压泵的输出功率是指液压泵在工作过程中的实际吸、压油口间的压差 Δp 和输出流量 q 的乘积，即

$$P = \Delta pq \tag{3-4}$$

式中　P——泵的输出功率，单位为 kW；

　　　q——泵的实际流量，单位为 L/min；

　　Δp——泵的进、出口压差，通常泵的进口压力近似为零，故在很多情况下可用泵的出口压力来代替，单位为 MPa。

液体在流动中既有压力损失还有泄漏，通常情况下按经验公式（3-5a）和公式（3-5b）计算所需液压泵的最高工作压力 p 及泵的流量 q，即

$$p = K_p p_o \tag{3-5a}$$

$$q = k_1 q_c \tag{3-5b}$$

式中　K_p——压力损失系数，一般 $K_p = 1.3 \sim 1.5$，系统复杂或管路较长者取较大值，反之取较小值；

k_1——泄漏系数，一般 $k_1 = 1.1 \sim 1.3$，系统复杂或管路较长者取较大值，反之取较小值；

p_c——泵的出口压力；

q_c——泵的出口流量。

2. 液压泵的效率

实际上，液压泵在能量转换过程中是有损失的，输出功率总是小于输入功率，两者之间的差值即为功率损失。功率损失可分为容积损失容积效率和机械损失机械效率两部分组成。

（1）容积效率。液压泵的容积损失用容积效率 η_V 来表示，它是泵经泄漏（容积损失）后的液压功率和损失前的液压功率之比，其数值等于液压泵的实际输出流量 q 与其理论流量 q_t 之比，即

$$\eta_V = \frac{q}{q_t} = \frac{q_t - \Delta q}{q_t} = 1 - \frac{\Delta q}{q_t} \tag{3-6}$$

因此，液压泵的实际输出流量 q 为

$$q = q_t \eta_V = V n \eta_V \tag{3-7}$$

式中 V——液压泵的排量，单位为 mL/r；

n——液压泵的转速，单位为 r/min。

液压泵的容积效率随着液压泵工作压力的增大而减小，且随液压泵的结构类型不同而异，但恒小于1。

（2）机械效率。机械损失是指液压泵在转矩上的损失。它等于液压泵的理论转矩 T_i 与实际输入转矩 T_o 之比，则液压泵的机械效率 η_m 为

$$\eta_m = \frac{T_i}{T_o} = \frac{1}{1 + \dfrac{\Delta T}{T_i}} \tag{3-8}$$

（3）液压泵的总效率 η。在能量转换和传递过程中液压泵存在着能量损失，包括因泵的泄漏而出现的容积效率 η_V 以及由机械运动副之间的摩擦而导出的机械效率 η_m 等，液压泵的总效率 η 为

$$\eta = \eta_V \cdot \eta_m \tag{3-9}$$

液压泵的各个参数和压力之间的关系如图 3-5 所示。

【例】 某齿轮泵其额定流量 $q_n = 100$ L/min，额定压力 $p_n = 25 \times 10^5$ Pa，泵的转速 $n_1 = 1450$ r/min，泵的机械效率 $\eta_m = 0.9$，由实验测得，当泵的出口压力 $p_1 = 0$ 时，其流量 $q_1 = 106$ L/min，$p_2 = 25 \times 10^5$ Pa 时，其流量 $q_2 = 101$ L/min。试求：

（1）该泵的容积效率 η_V；

（2）如果泵的转速降至 500 r/min 时，在额定压力下工作时，流量 q_3 是多少，该转速下泵的容积效率 η_V'

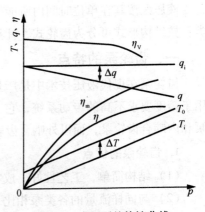

图 3-5 液压泵的特性曲线

又为多少?

（3）在这两种不同转速的情况下，泵所需的功率为多少?

解: （1）泵在负载为零的情况下，其流量可以认为是理论流量，所以泵容积效率为

$$\eta_V = \frac{q_2}{q_1} = \frac{101}{106} = 0.953$$

（2）泵的排量为

$$V = \frac{q_1}{n_1} = \frac{106}{1450} = 0.073(\text{mL/r})$$

泵在转速为 500 r/min 时，其理论流量为

$$q_3' = 500 \times V = 500 \times 0.073 = 36.5(\text{L/min})$$

由于压力不变，可认为泄漏量不变，所以泵在转速为 500 r/min 时的实际流量为

$$q_3 = q_3' - \Delta q = q_3' - (q_1 - q_2) = 36.5 - (106 - 101) = 31.5(\text{L/min})$$

泵在转速为 500 r/min 时的容积效率

$$\eta_V' = \frac{q_3'}{q_3} = \frac{31.5}{36.5} = 0.863$$

（3）泵所需的驱动功率

当泵在转速为 1450r/min 时（实际输入）

$$\eta = \eta_V \eta_m = 0.9 \times 0.953 = 0.8577$$

$$P_1 = \frac{p_2 q_2}{\eta} = \frac{25 \times 10^5 \times 101 \times 10^{-3}}{0.8577 \times 60} = 4.91 \times 10^3(\text{W})$$

当泵在转速为 500 r/min 时实际输入

$$\eta' = \eta_V \eta_m = 0.9 \times 0.863 = 0.7767$$

$$P_1 = \frac{p_2 q_3}{\eta'} = \frac{25 \times 10^3 \times 31.5 \times 10^{-3}}{0.7767 \times 60} = 1.69 \times 10^3(\text{W})$$

第二节 齿 轮 泵

液压泵按其在单位时间内所能输出的油液的体积是否可调节而分为定量泵和变量泵两类；按结构形式可分为齿轮式、叶片式和柱塞式三大类。

一、齿轮泵的特点

齿轮泵在现代液压技术中是产量和使用量最大的泵类元件。齿轮泵的流量脉动大，多用于精度要求不高的传动系统，它一般做成定量泵，按结构不同，齿轮泵分为外啮合齿轮泵和内啮合齿轮泵，而以外啮合齿轮泵应用最广。

1. 齿轮泵的优点

（1）结构简单，工艺性好，成本较低。

（2）与同样流量的各类泵相比，结构紧凑，体积小，工作可靠，价格便宜。

（3）具有良好的自吸能力。泵的吸入口可安装在高于 500 mm 的位置上。泵的吸油口的

口径大于等于排油口口径，如果吸、排油口口径相同允许齿轮反转。

（4）对油液污染不敏感，而且能耐冲击负荷，广泛应用于工作环境较差的工程机械上。

（5）具有较大的转速范围。通常齿轮泵的额定转速为 1 500 r/min。

2. 齿轮泵的缺点

（1）工作压力较低。

（2）因泄漏严重，所以其容积效率低。

（3）流量脉动大，从而使管道、阀等元件产生振动和噪声。

（4）齿轮泵的零件磨损后不易修复。常因个别零件磨损而不得不更换新泵。

（5）最大排量 250 mL/r，最大压力 25 MPa，仅为定排量。

（6）调速范围大，限制间接驱动，易装配成多联齿轮泵形式。

（7）对液压油污染敏感。

（8）维护性差。

二、齿轮泵的工作原理和结构

外啮合齿轮泵的工作原理及实物如图 3-6 所示。它是分离三片式结构，三片是指泵盖和泵体，泵体内装有一对齿数相同、宽度和泵体接近而又互相啮合的齿轮，这对齿轮与两端盖和泵体形成一密封腔，并由齿轮的齿顶和啮合线把密封腔分为两部分，即吸油腔和压油腔。两齿轮分别用键固定在由滚针轴承支承的主动轴和从动轴上，主动轴由电动机带动旋转。

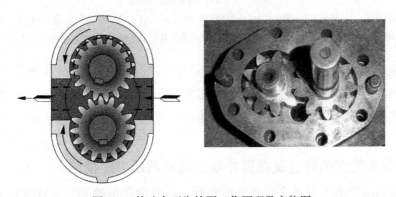

图 3-6　外啮合型齿轮泵工作原理及实物图

CB-B 齿轮泵的结构如图 3-7 所示。当泵的主动齿轮按图示箭头方向旋转时，齿轮泵右侧（吸油腔）齿轮脱开啮合，齿轮的轮齿退出齿间，使密封容积增大，形成局部真空，油箱中的油液在外界大气压的作用下，经吸油管路、吸油腔进入齿间。随着齿轮的旋转，吸入齿间的油液被带到另一侧，进入压油腔。这时轮齿进入啮合，使密封容积逐渐减小，齿轮间部分的油液被挤出，形成了齿轮泵的压油过程。齿轮啮合时齿向接触线把吸油腔和压油腔分开，起配油作用。当齿轮泵的主动齿轮由电动机带动不断旋转时，轮齿脱开啮合的一侧，由于密封容积变大，局部形成真空则不断从油箱中吸油，轮齿进入啮合的一侧，由于密封容积减小、压力增大则不断地向外排油，这就是齿轮泵的工作原理。泵的前后盖和泵体由两个定位销 17 定位，用螺钉 9（6 只）紧固，如图 3-7 所示。为了保证齿轮能灵活地转动，同时又要保证泄漏最小，在齿轮端面和泵盖之间应有适当间隙（轴向间隙），对小流量泵轴向间隙为 0.025～0.04 mm，大流量泵为 0.04～0.06 mm。齿顶和泵体内表面间的间隙（径向间隙），由于密封带长，同时齿顶线速度形成的剪切流动又和油液泄漏方向相反，故对泄漏的影响较小，这里要考虑的问题：当齿轮受到不平衡的径向力后，应避免齿顶和泵体内壁相碰，所以径向间隙就可稍大，一般取 0.13～0.16 mm。

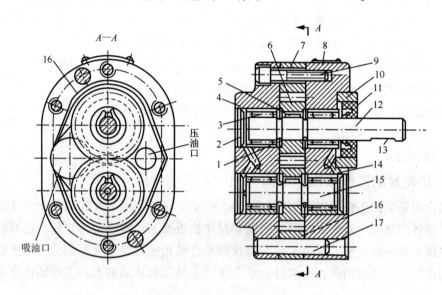

图 3-7　CB-B 齿轮泵的结构

1—轴承外环；2—堵头；3—滚子；4—后泵盖；5—键；6—齿轮；7—泵体；8—前泵盖；9—螺钉；
10—压环；11—密封环；12—主动轴；13—键；14—泄油孔；15—从动轴；16—泄油槽；17—定位销

为了防止压力油从泵体和泵盖间泄漏到泵外，并减小压紧螺钉的拉力，在泵体两侧的端面上开有油封卸荷槽16，将渗入泵体和泵盖间的压力油引入吸油腔。在泵盖和从动轴上的小孔，其作用将泄漏到轴承端部的压力油也引到泵的吸油腔去，防止油液外溢，同时也润滑了滚针轴承。

三、高压齿轮泵的特点及提高外啮合齿轮泵压力的措施

上述齿轮泵由于泄漏大（主要是端面泄漏，占总泄漏量的 70%～80%），且存在径向不平衡力，故压力不易提高。

高压齿轮泵主要是针对上述问题采取了一些措施，如尽量减小径向不平衡力和提高轴与轴承的刚度；对泄漏量最大处的端面间隙，采用了自动补偿装置等。下面对端面间隙的补偿装置做简单介绍。

1. 浮动轴套式

图 3-8（a）所示是浮动轴套式的间隙补偿装置。它利用泵的出口压力油，引入齿轮轴上的浮动轴套 1 的外侧 A 腔，在液体压力作用下，使轴套紧贴齿轮 3 的侧面，因而可以消除间隙并可补偿齿轮侧面和轴套间的磨损量。在泵启动时，靠弹簧 4 来产生预紧力，这样保证了轴向间隙的密封。

2. 浮动侧板式

浮动侧板式补偿装置的工作原理与浮动轴套式基本相似，它也是利用泵的出口压力油引到浮动侧板 1 的背面［见图 3-8（b）］，使之紧贴于齿轮 2 的端面来补偿间隙。启动时，浮动侧板靠密封圈来产生预紧力。

3. 挠性侧板式

图 3-8（c）所示是挠性侧板式间隙补偿装置，它是利用泵的出口压力油引到侧板的背面后，靠侧板自身的变形来补偿端面间隙的，侧板的厚度较薄，内侧面要耐磨（如烧结有 0.5~0.7mm 的磷青铜），这种结构采取一定措施后，易使侧板外侧面的压力分布大体上和齿轮侧面的压力分布相适应。

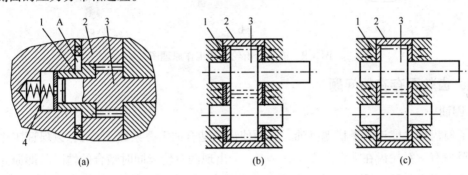

图 3-8　端面间隙补偿装置示意图
1—浮动轴套；2、3—齿轮；4—弹簧

四、内啮合齿轮泵

内啮合齿轮泵是利用齿间密封容积的变化来实现吸油压油的。图 3-9 所示是内啮合齿轮泵的工作原理图。它是由配油盘（前、后盖）、外转子（从动轮）和偏心安置在泵体内的内转子（主动轮）等组成。内、外转子相差一齿，图 3-9 内转子为六齿，外转子为七齿，由于内外转子是多齿啮合，这就形成了若干密封容积。当内转子围绕中心 O_1 旋转时，带动外转子绕外转子中心 O_2 作同向旋转。这时，由内转子齿顶 A_1 和外转子齿谷 A_2 间形成的密封容积 C（图中阴线部分），随着转子的转动密封容积就逐渐扩大，于是就形成局部真空，油液从配油窗口 b 被吸入密封腔，至 A_1'、A_2' 位置时封闭容积最大，这时吸油完毕。当转子继续旋转时，充满油液的密封容积便逐渐减小，油液受挤压，于是通过另一配油窗口 a 将油排出，至内转子的另一齿全部和外转子的齿凹 A_2 全部啮合时，压油完毕，内转子每转一周，由内转子齿顶和外转子齿谷所构成的每个密封容积，完成吸、压油各一次，当内转子连续转动时，即完成了液压泵的吸排油工作。

内啮合齿轮泵的外转子齿形是圆弧，内转子齿形为短幅外摆线的等距线，故又称为内啮合摆线齿轮泵，也叫转子泵。

内啮合齿轮泵有许多优点，如结构紧凑，体积小，零件少，易装配成多联式，转速范围大，转速可高达 10 000 r/mim，最大排量 $V_{max} = 250$ mL/r，最大压力 25 MPa，仅为定排量，运动平稳，噪声低，容积效率较高等。缺点是流量脉动大，转子的制造工艺复杂，对液压油污染敏感，维护性差，目前已采用粉末冶金压制成型。随着工业技术的发展，摆线齿轮泵的应用将会愈来愈广泛，内啮合齿轮泵可正、反转，可作液压马达用。

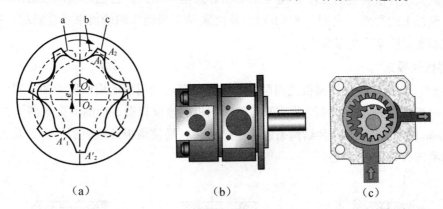

图 3-9　内啮合齿轮泵的工作原理图

五、齿轮泵存在的问题

1. 困油

为了使齿轮泵能连续平稳地供油，必须使齿轮啮合的重叠系数 $\varepsilon >> 1$，以保证工作的任一瞬间至少有一对轮齿在啮合。由于 $\varepsilon >> 1$，会出现两对轮齿同时啮合的情况，即原先一对啮合的轮齿尚未脱开，后面的一对轮齿已进入啮合。这样就在两对啮合的轮齿之间产生一个闭死容积，称为困油区，使留在这两对轮齿之间的油液困在这个封闭的容积内。随着齿轮的转动，困油区的容积大小发生变化，如图 3-10 所示。当容积缩小时［由图 3-10（a）过渡到图 3-10（b）］，由于无法排油，困油区内的油液受到挤压，压力急剧升高；随着齿轮的继续转动［由图 3-10（b）过渡到图 3-10（c）］，闭死容积为又逐渐变大，由于无法补油，困油区形成局部真空。油液处在困油区中，需要排油时无法可排，而需要补充油时，又无法补充，这种现象就叫困油。

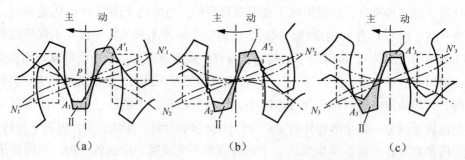

图 3-10　齿轮泵的困油现象

齿轮泵的困油现象，对泵的工作有很大危害。由于油液压缩性很小，而且困油区又是一个密封容积，所以被困油液受到挤压后，就从零件配合表面的缝隙中强行挤出，使齿轮和轴受到很大的附加载荷，降低了轴承的寿命，同时产生功率损失，还会使油温升高，影响系统的正常工作温度。当困油区容积变大时，困油区形成局部真空，油液中的气体被析出，以及油液汽化产生气泡，进入液压系统，引起振动和噪声。当后面一对轮齿进入啮合时，前面的一对轮齿已失去了排油能力，使泵的流量减少，造成瞬时流量的波动性增加。

一般来说，困油现象是齿轮泵为了保证吸油腔和排油腔密封性必然引起的后果，因此要从根本上消除是不可能的，只能将其限制在允许的范围内，利用卸荷槽的结构措施可减弱它的有害影响。但是，两卸荷槽之间的距离不能太小，以防吸油腔与排油腔通过困油容积串通，影响泵的容积效率。

按上述对称开的卸荷槽，当困油封闭腔由大变至最小时，如图3-11所示，由于油液不易从即将关闭的缝隙中挤出，故封闭油压仍将高于压油腔压力；齿轮继续转动，当封闭腔和吸油腔相通的瞬间，高压油又突然和吸油腔的低压油相接触，会引起冲击和噪声。CB-B型齿轮泵将卸荷槽的位置整个向吸油腔侧平移了一个距离。这时封闭腔只有在由小变至最大时才和压油腔断开，油压没有突变，封闭腔和吸油腔接通时，封闭腔不会出现真空也没有压力冲击，这样改进后，使齿轮泵的振动和噪声得到了进一步改善。

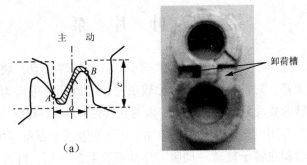

图3-11　齿轮泵的困油卸荷槽图

2. 径向不平衡力

齿轮泵工作时，在齿轮和轴承上承受径向液压力的作用。如图3-12（a）所示，泵的右侧为吸油腔，左侧为压油腔。在压油腔内有液压力作用于齿轮上，沿着齿顶的泄漏油，具有大小不等的压力，就是齿轮和轴承受到的径向不平衡力，如图3-12（b）所示。液压力越高，这个不平衡力就越大，其结果不仅加速了轴承的磨损，降低了轴承的寿命，甚至使轴变形，造成齿顶和泵体内壁的摩擦等。为了解决径向力不平衡问题，在有些齿轮泵上，采用开压力平衡槽的办法来消除径向不平衡力，但这将使泄漏增大，容积效率降低等。CB-B型齿轮泵则采用缩小压油腔，以减少液压力对齿顶部分的作用面积来减小径向不平衡力，所以泵的压油口孔径比吸油口孔径要小。

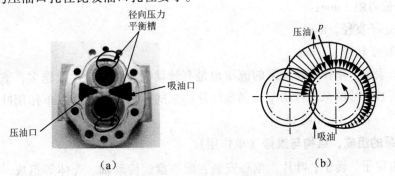

图3-12　齿轮泵的径向不平衡力及解决

3. 泄漏

一般结构的齿轮泵，由于泄漏较大，容积效率低，多制成低压齿轮泵。齿轮泵的泄漏途径有三个方面：

（1）齿轮端面与前后端盖间的端面间隙，齿轮两端面与两侧端盖间的轴向间隙泄漏，占 75% ~ 80%。

（2）齿顶与泵体内壁间的径向间隙，泵体内表面与齿顶圆间的径向间隙泄漏 20% ~ 25%。外啮合齿轮泵压力不高，容积效率低。

（3）两轮齿啮合处的啮合线的缝隙，齿轮啮合处的间隙泄漏 5%。

这三种间隙以端面间隙对泄漏的影响最大。其泄漏约占总泄漏的 75% ~ 80%，所以适当控制端面间隙的大小是提高齿轮泵容积效率的重要措施。

第三节 叶 片 泵

叶片泵有寿命长、噪声小、流量均匀、体积小、重量轻等优点，缺点是其结构较齿轮泵复杂，吸油特性不太好，对油液的污染也比较敏感，又因叶片甩出力、吸油速度和磨损等因素的影响，泵的转速要受到一定限制，一般可在转速 600 ~ 2 000 r/min 中使用，它被广泛应用于机械制造中的专用机床、自动线、船舶、压铸机及冶金设备等中低液压系统中。

根据各密封工作容积在转子旋转一周吸、排油液次数的不同，叶片泵分为两类，即单作用（转子转一转，完成一次吸、排油液）叶片泵和双作用（转子转一转，完成两次吸、排油液）的叶片泵；单作用叶片泵多为变量泵，工作压力最大为 7.0 MPa，双作用叶片泵均为定量泵，一般最大工作压力亦为 7.0 MPa，结构经改进的高压叶片泵最大的工作压力可达 16.0 ~ 21.0 MPa。

一、叶片泵的流量计算及定量式叶片泵特性

1. 流量计算

单作用叶片泵的实际流量 q

$$q = 2\pi beDn\eta_V \tag{3-10}$$

式中 b——叶片宽度，mm；

e——偏心距，mm；

D——定子直径，mm；

n——转子转速，r/min。

理论分析表明，单作用叶片泵的流量也是有脉动的。泵内叶片数越多，流量脉动率越小，此外，奇数叶片的泵的脉动率比偶数叶片的泵的脉动率小，所以单作用叶片泵的叶片数均为奇数，一般为 13 片或 15 片。

2. 叶片泵的组成、结构与维修（单作用）

叶片泵由定子、转子、叶片、偏心安装、配油盘、传动轴、壳体等组成。其结构如图 3-13 所示。图 3-14 所示为配油盘工作原理示意图。

叶片泵的维修首先应明白泵的工作原理，结合原理及故障表面特征判断问题可能出在哪里，由表及里检查、维修、试机（条件允许分步试机后联调）。维修人员在维修过程中需注意每一个细节，细节可能就是症结所在，要精心拆装积累经验。实践证明：泵故障多是因使用不当，违规操作，保养不到位引起的。因此，工作人员要按操作规程操作，定期保养，出现故障立即排查。这样设备才能在寿命期内发挥其最大的功用，减小周期成本避免不必要的工期延误。

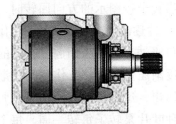

（a）心脏件（转子及转轴）　　（b）叶片顶端的结构

图 3-13　叶片泵的组成及结构

图 3-14　配油盘

1、3—压油窗口；2、4—吸油窗口；

3. 定量式叶片泵的特性

最大排量 200 mL/r，最大压力 28 MPa，仅为定排量，电动机软启动，易装配成双联式，低噪声，易维护。

4. 双作用叶片泵的优缺点

优点：

（1）流量均匀，运转平稳，噪声小。

（2）转子所受径向液压力彼此平衡，轴承使用寿命长，耐久性好。

（3）容积效率较高。目前双作用叶片泵的工作压力为 6.3～16 MPa，高压的可达到 3.2 MPa。

（4）结构紧凑，外形尺寸小且排量大。

缺点：

（1）叶片易咬死，工作可靠性差，对油液污染敏感。

（2）结构较齿轮泵复杂，零件制造精度较高。

（3）要求吸油的可靠转速在 8.3～25r/s 范围内。如果转速低于 8.3r/s，因离心力不够，叶片不能紧贴在定子内表面，而不能形成密封良好的封闭容积，吸不上油；如果转速太高，由于吸油速度太快，会产生气穴现象，也吸不上油，或吸油不连续。

二、单作用叶片泵

变量叶片泵多是单作用叶片泵，分为单向变量和双向变量两类。

单作用叶片泵的工作原理如图 3-15 所示。叶片多为奇数，以使流量均匀。结构上与上述双作用叶片泵的主要区别：单作用叶片泵的定子滑道为一相对于转子轴线具有一定偏心距的圆环，转子每旋转一圈，工作容积只完成一次吸、排油。定子具有圆柱形内表面，其

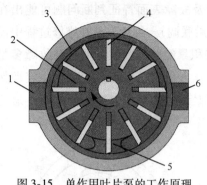

图 3-15　单作用叶片泵的工作原理

1—压油口；2—转子；3—定子；
4—叶片；5—配油盘；6—吸油口

定子中心相对转子中心间有偏心距，该叶片泵在工作时可通过改变偏心距来改变流量。单作用叶片泵的叶片多为奇数，采用奇数叶片比偶数叶片的流量脉动率小。叶片装在转子槽中，并可在槽内滑动，当转子回转时，由于离心力的作用，使叶片紧靠在定子内壁，这样在定子、转子、叶片和两侧配油盘间就形成若干个密封的工作空间，当转子按图示的方向回转时，在图 3-15 所示的右部，叶片逐渐伸出，叶片间的工作空间逐渐增大，从吸油口吸油，这是吸油腔。在图的左部，叶片被定子内壁逐渐压进槽内，工作空间逐渐缩小，将油液从压油口压出，这是压油腔。在吸油腔和压油腔之间，有一段封油区，把吸油腔和压油腔隔开，这种叶片泵转子每转一周，每个工作空间完成一次吸油和压油，因此称为单作用叶片泵。转子不停地旋转，泵就不断地吸油和排油。

根据改变偏心距（e）的方法可将单向变量泵分为手动调节和自动调节两种。根据自动调节后泵的压力、流量特性不同，又可分为限压式、恒流量式（其输出油量基本上不随压力的高低而变化）和恒压式（其调定压力基本上不随泵的流量变化而变化）三类。工作中常用的是限压式变量叶片泵，如图 3-16 所示。

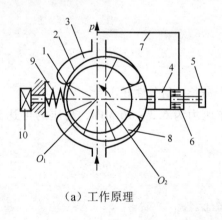

（a）工作原理

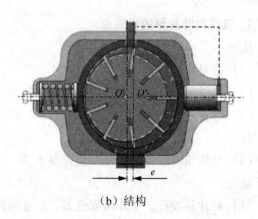

（b）结构

图 3-16　外反馈限压式变量叶片泵的工作原理

1—转子；2—定子；3—吸油窗口；4—活塞；5—螺钉；6—活塞腔；
7—通道；8—压油窗口；9—调压弹簧；10—调压螺钉

1. 限压式变量叶片泵的工作原理

如图 3-16 所示，转子 1 的中心 O_1 是固定的，定子 2 可左右移动，在限压弹簧 9 的作用下定子被推向右端，变量叶片泵就能借助输出压力的大小自动改变偏心距 e 的大小来改变输出流量。当压力低于某一可调节的限定压力时，泵的输出流量最大；压力高于限定压力时，随着压力增加，泵的输出流量线性地减少。泵的出口压力油经通道 7 与活塞 6 相通。在泵未运转时，定子 2 在弹簧 9 的作用下，紧靠活塞 4，并使活塞 4 靠在螺钉 5 上。这时，定子和转子有一偏心量 e_0，调节螺钉 5 的位置，便可改变 e_0。当泵的出口压力 p 较低时，则作用在活塞 4 上的液压力 $F = pA$ 也较小，若此液压力小于左端的弹簧作用力，即当活塞的面积为 A、调压弹簧的刚度 k_s、预压缩量为 x_0 时，有 $pA < k_s x_0$ 时，定子相对于转子的偏心量最大，输出流量最大。随着外负载的增大，液压泵的出口压力 p 也将随之提高，当压力升至与弹簧力相平衡的控制压力 p_B 时

$$p_B A = k_s x_0 \tag{3-11}$$

当压力进一步升高，使 $pA > k_s x_0$，这时，若不考虑定子移动时的摩擦力，液压作用力就要克服弹簧力推动定子向上移动，随之泵的偏心量减小，泵的输出流量也减小。p_B 称为泵的限定压力，即泵处于最大流量时所能达到的最高压力，调节调压螺钉 10 可改变弹簧的预压缩量 x_0，即可改变 p_B 的大小。

设定子的最大偏心量为 e_0，偏心量减小时，弹簧的附加压缩量为 x，则定子移动后的偏心量 e 为

$$e = e_0 - x \tag{3-12}$$

这时，定子上的受力平衡方程式为

$$pA = k_s(x_0 + x) \tag{3-13}$$

将式（3-19）、式（3-20）代入式（3-21）可得

$$e = e_0 - A(p - p_B)/k_s \quad (p \geqslant p_B) \tag{3-14}$$

式（3-14）表示了泵的工作压力与偏心量的关系，由此式可以看出，泵的工作压力越高，偏心量就越小，泵的输出流量也就越小，且当 $p = k_s(e_0 + x_0)/A$ 时，泵的输出流量为零，控制定子移动的作用力是将液压泵出口的压力油引到柱塞上，然后再加到定子上去，这种控制方式称为外反馈式。

2. 限压式变量叶片泵的特性曲线

如图 3-17 所示表示限压式变量泵工作时流量和压力的关系。限压式变量叶片泵在工作过程中，当工作压力 p 小于预先调定的限定压力 p_B 时，液压作用力不能克服弹簧的预紧力，这时定子的偏心距保持最大不变，因此泵的输出流量最大且基本保持不变，B 点称为拐点。由于供油压力增大时，泵的泄漏流量 p_l 也增加，所以泵的实际输出流量 q 也略有减少，如图 3-17 所示的限压式变量叶片泵的特性曲线中的 AB 段所示。最大偏心量（初始偏心量）的大小由调节螺钉实现，改变泵的最大输出流量 q_A，特性曲线 AB 段随之上下平移。当泵的供油压力 p 超过预先调整的压力 p_B 时，液压作用力大于弹簧的预紧力，此时弹簧受压缩，定子向偏心量减小的方向移动，使泵的输出流量减小，压力越高，弹簧压缩量越大，偏心量越小，输出流量越小，其变化规律如特性曲线 BC 段所示。调节调压弹簧可改变限定压力 p_B 的大小，使拐点左右移动，这时 BC 段左右平移。而改变调压弹簧的粗细即刚度时，可以改变 BC

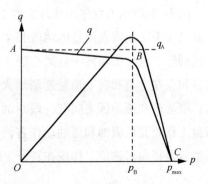

图 3-17　限压式变量叶片泵的特性曲线

段的斜率，弹簧越软（K_s 值越小），BC 段越陡，p_{max} 值越小；反之，弹簧越"硬"（K_s 值越大），BC 段越平坦，p_{max} 值亦越大。当定子和转子之间的偏心量为零时，系统压力达到最大值，该压力称为截止压力，实际上由于泵的泄漏存在，当偏心量尚未达到零时，泵向系统的输出流量实际已为零。

3. 优缺点及应用

具有变量能力和定子结构简单是单作用叶片泵相对于双作用叶片泵的主要优点。但由于前者结构不对称，工作中轴承受力较大，同时偏心圆环滑道虽然简单，却必然引起瞬时排量的脉动。因此单作用叶片泵在许用最高压力、转速、噪声水平及以单位体积能提供的排量所表征结构紧凑性方面，均显著地不如双作用叶片泵，由于转子受到不平衡的径向液压作用力，所以这种泵一般不宜用于高压。为了更有利于叶片在惯性力作用下向外伸出，而使叶片有一个与旋转方向相反的倾斜角，称为后倾角，一般为 24°。

现代液压工程中使用的单作用叶片泵几乎都只制成变量型的，限压式变量叶片泵对既要实现快速行程，又要实现工作进给（慢速移动）的执行元件来说是一种合适的油源：快速行程需要大的流量，负载压力较低，正好使用其特性曲线的 AB 段，工作进给时负载压力升高，需要流量减少，正好使用其特性曲线的 BC 段，因而合理调整拐点压力 p_B 是使用该泵的关键。目前这种泵被广泛用于要求执行元件有快速、慢速和保压阶段的中低压系统中，有利于节能和简化回路。

4. 变量叶片泵的特性

最大排量 100 mL/r，最大压力 16 MPa，易装配成多联式，控制方式灵活，低噪声，成本低。

优点：可以根据负载自动调节流量，功率使用合理，可以减少油液发热。

缺点：限压式变量叶片泵与定量叶片泵相比，结构复杂，噪声较大，容积效率和机械效率也低，

注意：在要求液压系统执行元件快速、慢速和保压阶段时，应采用变量泵。

三、双作用叶片泵

图 3-18 所示为双作用叶片泵的工作原理图，它的作用原理和单作用叶片泵相似，不同之处只在于定子内表面是由两段长半径圆弧、两段短半径圆弧和四段过渡曲线组成，接近于椭圆形。且定子和转子是同心的，在图 3-18 中，当转子顺时针方向旋转时，密封工作腔的容积在左上角和右下角处逐渐增大，为吸油区，在左下角和右上角处逐渐减小，为压油区；吸油区和压油区之间有一段封油区将吸、压油区隔开。这种泵的转子每转一转，每个密封工作腔完成吸油和压油动作各两次，所以称为双作用叶片泵。泵的两个吸油区和两个压油区是径向对称的，作用在转子上的压力径向平衡，所以又称为平衡式叶片泵。

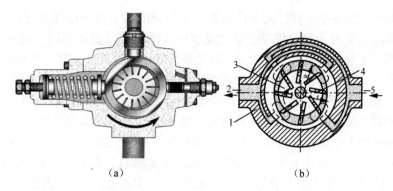

图 3-18 双作用叶片泵工作原理

1—定子；2—压油口；3—转子；4—叶片；5—吸油口

四、双级叶片泵与双联叶片泵

1. 双联叶片泵

双联叶片泵相当于两个双作用叶片泵的组合。将两个叶片泵并联在一起，泵的两套转子、定子、配油盘等安装在一个泵体内，两个叶片泵的转子由同一传动轴带动旋转，泵体有一个公共的吸油口和各自独立的出油口，两个泵可以是相等流量的，也可以是不等流量的。泵的职能符号及结构图如图 3-19 所示。

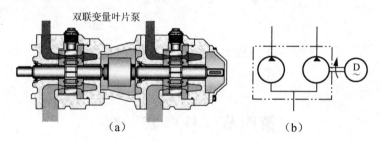

双联变量叶片泵

图 3-19 双联叶片泵的结构图及职能符号

双联叶片泵的输出流量可以分开使用，也可以合并使用；泵的压力也可以不同。经常将高压小流量泵和低压大流量泵并联使用。常用于有快速进给和工作进给要求的机械加工的专用机床中，这时双联泵由一小流量和一大流量泵组成。当快速进给时，两个泵同时供油（此时压力较低），当工作进给时，由小流量泵供油（此时压力较高），同时在油路系统上使大流量泵卸荷，这与采用一个高压大流量的泵相比，可以节省能源，减少油液发热。这种双联叶片泵也常用于机床液压系统中需要两个互不影响的独立油路中。

2. 双级叶片泵

为了要得到较高的工作压力，但不用高压叶片泵，而用双级叶片泵。双级叶片泵是将两个双作用叶片泵安装在一个泵体内，两个转子由同一个传动轴传动，而油路是串联的。如果单级泵的压力可达 7.0 MPa，双级泵的工作压力就可达 14.0 MPa。

双级叶片泵的工作原理如图 3-20（a）所示，两个单级叶片泵的转子装在同一根传动轴上，当传动轴回转时就带动两个转子一起转动。第一级泵经吸油管从油箱吸油，输出的油液就送入第二级泵的吸油口，第二级泵的输出油液经管路送往工作系统。设第一级泵输出压力为 p_1，第二级泵输出压力为 p_2。正常工作时 $p_2 = 2p_1$。但是由于两个泵的定子内壁曲线和宽度等不可能做得完全一样，两个单级泵每转一周的容量就不可能完全相等。如果第二级泵每转一周的容量大于第一级泵，第二级泵的吸油压力（也就是第一级泵的输出压力）就要降低，第二级泵前后压力差就加大，因此载荷就增大；反之，第一级泵的载荷就增大，为了平衡两个泵的载荷，在泵体内设有载荷平衡阀。第一级泵和第二级泵的输出油路分别经管路 1 和 2 通到平衡阀的大滑阀和小滑阀的端面，两滑阀的面积比 $A_1/A_2 = 2$。如第一级泵的流量大于第二级时，油液压力 p_1 就增大，使 $p_1 > 1/2p_2$，因此 $p_1A_1 > p_2A_2$，平衡阀被推向右，第一级泵的多余油液从管路 1 经阀口流回第一级泵的进油管路，使两个泵的载荷获得平衡；如果第二级泵流量大于第一级时，油压 p_1 就降低，使 $p_1A_1 < p_2A_2$，平衡阀被推向左，第二级泵输出的部分油液从管路 2 经阀口流回第二级泵的进油口而获得平衡，如果两个泵的容量绝对相等时，平衡阀两边的阀口都封闭。双级叶片泵的职能符号如图 3-20（b）所示。

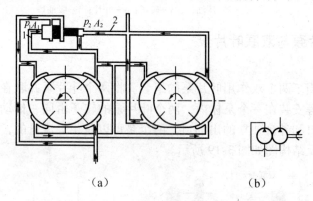

（a）　　　　　　　　　　　　（b）

图 3-20　双级叶片泵的工作原理和职能符号

1、2—管路

第四节　柱　塞　泵

柱塞泵是靠柱塞在缸体中作往复运动造成密封容积的变化来实现吸油与压油的液压泵，其主要构件构成密封容积的柱塞和缸体的工作部分都是圆柱形的，因此加工方便，可得到较高的配合精度，密封性能好，结构紧凑，在高压下工作仍有较高的容积效率。与其他类型的液压泵相比，柱塞泵的主要优点如下：

（1）工作压力高。因柱塞和缸孔加工容易，尺寸精度和表面质量可达到很高的要求，因而配合精度高，油液泄漏小，容积效率高，能达到的工作压力一般是 20～40 MPa，最高可达 100 MPa。

（2）流量范围大。只要适当地加大柱塞的直径或增加柱塞的数目，流量便随之增大。

（3）容易加工成各种变量型泵。改变柱塞的行程就能改变流量。

（4）柱塞泵的主要零件均受压，即受力情况好，材料强度性能可得到充分利用，具有较长的使用寿命，单位功率重量小。

（5）柱塞泵有良好的双向变量能力。

柱塞泵的主要缺点如下：

（1）对介质洁净度要求较苛刻（座阀配流型较好）。

（2）流量脉动较大，因此噪声较高。

（3）结构较复杂，造价高，维修困难。

由于柱塞泵压力高，结构紧凑，效率高，流量调节方便，故常用在需要高压、大流量、大功率的系统中和流量需要调节的场合，例如在龙门刨床、拉床、液压机、工程机械、矿山冶金机械、船舶上得到广泛的应用。柱塞泵按柱塞的排列和运动方向不同，可分为径向柱塞泵和轴向柱塞泵两大类。

一、径向柱塞泵

1. 结构

径向柱塞泵有两种结构：一种用轴配油的，称为配油轴式径向柱塞泵，其柱塞安置在转子的径向孔中。改变定子与转子间的偏心距和位置可调节流量与液流方向，因此，这种泵可作成定量泵，也可作成单向或双向变量泵。另一种是阀式配油的径向柱塞泵，其柱塞安置在定子里。

2. 工作原理

如图 3-21（a）所示，柱塞 1 均匀地径向排列在转子 2 的孔中，转子 2 由电动机带动连同柱塞 1 一起旋转，柱塞 1 在离心力的（或在低压油）作用下抵紧定子 4 的内壁，当转子按图示方向回转时，由于定子和转子之间有偏心距 e，柱塞绕经上半周时向外伸出，柱塞底部的容积逐渐增大，形成部分真空，因此便经过衬套 3（衬套 3 是压紧在转子内，并和转子一起回转）上的油孔从配油轴 5 和吸油口 b 吸油；当柱塞转到下半周时，定子内壁将柱塞向里推，柱塞底部的容积逐渐减小，向配油轴的压油口 c 压油，当转子回转一周时，每个柱塞底部的密封容积完成一次吸压油，转子连续运转，即完成压吸油工作。配油轴固定不动，油液从配油轴上半部的两个孔 a 流入，从下半部两个油孔 d 压出，为了进行配油，配油轴在和衬套 3 接触的一段加工出上下两个缺口，形成吸油口 b 和压油口 c，留下的部分形成封油区。封油区的宽度应能封住衬套上的吸压油孔，以防吸油口和压油口相连通，但尺寸也不能大得太多，以免产生困油现象。

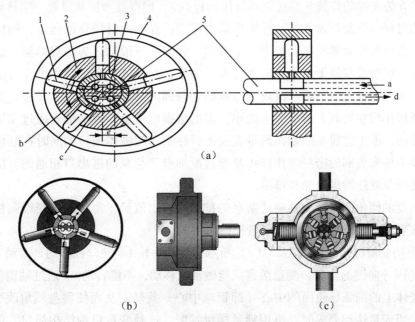

图 3-21　径向柱塞泵的工作原理

1—柱塞；2—缸体；3—衬套；4—定子；5—配油轴

3. 特性

径向变量柱塞泵的特性如下：

（1）最大排量 250 mL/r。

（2）最大压力 35 MPa。

（3）适合于开式和闭式回路。

（4）效率高。

（5）工作寿命长。

（6）结构紧凑。

（7）易装配成多联泵形式。

（8）成本高。

径向柱塞泵由于泵中的柱塞在缸体中的移动速度是变化的，泵的输出流量是脉动的，在柱塞数较多且为奇数时，流量脉动较小。

4. 特点

径向柱塞泵的性能稳定，耐冲击性能好，工作可靠；但其径向尺寸大，结构复杂，自吸能力差，且配油轴受到不平衡液压力的作用，容易磨损，这些都限制了它的转速和压力的提高。

二、轴向柱塞泵

1. 轴向柱塞泵的结构特点

轴向柱塞泵的柱塞平行于缸体的轴心线，它主要是由柱塞 5、缸体 6、配油盘 7 和斜盘 2 等零件组成。图 3-22（c）所示为一种直轴式轴向柱塞泵的结构，柱塞的头部装在滑履 4 内，以缸体 6 为支撑的弹簧 9 通过钢球推压回程盘 3，回程盘和柱塞滑履一同转动。

在排油过程中借助斜盘 2 推动柱塞作轴向运动；在吸油时依靠回程盘、钢球和弹簧组成的回程装置将滑履紧紧压在斜盘表面上滑动，弹簧 9 一般称之为回程弹簧，这样的泵具有自吸能力。在滑履与斜盘相接触的部分有一油室，它通过柱塞中间的小孔与缸体中的工作腔相连，压力油进入油室后在滑履与斜盘的接触面间形成了一层油膜，起着静压支承的作用，使滑履作用在斜盘上的力大大减小，因而磨损也减小。传动轴 8 通过左边的花键带动缸体 6 旋转，由于滑履 4 贴紧在斜盘表面上，柱塞在随缸体旋转的同时在缸体中作往复运动。缸体中柱塞底部的密封工作容积是通过配油盘 7 与泵的进出口相通的。随着传动轴的转动，液压泵就连续地吸油和排油。

改变斜盘的倾角即可改变轴向柱塞泵的排量和输出流量，常用的改变轴向柱塞泵的斜盘倾角方法有手动变量机构和伺服变量机构两种。

（1）手动变量机构。如图 3-22（c）所示，转动手轮 1，使丝杠转动，带动变量活塞做轴向移动（因导向键的作用，变量活塞只能做轴向移动，不能转动）。通过轴销使斜盘 2 绕变量机构壳体上的圆弧导轨面的中心（即钢球中心）旋转。从而使斜盘倾角改变，达到变量的目的。当流量达到要求时，可用锁紧螺母锁紧。这种变量机构结构简单，但操纵不轻便，且不能在工作过程中变量。

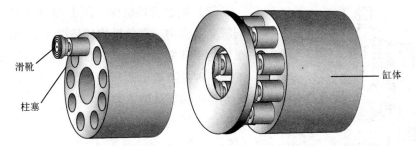

（a）柱塞泵中心件总成

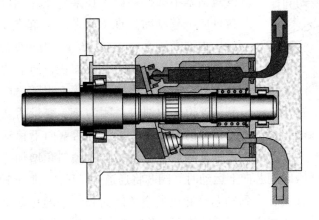

（b）定量轴向柱塞泵（斜盘式）的工作原理

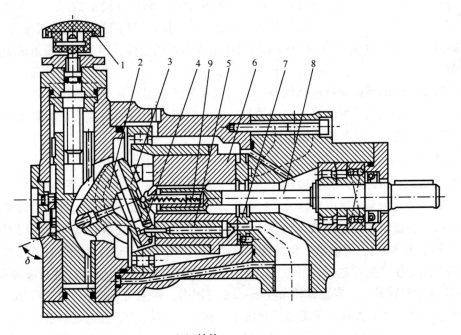

（c）结构

图 3-22 轴向柱塞泵工作原理及结构

1—转动手轮；2—斜盘；3—回程盘；4—滑履；5—柱塞；6—缸体；7—配油盘；8—传动轴；9—弹簧

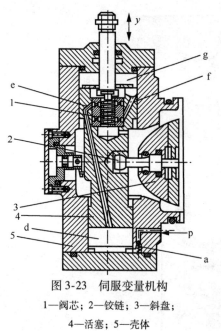

图 3-23　伺服变量机构

1—阀芯；2—铰链；3—斜盘；

4—活塞；5—壳体

（2）伺服变量机构。图 3-23 示为轴向柱塞泵的伺服变量机构，以此机构代替图 3-22 所示轴向柱塞泵中的手动变量机构，就成为手动伺服变量泵。其工作原理：泵输出的压力油 p 由通道经单向阀 a 进入变量机构壳体的下腔 d，液压力作用在变量活塞 4 的下端。当与伺服阀阀芯 1 相连接的拉杆不动时（图示状态），变量活塞 4 的上腔 g 处于封闭状态，变量活塞不动，斜盘 3 在某一相应的位置上。当使拉杆向下移动时，推动阀芯 1 一起向下移动，d 腔的压力油经通道 e 进入上腔 g。由于变量活塞上端的有效面积大于下端的有效面积，向下的液压力大于向上的液压力，故变量活塞 4 也随之向下移动，直到将通道 e 的油口封闭为止。变量活塞的移动量等于拉杆的位移量。当变量活塞向下移动时，通过轴销带动斜盘 3 摆动，斜盘倾斜角增加，泵的输出流量随之增加；当拉杆带动伺服阀阀芯向上运动时，阀芯将通道 f 打开，上腔 g 通过卸压通道接通油箱而使变量活塞向上移动，直到阀芯将卸压通道关闭为止，它的移动量也等于拉杆的移动量。这时斜盘也被带动作相应的摆动，使倾斜角减小，泵的流量也随之相应地减小。由上述可知，伺服变量机构是通过操作液压伺服阀动作，利用泵输出的压力油推动变量活塞来实现变量的。故加在拉杆上的力很小，控制灵敏。拉杆可用手动方式或机械方式操作，斜盘可以倾斜 ±18°，故在工作过程中泵的吸压油方向可以变换，因而这种泵就成为双向变量液压泵。

除了以上介绍的两种变量机构以外，轴向柱塞泵还有很多种变量机构。例如恒功率变量机构、恒压变量机构、恒流量变量机构等，这些变量机构与轴向柱塞泵的泵体部分组合就成为各种不同变量方式的轴向柱塞泵。

2. 工作原理

轴向柱塞泵有两种形式，直轴式（斜盘式）和斜轴式（摆缸式）。图 3-24 所示为直轴式轴向柱塞泵，这种泵主体由缸体 1、配油盘 2、柱塞 3 和斜盘 4 组成。柱塞沿圆周均匀分布在缸体内。斜盘轴线与缸体轴线倾斜一角度，柱塞靠机械装置或在低压油作用下压紧在斜盘上（图中为弹簧），配油盘 2 和斜盘 4 固定不转，电动机带动传动轴使缸体转动时，由于斜盘的作用迫使柱塞在缸体内作往复运动，并通过配油盘的配油窗口进行吸油和压油。如图 3-24 所示回转方向，当缸体转角在 $\pi \sim 2\pi$ 范围内，柱塞向外伸出，柱塞底部缸孔的密封工作容积增大，通过配油盘的吸油窗口吸油；在 $0 \sim \pi$ 范围内，柱塞被斜盘推入缸体，使缸孔容积减小，通过配油盘的压油窗口压油。缸体每转一周，每个柱塞各完成吸、压油一次，如改变斜盘倾角 γ，就能改变柱塞行程的长度，即改变液压泵的排量，改变斜盘倾角方向，就能改变吸油和压油的方向，即成为双向变量泵。

配油盘上吸油窗口和压油窗口之间的密封区宽度 l 应稍大于柱塞缸体底部通油孔宽度

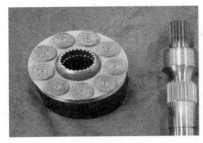

（a）

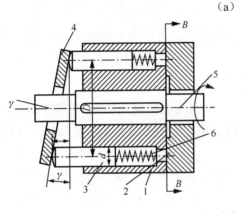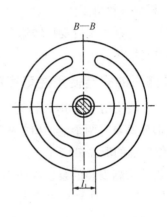

（b）

图 3-24 直轴式轴向柱塞泵的实物图及结构原理
1—缸体；2—配油盘；3—柱塞；4—斜盘；5—传动轴；6—弹簧

l_1，但不能相差太大，否则会发生困油现象。一般在两配油窗口的两端部开有小三角槽，以减小冲击和噪声。

实际上，由于柱塞在缸体孔中运动的速度不是恒速的，因而输出流量是有脉动的，当柱塞数为奇数时，脉动较小，且柱塞数多脉动也较小，因而一般常用的柱塞泵的柱塞个数为 7、9 或 11。

3. 特点

斜轴式轴向柱塞泵的缸体轴线相对传动轴轴线成一倾角，传动轴端部用万向铰链、连杆与缸体中的每个柱塞相连接，当传动轴转动时，通过万向铰链、连杆使柱塞和缸体一起转动，并迫使柱塞在缸体中作往复运动，借助配油盘进行吸油和压油。这类泵的优点是变量范围大，泵的强度较高，但和上述直轴式相比，其结构较复杂，外形尺寸和重量均较大。

轴向柱塞泵的优点是：结构紧凑、径向尺寸小，惯性小，容积效率高，目前最高压力可达 40 MPa，甚至更高，一般用于工程机械、压力机等高压系统中，但其轴向尺寸较大，轴向作用力也较大，结构比较复杂。最大排量 500 cm³/r，最大压力 35 MPa，易装配成多联式，效率高。

4. 轴向柱塞泵的流量计算

轴向柱塞泵的几何排量

$$V = \pi/4d^2 DZn\tan\gamma \tag{3-15}$$

实际流量为：

$$q = \frac{\pi}{4}d^2 D(\tan\gamma)Zn\eta_{\mathrm{V}}$$

(3-16)

式中　d——柱塞直径；

　　　D——柱塞在缸体上的分布径；

　　　Z——柱塞数；

　　　n——轴的转速；

　　　γ——斜盘倾斜角度。

从上式看出：泵的流量及每转排量可通过改变斜盘倾角 γ 而改变，所以轴向柱塞泵可很方便地做成变量泵。

三、柱塞泵的安装使用注意事项

柱塞泵的安装使用注意事项除应注意泵的一般安装使用要求外，还要注意以下各点：

（1）轴向柱塞泵有两个泄油口，安装时将高处的泄油口接上通往油箱的油管，使其无压漏油，而将低处的泄油口堵死。

（2）经拆洗重新安装的泵，在使用前要检查轴的回转方向与排油管的连接是否正确可靠；并从高处的泄油口往泵体内注满工作油，先用手盘转 3~4 转再启动，以免把泵烧坏。

（3）泵启动前应将排油管路上的溢流阀调至最低压力，待泵运转正常后再逐渐调高到所需压力。调整变量机构要先将排量调至最小值，再逐渐调到所需流量。

（4）若系统中装有辅助液压泵，应先启动辅助液压泵，调整控制辅助泵的溢流阀，使其达到规定的供油压力，再启动主泵。若发现异常现象，应先停主泵，待主泵停稳后再停辅助泵。

（5）当检修液压系统时，一般无须拆洗泵。当确认泵有问题必须拆开时，务必保持清洁，严防碰撞起毛、划伤或将细小杂物留在泵内。

（6）装配花键轴时，不应用力过猛，各缸孔配合要用柱塞逐个安装，不能用力打入。

第五节　液压泵的噪声

噪声对人体的健康十分有害，随着工业生产的发展，工业噪声的影响日趋严重，已逐渐引起人们的关注。目前液压技术向着高压、大流量和高功率的方向发展，产生的噪声也随之增加，而在液压系统中的噪声，液压泵的噪声占有很大的比重。因此，研究减小液压系统的噪声，特别是液压泵的噪声，已引起液压界广大工程技术人员和专家学者的重视。

液压泵的噪声大小和液压泵的种类、结构、大小、转速以及工作压力等很多因素有关。

一、产生噪声的原因

1. 启动噪声

液压泵启动噪声是一种较为常见的现象，其原因各异。一种是裹携空气。当吸油管接头处和泵驱动轴密封不严及当吸油管中积聚的空气难以排除时，液压泵吸入的油液中含有大量空气泡,这些空气泡随油液进入高压区,当液压泵初次启动时,就会产生严重噪声;另一种是油液中溶解空气。当液压泵吸入口处(准确地说,是液压泵内某处)的压力抵达空气分离压力时,泵内产生气蚀,发出噪音。泵吸油与泵吸入口间的压力差,即吸入口处的真空度,用于将油液提升几何高度 H_s,建立泵吸入口的动能和克服吸入管道的能量损失。凡使这三者增大的因素,例如液压泵吸入高度偏高、吸油管偏细、过滤器阻力偏大等,都使泵吸入口处真空度增加,p_s 降低,都可能使泵产生气蚀,发出噪声。

2. 流量脉动和压力脉动

泵的流量脉动和压力脉动,造成泵构件的振动。这种振动有时还可产生谐振。谐振频率可以是流量脉动频率的 2、3 倍,甚至更大,泵的基本频率及其谐振频率若和机械的或液压的自然频率相一致,则噪声便会大大增加。研究结果表明,转速增加对噪声的影响一般比压力增加还要大。

3. 油腔相通

泵的工作腔从吸油腔突然和压油腔相通,或从压油腔突然和吸油腔相通时,产生的油液流量和压力突变,对噪声的影响很大。

4. 空穴现象

当泵吸油腔中的压力小于油液所在温度下的空气分离压时,溶解在油液中的空气要析出而变成气泡,这种带有气泡的油液进入高压腔时,气泡被击破,形成局部的高频压力冲击,从而引起噪声。

5. 流道改变

泵内流道具有截面突然扩大和收缩、急拐弯,通道截面过小而导致液体紊流、旋涡及喷流,使噪声加大。

6. 机械原因

还有一些机械原因,例如转动部分不平衡、轴承不良、泵轴的弯曲等机械振动引起的机械噪声。

二、降低噪声的措施

降低噪声可采取如下几种措施:

(1) 在液压泵的出口处设置放气阀。液压泵用放气阀放气,放气阀尽可能布置在靠近泵的出油口,垂直安装。在液压系统中设置放气阀时,注意将回油管插入油箱液面之下。液压泵大都不能自动放气,国内厂家也未生产放气阀。

(2) 尽量降低液压泵吸入高度 H_s,使其留有充分余量;采用内径较大的吸油管;尽量减少吸油弯头;采用较大容量的吸油过滤器;尽量避免液压泵出油管几何高度向低变化。

(3) 严格防止吸油管和泵驱动轴密封处漏气。最简单的放气方法是拧松液压泵出油口连接管,待空气全部排除,流出的全是油液为止,再将泵出油口连接管拧紧。

(4) 消除液压泵内部油液压力的急剧变化。

(5) 为吸收液压泵流量及压力脉动,可在液压泵的出口装置消音器。

(6) 装在油箱上的泵应使用橡胶垫减振,吸油管的一段用橡胶软管,对泵和管路的连接进行隔振。

（7）防止泵产生空穴现象，可采用直径较大的吸油管，减小管道局部阻力；采用大容量的吸油滤油器，防止油液中混入空气；合理设计液压泵，提高零件刚度。

第六节　液压泵的选用

液压泵是液压系统提供一定流量和压力的油液动力元件，它是每个液压系统不可缺少的核心元件，合理地选择液压泵对于降低液压系统的能耗、提高系统的效率、降低噪声、改善工作性能和保证系统的可靠工作都十分重要。

选择液压泵的原则：根据主机工况、功率大小和系统对工作性能的要求，首先确定液压泵的类型，然后按系统所要求的压力、流量大小确定其规格型号。

表 3-1 所示为液压系统中常用液压泵的主要性能。

表 3-1　液压系统中常用液压泵的性能比较

性能	外啮合齿轮泵	双作用叶片泵	限压式变量叶片泵	径向柱塞泵	轴向柱塞泵	螺杆泵
输出压力	低压	中压	中压	高压	高压	低压
流量调节	不能	不能	能	能	能	不能
效率	低	较高	较高	高	高	较高
输出流量脉动	很大	很小	一般	一般	一般	最小
自吸特性	好	较差	较差	差	差	好
对油的污染敏感性	不敏感	较敏感	较敏感	很敏感	很敏感	不敏感
噪声	大	小	较大	大	大	最小

一般来说，由于各类液压泵各自突出的特点，其结构、功用和传动方式各不相同，因此应根据不同的使用场合选择合适的液压泵。一般在机床液压系统中，往往选用双作用叶片泵和限压式变量叶片泵；而在筑路机械、港口机械以及小型工程机械中往往选择抗污染能力较强的齿轮泵；在负载大、功率大的场合往往选择柱塞泵。

液压泵选择应该考虑的因素，有以下几个方面。

1. 排量

液压泵流量取决于其排量大小和转速，转速：

中国、欧洲：1 000/1 500 r/min。

美国：1 200/1 800 r/min。

车载：1 200/2 500 r/min。

流量与排量和转速之间的关系如式（3-17）所示。

$$q = \frac{V \times n}{1000} \tag{3-17}$$

式中　V——液压泵的排量，单位为 mL/r；

n——液压泵的转速，单位为 r/min。

液压泵的输出流量取决于系统所需最大流量及泄漏量，即

$$Q_泵 \geq K_流 \times Q_缸 \qquad (3\text{-}18)$$

式中　$Q_泵$——液压泵所需输出的流量，m^3/min；

　　　$K_流$——系统的泄漏系数，取 1.1~1.3；

　　　$Q_缸$——液压缸所需提供的最大流量，m^3/min。

若为多液压缸同时动作，$Q_缸$ 应为同时动作的几个液压缸所需的最大流量之和。在 $P_泵$、$Q_泵$ 求出以后，就可具体选择液压泵的规格，选择时应使实际选用泵的额定压力大于所求出的 $P_泵$ 值，通常可放大 25%。泵的额定流量略大于或等于所求出的 $Q_缸$ 值即可。

2. 最大压力

根据系统的工作压力来选择，一般来说，在固定设备中液压系统的正常工作压力可选择为泵额定压力的 70%~80%，车辆用泵可选择为泵额定压力的 50%~60%，以保证泵的足够的寿命。另外，泵的最高压力与最高转速不宜同时使用，以延长泵的使用寿命。

3. 定排量/变排量

一般来说，如果液压功率小于 10 kW，工作循环是开关式，泵在不使用时可完全卸荷，并且大多数工况下需要泵输出全部流量时则可以考虑选用定量泵，如果液压功率大于 10 kW，流量的变化要求较大，则可以考虑选用变量泵。变量泵的变量形式的选择，可根据系统的工况要求以及控制方式等因素选择。

4. 开式/闭式传递方式的选择

液压系统分开式和闭式系统，在闭式系统中使用的泵称为闭式液压泵。由于闭式系统的结构紧凑、压力损失小和输入转速高等优点，使得它在系统流量大和用内燃机直接驱动的场合被优先采用。如在混凝土输送泵和车辆走行部上，已越来越多地采用闭式液压泵。

5. 驱动能力影响

驱动能力是指驱动液压泵的动力装置，例如电动机、内燃机等的转速、功率大小。

6. 噪声等级

根据液压泵的使用环境决定选用液压泵的噪声等级。

7. 污染敏感度的影响

各种液压泵随着泵压力升高对外界污染的敏感度也升高。

8. 维护保养方便性的影响

一般对液压泵的维修原则：齿轮泵如果坏了就整体更换；叶片泵只更换心脏件；柱塞泵更换损坏的元件。所以三类泵维护保养方便性顺序是齿轮泵、叶片泵和柱塞泵。

9. 效率的影响

一般齿轮泵的效率为 85%，叶片泵为 80%，柱塞泵为 90%。

10. 工作寿命影响

影响液压泵的利用寿命因素很多，除了泵自身设计、制造因素外和一些与泵利用相关

（例如联轴器、滤油器等的选用、试车运行过程中的操纵等也有关。

11. 规格、形状和重量影响

一般在同等功率情况下，齿轮泵体积和质量最小，柱塞泵的体积和质量最大，一般同规格的变量泵要比定量泵大。

12. 液压泵成本影响

选用时要根据实际经济情况进行成本选择。

小　结

1. 容积式泵的工作原理，液压泵正常工作的必备条件。

2. 液压泵的性能参数：工作压力、排量、理论流量、实际流量、容积效率、机械效率、总效率，各量的单位及相关量间的关系。

3. 齿轮泵、叶片泵、柱塞泵的结构、工作原理、流量的计算，这三种泵的优缺点及其应用。

4. 外反馈限压式变量叶片泵的特性曲线。

5. 液压泵的噪声发生原因及排除措施。

6. 液压泵的选用。

复习思考题

一、判断题

1. 容积式液压泵输油量的大小取决于密封容积的大小。　　　　　　　　　（　　）

2. 外啮合齿轮泵中，轮齿不断进入啮合的一侧的油腔是吸油腔。　　　　（　　）

3. 单作用式叶片泵只要改变转子中心与定子中心间的偏心距和偏心方向，就能改变输出流量的大小和输油方向，成为双向变量液压泵。　　　　　　　　　　　　　（　　）

4. 双作用式叶片泵的转子每回转一周，每个密封容积完成两次吸油和压油。（　　）

5. 改变轴向柱塞泵斜盘的倾斜角度大小和倾斜方向，则其成为双向变量液压泵。
　　　　　　　　　　　　　　　　　　　　　　　　　　　　　　　　　（　　）

二、选择题

1. 外啮合齿轮泵的特点有（　　）。

　　A. 结构紧凑，流量调节方便

　　B. 价格低廉，工作可靠，自吸性能好

　　C. 噪声小，输油量均匀

　　D. 对油液污染不敏感，泄漏下，主要用于高压系统

2. 不能成为双向变量液压泵的有（　　）。

　　A. 双作用式叶片泵　B. 单作用式叶片泵　C. 轴向柱塞泵　　　D. 径向柱塞泵

3. 强度高、耐高温、抗腐蚀性强、过滤精度高的过滤器是（　　　　）。

　A. 网式过滤器　　　　B. 线隙式过滤器　　　C. 烧结式过滤器　　　D. 纸芯式过滤器

三、简述题

1. 液压泵正常工作需具备哪四个条件？试用外啮合齿轮泵说明。

2. 比较双作用式叶片泵与单作用式叶片泵在结构和工作原理方面的异同。

3. 过滤器有哪几种类型？它们的效果如何？一般应安装在什么位置？

4. 机床上的液压泵为什么可统称为容积泵？液压泵正常工作的条件是什么？

5. 什么是液压泵的排量、理论流量和实际流量？简述三者之间的关系。

6. 液压泵的工作压力和额定压力指的是什么？

7. 简述限压式变量叶片泵的流量压力特性曲线的物理意义。如何调节曲线？

8. 简述液压泵的选用方法。

第四章 液压执行元件

学习目标

1. 了解液压执行元件的种类、特点及图形符号。

2. 了解液压马达的作用原理、特点、性能参数及应用。

3. 了解单出杆双作用液压缸的工作原理、特点及应用，熟悉液压差动连接的含义及其特点。

4. 了解液压缸结构。

在液压系统中，将液体的液压能转换为机械能的能量转换装置，称为液压执行元件。液压执行元件包括液压缸和液压马达两大类。其中实现直线往复运动的称为液压缸，实现连续旋转运动的称为液压马达。图 4-1 为执行元件职能符号。

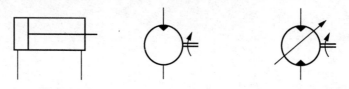

（a）双作用液压缸　（b）单向定量液压马达　（c）双向变量液压马达

图 4-1　执行元件职能符号

第一节　液 压 马 达

一、液压马达的特点及分类

液压马达是把液体的压力能转换为机械能的装置，从原理上讲，液压泵可以作液压马达用，液压马达也可作液压泵用。但事实上同类型的液压泵和液压马达虽然在结构上相似，但由于两者的工作情况不同，使得两者在结构上也有某些差异。

液压马达按其额定转速分为高速和低速两大类，额定转速高于 500 r/min 的属于高速液压马达，额定转速低于 500 r/min 的属于低速液压马达。常用液压马达按结构分齿轮式、叶片式、柱塞式、螺杆式等。

高速液压马达的主要特点是转速较高、转动惯量小，便于启动和制动，调速和换向的灵敏度高。通常高速液压马达的输出转矩不大（仅几十牛·米到几百牛·米），所以又称为高速小转矩液压马达。

高速液压马达的基本形式是径向柱塞式，例如单作用曲轴连杆式、液压平衡式和多作用内曲线式等。此外在轴向柱塞式、叶片式和齿轮式中也有低速的结构形式。低速液压马达的主要特点是排量大、体积大、转速低（有时可达每分钟几转甚至零点几转），因此可直接与工作机构连接，无须减速装置，使传动机构简化。通常低速液压马达输出转矩较大（可达几千牛顿·米到几万牛顿·米），所以又称为低速大转矩液压马达。

1. 齿轮式液压马达的工作原理及其特点

图 4-2 所示为齿轮式液压马达的工作原理图。点 P 为两齿轮的啮合点，设齿轮的齿高为 h，啮合点到两个齿根的距离分别为 s_1 和 s_2。压力油从 p 口进入，由于 s_1 与 s_2 均小于 h，故当压力油作用在齿面上时（如图 4-2 中箭头所示），两个齿轮上就各有一个使它们产生转矩的作用力 $p(h-s_1)b$ 和 $p(h-s_2)b$，其中 p 为输入油液的压力，b 为齿宽。在上述作用力的作用下，两齿轮按图 4-2 所示方向回转，并把油液带到低压腔排出，这就是齿轮液压马达的工作原理。

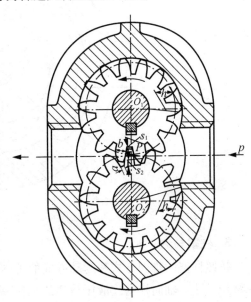

图 4-2　齿轮式液压马达的工作原理图

齿轮式液压马达用于高转速、小转矩的场合，也用作沉重物体旋转的传动装置。由于沉重物体的惯性起到飞轮作用，可以补偿旋转的波动性，因此在起重设备中广泛应用。值得注意的是，齿轮式液压马达输出转矩和转速的脉动性较大，径向力不平衡，在低速旋转及负荷改变时运转的稳定性较差。

2. 叶片式液压马达的工作原理及其特点

图 4-3 所示为叶片马达的工作原理图。1~8 表示 8 片叶片。当压力为 p 的油液从进油口进入相邻两叶片间的密封工作腔时，位于进油腔的叶片 2、6 因两面受相同压力的液压油的作用，故不产生转矩。叶片 7、3 和 1、5 的一侧均受高压油的作用，另一面为低压油，因此每个叶片的两侧受力不平衡，由于叶片 3、7 伸出长度长，受力面积大于叶片 1、5 的受力面积，因此作用于叶片 3 上的液压力所产生的顺时针方向的转矩大于作用于叶片 1 上的液压力所产生的顺时针的转矩。同理，作用于叶片 7 上的液压力所产生的顺时针方向的转矩大于作用于叶片 5 的液压力产生的顺时针转矩。回油腔中油液的压力低，对叶片的作用力很小，产生的转矩可忽略不计，因此转子在合成转矩的作用下沿顺时针方向旋转，就把油液的压力能转变成了机械能，这就是叶片马达的工作原理。当输油方向改变时，液压马达就反转。

当定子的长短径差值越大，转子的直径越大，输入的压力越高，叶片马达输出的转矩也越大。

叶片马达的体积小，转动惯量小，因此动作灵敏，可适应的换向频率较高。但泄漏较大，不能在很低的转速下工作，因此，叶片马达一般用于转速高、转矩小和动作灵敏的场合。

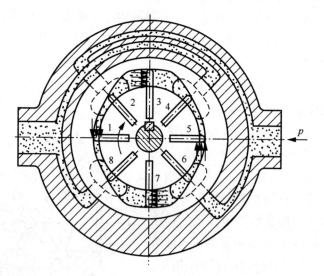

图4-3 叶片马达的工作原理图

3. 柱塞马达

按照柱塞的排列方式和运动方式的不同，柱塞马达可分为轴向柱塞液压马达和径向柱塞液压马达。轴向柱塞式液压马达的工作原理可参照轴向柱塞泵。事实上同类型的液压泵和液压马达虽然在结构上相似，但由于两者的工作情况不同，使得两者在结构上也有些差异。

液压马达一般需要正反转，所以在内部结构上应具有对称性，而液压泵一般是单方向旋转的。

（1）轴向柱塞马达。轴向柱塞马达的结构基本上与轴向柱塞泵相同，故其种类与轴向柱塞泵相同，分为直轴式轴向柱塞马达和斜轴式轴向柱塞马达两类。但为适应液压马达的正反转要求，其配流盘的结构和进出油口的流道大小和形状都完全对称。轴向柱塞马达的工作原理如图4-4所示。

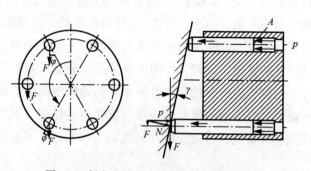

图4-4 斜盘式轴向柱塞马达的工作原理图

轴向柱塞马达的缸体内柱塞轴向布置，压力为 p 的高压油进入马达缸孔作用于柱塞底部，使滑靴压向斜盘，当压力油进入液压马达的高压腔之后，工作柱塞便受到油压作用力

为 $p \cdot A$（p 为油压力，A 为柱塞面积），通过滑靴压向斜盘，其反作用为 N。N 力分解成两个分力，沿柱塞轴向分力 p，与柱塞所受液压力平衡；另一分力 F，与柱塞轴线垂直向上，它与缸体中心线的距离为 r，这个力便产生驱动马达旋转的力矩。力 F 的大小：

$$F = p \cdot A \tan\gamma \tag{4-1}$$

式中　γ——斜盘的倾斜角度，（°）。

这个力 F 使缸体产生扭矩的大小，由柱塞在压油区所处的位置而定。设有一柱塞与缸体的垂直中心线的角度为 φ，则该柱塞使缸体产生的扭矩 T：

$$T = F \cdot r = F \cdot R \cdot \sin\varphi = p \cdot A \cdot R \cdot \tan\gamma \cdot \sin\varphi \tag{4-2}$$

式中　R——柱塞在缸体中的分布圆半径，m。

随着角度 φ 的变化，柱塞产生的扭矩也随着变化。整个液压马达产生的总扭矩，是所有处于压力油区的柱塞产生的扭矩之和。因此，总扭矩也是脉动的，当柱塞的数目较多且为单数时，脉动较小。液压马达的实际输出的总扭矩可用式（4-3）计算：

$$T_{总} = \eta_{m} \cdot \Delta p \cdot \frac{V}{2\pi} \tag{4-3}$$

式中　Δp——液压马达进、出口油液压力差，N/m^2；

　　　V——液压马达理论排量，mL/r；

　　　η_{m}——液压马达机械效率。该力矩驱动液压马达旋转。

从式（4-3）可看出，当输入液压马达的油液压力一定时，液压马达的输出扭矩仅和每转排量有关。因此，提高液压马达的每转排量，可以增加液压马达的输出扭矩。

轴向柱塞马达具有结构紧凑、单位功率轻、工作压力高、容易实现变量和效率高等优点；缺点是结构比较复杂，对油液污染较敏感，过滤精度要求较高，且价格较贵。一般而言，轴向柱塞马达都是高速马达，输出扭矩小，因此，必须通过减速器来带动工作机构。

（2）径向柱塞马达。图 4-5 所示为径向柱塞液压马达工作原理图。径向柱塞液压马达除了配油阀式以外都具有可逆性。当压力油从配油轴 5 的轴向孔道，经配油窗口 a、衬套 4 进入缸体 3 内柱塞 1 的底部时，柱塞 1 在油压作用下向外伸出，紧紧地顶在定子 2 的内壁上。定子 2 和缸体 3 之间存在一偏心距（e）。在柱塞与定子接触处，定子给柱塞一反作用力 F，其方向在定子内圆柱曲面的法线方向上。将力 F 沿柱塞的轴向（缸体的径向）和径向分解成力 F_X 和 F_Y，F_Y 对缸体产生转矩，使缸体旋转。缸体则经其端面连接的传动轴向外输出转矩和转速。液压马达输出的转矩等于高压区内各柱塞产生转矩的总和，其值也是脉动的。

与轴向柱塞液压马达相反，低速大转矩液压马达多采用径向柱塞式结构。其主要特点是排量大（柱塞的直径大、行程长、数目多）、压力高、密封性好。但因其尺寸及体积大，因此不能用于反应灵敏、频繁换向的系统中。在矿山机械、采煤机械、工程机械、建筑机械、起重运输机械及船舶方面，低速大转矩液压马达得到了广泛应用。

4. 摆动马达

摆动液压马达的工作原理如图 4-6 所示。图 4-6（a）所示为单叶片式摆动马达。若从油口 Ⅰ 通入高压油，叶片做逆时针摆动，低压力油从 Ⅱ 口排出。因叶片与输出轴连在一起，

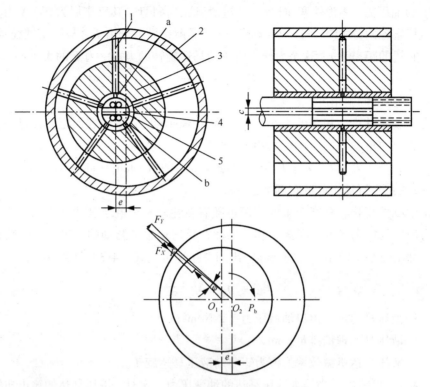

图4-5 径向柱塞液压马达工作原理

1—柱塞；2—定子；3—缸体；4—衬套；5—配油轴

帮输出轴摆动同时输出转矩、克服负载。

此类摆动马达的工作压力小于10 MPa，摆动角度小于280°。由于径向力不平衡，叶片和壳体、叶片和挡块之间密封困难，限制了其工作压力的进一步提高，从而也限制了输出转矩的进一步提高。

图4-6（b）所示为双叶片式摆动马达。在径向尺寸和工作压力相同的条件下，输出转矩是单叶片式摆动马达输出转矩的2倍，但回转角度要相应减少，双叶片式摆动马达的回转角度一般小于120°。

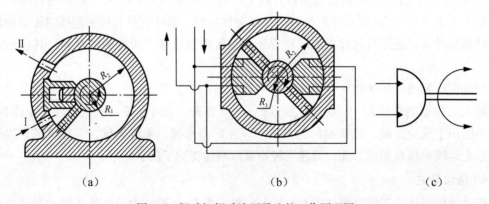

图4-6 摆动缸摆动液压马达的工作原理图

叶片摆动马达的总效率 $\eta = 70\% \sim 95\%$，对单叶片摆动马达来说，设其机械效率为1，出口背压为0，则它的输出转矩：

$$T = pB\int_{R_1}^{R_2} r\mathrm{d}r = p \cdot \frac{B}{2}(R_2^2 - R_1^2) \tag{4-4}$$

式中　p——单叶片摆动马达的进口压力；

　　B——叶片宽度；

　　R_1——叶片轴外半径，叶片内半径；

　　R_2——叶片外半径。

二、液压马达的性能参数

液压马达输入的是液压能，输出的是机械能。液压马达的性能参数很多。下面讲述液压马达的主要性能参数。

1. 工作压力

液压马达的工作压力 p_m 是指输入油液的压力。

2. 额定压力

液压马达的额定压力是指液压马达允许达到的最高工作压力。

3. 排量、流量和容积效率

（1）排量 V。在不考虑泄漏损失时，将马达的轴每转一周所吞入的液体体积，称为马达的排量，有时称为几何排量、理论排量。

液压马达的排量表示出其工作容腔的大小。液压马达在工作中输出的转矩大小是由负载转矩决定的。但是，推动同样大小的负载，工作容腔大的马达的压力要低于工作容腔小的马达的压力，所以说工作容腔的大小是液压马达工作能力的主要标志，也就是说，排量的大小是液压马达工作能力的重要标志。

（2）流量 q。液压马达的理论流量是指液压马达在无泄漏的情况下，单位时间内所需的液体体积。

根据液压动力元件的工作原理可知，马达转速 n、理论流量 q_i 与排量 V 之间具有下列关系：

$$q_i = nV \tag{4-5}$$

式中　q_i——理论流量，m^3/s；

　　n——转速，$\mathrm{r/min}$；

　　V——排量，$\mathrm{mL/r}$。

为了满足转速要求，马达实际输入流量 q 要大于理论输入流量，则

$$q = q_i + \Delta q \tag{4-6}$$

式中　Δq——泄漏流量。

（3）液压马达的容积效率。容积效率计算公式如式（4-7）所示。

$$\eta_{vm} = \frac{q_{理}}{q_{实}} < 1 \tag{4-7}$$

4. 液压马达输出的理论转矩

液压马达输入为液压能（进、出油口之间的压力差为 Δp 与输入液压马达的流量 q 的乘积），液压马达输出的理论转矩为 T_t，角速度为 ω，如果不计损失，液压马达输入的液压功

率应当全部转化为液压马达输出的机械功率，即

$$\Delta p \cdot q = T_t \cdot \omega \tag{4-8}$$

因为 $\omega = 2\pi n$，所以液压马达的理论转矩为

$$T_t = \frac{\Delta p V}{2\pi} \tag{4-9}$$

式中　Δp——马达进出口之间的压力差。

5. 液压马达的机械效率

由于液压马达内部不可避免地存在各种摩擦，实际输出的转矩 T 总要比理论转矩 T_t 小些，即

$$T = T_t \eta_m \tag{4-10}$$

式中　η_m——液压马达的机械效率，%。

6. 液压马达的启动机械效率

液压马达的启动机械效率是指液压马达由静止状态启动时，马达实际输出的转矩 T_0 与它在同一工作压差时的理论转矩 T_t 之比，即

$$\eta_{m0} = T_0 / T_t \tag{4-11}$$

液压马达的启动机械效率表示其启动性能的指标。在同样的压力下，液压马达由静止到开始转动的启动状态的输出转矩要比运转中的转矩大，这给液压马达带载启动造成了困难，所以启动性能对液压马达是非常重要的，启动机械效率正好能反映其启动性能的高低。启动转矩降低的原因，一方面是在静止状态下的摩擦因数最大，在摩擦表面出现相对滑动后摩擦因数明显减小，另一方面也是最主要的方面是因为液压马达静止状态润滑油膜被挤掉，基本上变成了干摩擦。一旦马达开始运动，随着润滑油膜的建立，摩擦阻力立即下降，并随滑动速度增大和油膜变厚而减小。

实际工作中都希望启动性能好一些，即希望启动转矩和启动机械效率大一些。表4-1所示为液压马达的启动机械效率。

表4-1　液压马达的启动机械效率

液压马达的结构形式		启动机械效率 η_{m0}/%
齿轮马达	老结构	0.60 ~ 0.80
	新结构	0.85 ~ 0.88
叶片马达	高速小扭矩型	0.75 ~ 0.85
轴向柱塞马达	滑履式	0.80 ~ 0.90
	非滑履式	0.82 ~ 0.92
曲轴连杆马达	老结构	0.80 ~ 0.85
	新结构	0.83 ~ 0.90
静压平衡马达	老结构	0.80 ~ 0.85
	新结构	0.83 ~ 0.90
多作用内曲线马达	由横梁的滑动摩擦副传递切向力	0.90 ~ 0.94
	传递切向力的部位具有滚动副	0.95 ~ 0.98

由表4-1所示的机械效率可知，多作用内曲线马达的启动性能最好，轴向柱塞马达、曲轴连杆马达和静压平衡马达启动性居中，叶片马达的启动性较差，而齿轮马达的启动性最差。

7. 液压马达的转速

液压马达的转速取决于供入的流量和液压马达本身的排量 V，可用式（4-12）计算：

$$n_i = \frac{q}{V} \tag{4-12}$$

式中　n_i——理论转速，r/min。

由于液压马达内部有泄漏，并不是所有进入马达的液体都推动液压马达做功，有一小部分因泄漏损失掉了。所以液压马达的实际转速要比理论转速低一些。

$$n = n_i \cdot \eta_V \tag{4-13}$$

式中　n——液压马达的实际转速，r/min；

　　η_V——液压马达的容积效率，%。

8. 最低稳定转速

最低稳定转速是指液压马达在额定负载下，不出现爬行现象的最低转速。所谓爬行现象，就是当液压马达工作转速过低时，往往保持不了均匀的速度，进入时动时停的不稳定状态。实际工作中，一般都期望最低稳定转速越小越好。

9. 最高使用转速

液压马达的最高使用转速主要受使用寿命和机械效率的限制，转速提高后，各运动副的磨损加剧，使用寿命降低，转速高则液压马达需要输入的流量就大，因此各过流部分的流速相应增大，压力损失也随之增加，从而使机械效率降低。

对有些液压马达来说，转速的提高还受到背压的限制。例如曲轴连杆式液压马达，转速提高时，回油背压必须显著增大才能保证连杆不会撞击曲轴表面，从而避免了撞击现象。随着转速的提高，回油腔所需的背压值也应随之提高。但过分的提高背压，会使液压马达的效率明显下降。为了使马达的效率不致过低，马达的转速不应太高。

10. 调速范围

液压马达的调速范围用最高使用转速和最低稳定转速之比表示，即

$$i = \frac{n_{max}}{n_{min}} \tag{4-14}$$

【例】　某液压马达排量 $V = 250$ mL/r，入口压力为 9.8×10^6 Pa，出口压力为 4.9×10^5 Pa，其总效率 $\eta_m = 0.9$，容积效率 $\eta_{vm} = 0.92$。当输入流量 $q_实 = 22$ L/min 时，求液压马达输出扭矩和转速各为多少？

解： 液压马达的理论流量 $q_理$

$$q_理 = \eta_{vm} q_实 = 0.92 \times 22 = 20.24 (\text{L/min})$$

液压马达的实际转速

$$n = \frac{q_理}{V} = \frac{20.24 \times 10^3}{250} = 80.86 \, (\text{r/min})$$

液压马达的进、出口压力差

$$p = 98 \times 10^5 - 4.9 \times 10^5 = 93.1 \times 10^5 \, (\text{Pa}) = 9.31 \, (\text{MPa})$$

液压马达的输出扭矩

$$T_{\text{实}} = \frac{pq_{\text{实}}}{\omega}\eta_m = \frac{93.1 \times 10^5 \times 22 \times 10^{-3}}{2\pi \times 80.96} \times 0.9 = 362.38 \, (\text{N.m})$$

第二节 液 压 缸

液压缸是液压系统中的一种执行元件，是将液压能转变成直线往复式的机械能的能量转换装置，它能使运动部件实现往复直线运动或摆动。

一、液压缸的种类

液压缸的种类很多，常见液压缸的种类及符号分类如表 4-2 所示。

表 4-2 常见液压缸的种类及符号

名 称	说 明	符 号
单作用缸	单活塞杆缸	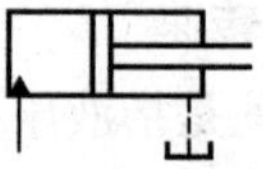
		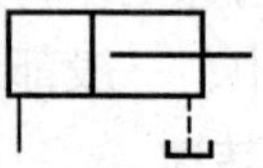
	单活塞杆缸（带弹簧复位）	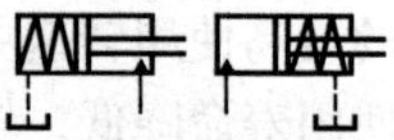
		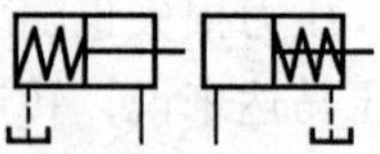
	柱塞缸	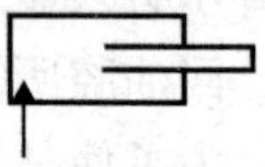
	伸缩缸	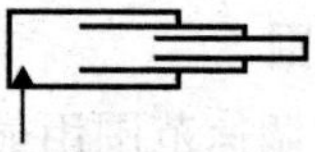
双作用缸	单活塞杆缸	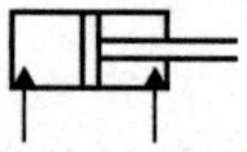
		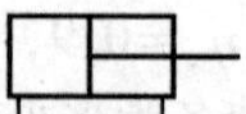
	双活塞杆缸	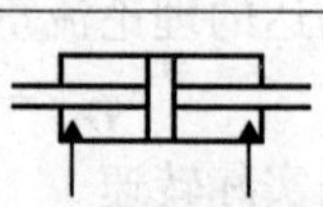
		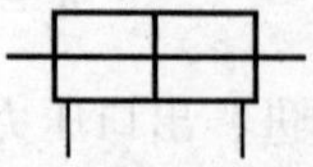

二、各种液压缸的原理、特点及应用

液压缸按其作用方式分为单作用式和双作用式两大类。单作用式液压缸只利用液压力推动活塞向着一个方向运动，而反向运动则需借助外力实现；双作用式液压缸其正、反两个方向的运动都依靠液压力来实现。

液压缸按不同的使用压力可分为中低压、中高压和高压液压缸。对于机床类机械一般采用中低压液压缸，其额定压力为 2.5 ~ 6.3 MPa；对于中高压液压缸其额定压力小于 16 MPa，应用于体积要求小、重量轻、出力大的建筑车辆和飞机用液压缸；而高压类液压缸，其额定压力小于 31.5 MPa，应用于油压机类机械。

液压缸按结构形式的不同分为活塞缸、柱塞缸、摆动式、伸缩式液压缸等形式，其中以活塞式液压缸应用最多。

（一）活塞式液压缸

活塞式液压缸有双杆式活塞缸和单杆式活塞缸两种。

1. 双杆式活塞缸

双杆式活塞缸根据安装方式不同可分为缸筒固定式和活塞杆固定式两种。

图4-7（a）所示为缸筒固定式的双杆活塞缸。它的进、出口布置在缸筒两端，活塞通过活塞杆带动工作台移动，当活塞的有效行程为 L 时，整个工作台的运动范围为3L，所以机床占地面积大，一般适用于小型机床，当工作台行程要求较长时，可采用图4-7（b）所示的活塞杆固定的形式，这时，缸体与工作台相连，活塞杆通过支架固定在机床上，动力由缸体传出。这种安装形式中，工作台的移动范围只等于液压缸有效行程的 2 倍，即2L，因此占地面积小。进出油口可以设置在固定不动的空心的活塞杆的两端，但必须使用软管连接。

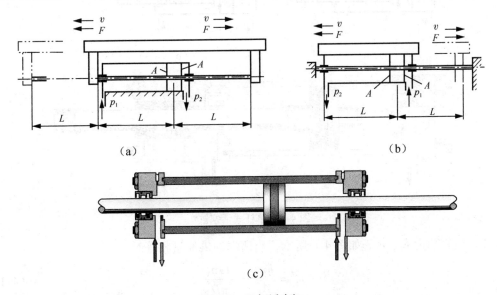

（a）　　　　　　　　　　　　　（b）

（c）

图 4-7　双杆活塞缸

由于双杆活塞缸两端的活塞杆直径通常是相等的，因此它左、右两腔的有效面积也相等，当分别向左、右腔输入相同压力和相同流量的油液时，液压缸左、右两个方向的推力和速度相等。当活塞的直径为 D，活塞杆的直径为 d，液压缸进、出油腔的压力为 p_1 和 p_2，输入流量为 q 时，双杆活塞缸的推力 F 和速度 v 为

$$F = \frac{\pi(D^2 - d^2)}{4}(p_1 - p_2)\eta_{\mathrm{m}} \tag{4-15}$$

$$v = \frac{q\eta_{\mathrm{V}}}{A} = \frac{4q\eta_{\mathrm{V}}}{\pi(D^2 - d^2)} \tag{4-16}$$

式中　q——供油量，$\mathrm{m^3/s}$；

　　　D——无杆端活塞直径，m；

　　　d——活塞杆直径，m；

　　　η_{V}——液压缸的容积效率，%；

　　　A——活塞的有效工作面积，$\mathrm{m^2}$。

在设计双杆活塞缸时，当双杆活塞缸在工作时，一个活塞杆是受拉的，而另一个活塞杆不受力，因此这种液压缸的活塞杆可以做得细一些。

2. 双作用单杆式活塞缸

如图 4-8 所示，活塞只有一端带活塞杆，单杆液压缸也有缸体固定和活塞杆固定两种形式，但它们的工作台移动范围都是活塞有效行程的两倍。由于一端有活塞杆伸出，两端受力面积不等，因而左、右两方向运动速度不同。

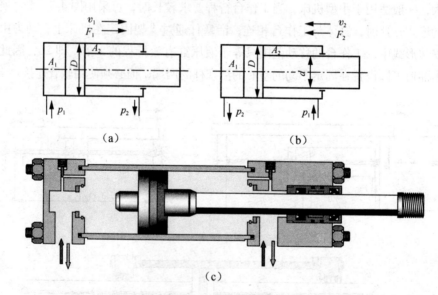

图 4-8　单杆式活塞缸

（1）往复速度 v_1、v_2。如图 4-8 所示，当两端的供油量相等时

$$v_1 = \frac{q\eta_{\mathrm{V}}}{A_1} = \frac{4q\eta_{\mathrm{V}}}{\pi D^2} \tag{4-17}$$

$$v_2 = \frac{q\eta_{\mathrm{V}}}{A_2} = \frac{4q\eta_{\mathrm{V}}}{\pi(D^2 - d^2)} \tag{4-18}$$

式中符号含义与式（4-15）及式（4-16）相同。

在机床上常用 v_1、v_2 不等来实现慢速工进和快速退回。

（2）往复推力 F_1、F_2 如果两个方向上的供油压力相等时，往复运动所能产生的输出推力不等，其值分别为

$$F_1 = (p_1 A_1 - p_2 A_2)\eta_m = \frac{\pi}{4}[D^2(p - p_0) + d^2 p_0]\eta_m \tag{4-19}$$

$$F_2 = (p_1 A_2 - p_2 A_1)\eta_m = \frac{\pi}{4}[D^2(p - p_0) - d^2 p_0]\eta_m \tag{4-20}$$

式中　η_m——液压缸的机械效率；

　　　F_1——无杆端产生的推力，N；

　　　F_2——有杆端产生的推力，N；

　　　p_1——进油压力，Pa；

　　　p_2——回油背压力，Pa。

（3）特点如下：

① 长度方向占有的空间大致为活塞杆长的两倍。

② 可产生不同的往复速度 v_1、v_2，但两向的额定推力不相等。

③ 向 v_1 方向（见图 4-8）运动时，活塞杆受压，因此活塞杆要有足够的刚度。

由式（4-17）～式（4-20）可知，由于 $A_1 > A_2$，所以 $F_1 > F_2$，$v_1 < v_2$。如把两个方向上的输出速度 v_2 和 v_1 的比值称为速度比，记作 λ_v，则

$$\lambda_v = \frac{v_2}{v_1} = \frac{1}{1 - \left(\dfrac{d}{D}\right)^2} \tag{4-21}$$

因此，在已知 D 和 λ_v 时，可确定 d 值。

$$d = D\sqrt{\frac{(\lambda_v - 1)}{\lambda_v}} \tag{4-22}$$

（二）柱塞缸

在柱塞缸中，活塞和活塞杆构成为单一执行元件。由于柱塞缸结构限制，其活塞杆回缩仅可在外力作用下完成，因此，柱塞缸通常只能竖直安装。

（1）柱塞式液压缸是单作用液压缸，即靠液压力只能实现一个方向的运动，回程要靠自重（当液压缸垂直放置时）或其他外力，因此柱塞缸常成对使用。

（2）柱塞运动时，由缸盖上的导向套来导向，因此，柱塞和缸筒的内壁不接触，缸筒内孔只需粗加工即可。

（3）柱塞质量往往比较大，水平放置时容易因自重而下垂，造成密封件和导向件单边磨损，故柱塞式液压缸垂直使用较为有利。为此可在缸筒内设置各种不同形式的辅助支撑，起到辅助导向的作用。

图 4-9（a）所示为柱塞缸，其工作面是柱塞端面，动力是通过柱塞本身传递的。柱塞缸只能实现一个方向的液压传动，反向运动要靠外力，若需要实现双向运动，则必须成对

使用,如图4-9(b)所示。由于缸筒内壁和柱塞不直接接触,而有一定的间隙,因此缸筒内壁不用加工或只做粗加工,但必须保证导向套和密封装置部分内壁的精度,从而给制造带来了方便。它特别适用于行程较长的场合。

柱塞缸输出的推力和速度为

$$F = pA = \frac{p\pi d^2}{4} \tag{4-23}$$

$$v_i = \frac{q}{A} = \frac{4q}{\pi d^2} \tag{4-24}$$

式中　d——柱塞直径,m;

　　　A——柱塞截面积,m^2。

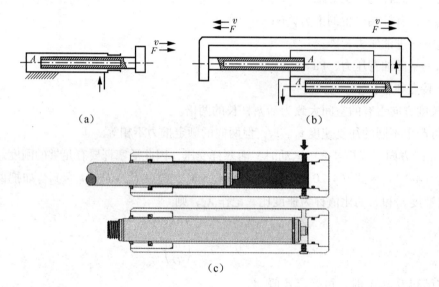

(a)　　　　　　　　　　　　　　　(b)

(c)

图4-9　柱塞缸

柱塞式液压缸特点如下:

(1)柱塞式液压缸是一种单作用式液压缸,靠液压力只能实现一个方向的运动,柱塞回程要靠其他外力或柱塞的自重。

(2)柱塞只靠缸套支撑而不与缸套接触,这样缸套极易加工,故适于做长行程液压缸。

(3)工作时柱塞总受压,因而必须有足够的刚度。

(4)柱塞重量往往较大,水平放置时容易因自重而下垂,造成密封件和导向单边磨损,故其垂直使用更有利。

(三)增压液压缸

增压液压缸又称增压器,它利用活塞和柱塞有效面积的不同使液压系统中的局部区域获得高压。有单作用和双作用两种,单作用增压缸的工作原理如图4-10(a)所示,当低压油 p_1 输入活塞缸的无杆腔,油液推动增压器的大活塞,大活塞又推动与其连在一起的小活塞而获得高压 p_2 的液体。增压器的特性方程为

$$\frac{p_2}{p_1} = \frac{D^2}{d^2}\eta_m = K\eta_m \tag{4-25}$$

$$\frac{q_2}{q_1} = \frac{d^2}{D^2}\eta_v = \frac{1}{K}\eta_v \tag{4-26}$$

式中　$K(=D^2/d^2)$——增压比，表示其增压程度；

　　　　p_2——增压器输出压力，Pa；

　　　　p_1——增压器输入压力，Pa；

　　　　D——增压器大活塞直径，m；

　　　　d——增压器小活塞直径，m；

　　　　q_2——增压器输出流量，$\mathrm{m^3/s}$；

　　　　q_1——增压器输入流量，$\mathrm{m^3/s}$；

　　　　η_m——增压器的机械效率；

　　　　η_v——增压器的容积效率。

　　显然增压能力是在降低有效能量的基础上得到的，也就是说增压缸仅仅是增大输出的压力，并不能增大输出的能量。

　　单作用增压缸在活塞运动到终点时，不能再输出高压液体，需要将活塞退回到左端位置，再向右行时才又输出高压液体，为了克服这一缺点，可采用双作用增压缸，如图4-10（b）所示，由两个高压端连续向系统供油。

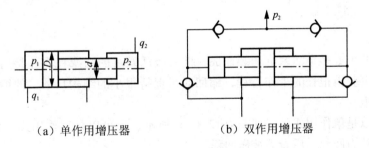

（a）单作用增压器　　　　　（b）双作用增压器

图4-10　增压液压缸

（四）差动油缸

　　单杆活塞缸在其左、右两腔都接通高压油时称为差动连接，如图4-11所示。差动连接缸左、右两腔的油液压力相同，但是由于左腔（无杆腔）的有效面积大于右腔（有杆腔）的有效面积，故活塞向右运动，同时使右腔中排出的油液（流量为q'）也进入左腔，加大了流入左腔的流量（$q+q'$），从而也加快了活塞移动的速度。实际上活塞在运动时，由于差动连接时两腔间的管路中有压力损失，所以右腔中油液的压力稍大于左腔油液压力，而这个差值一般都较小，可

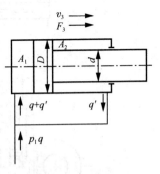

图4-11　差动液压缸

以忽略不计，则差动连接时活塞推力F_3、进入无杆腔流量q_1和运动速度v_3为

$$F_3 = p_1(A_1 - A_2) = \frac{\pi}{4}\left[D^2 - (D^2 - d^2)\right]p = \frac{\pi}{4}d^2p \tag{4-27}$$

进入无杆腔的流量

$$q_1 = v_3 \frac{\pi D^2}{4} = q + v_3 \frac{\pi(D^2 - d^2)}{4} \tag{4-28}$$

则 v_3 为

$$v_3 = \frac{4q}{\pi d^2} \tag{4-29}$$

式中　p——液压缸的工作压力，由于是差动连接，两腔的压力相等；

　A_1、A_2——分别为无杆腔和有杆腔的面积；

　D、d——分别为活塞和活塞杆的直径。

由式（4-27）和式（4-29）可知，差动连接时液压缸的推力比非差动连接时小，速度比非差动连接时大，正好利用这一点，可使在不加大油源流量的情况下得到较快的运动速度，这种连接方式被广泛应用于组合机床的液压动力系统和其他机械设备的快速运动中。如果要求机床往返快速相等时，则可得

$$\frac{4q}{\pi(D^2 - d^2)} = \frac{4q}{\pi d^2} \tag{4-30}$$

即

$$D = \sqrt{2}\,d \tag{4-31}$$

把单杆活塞缸实现差动连接，并按 $D = \sqrt{2}\,d$ 设计缸径和杆径的油缸称为差动液压缸。

（五）其他液压缸

1. 伸缩缸

伸缩缸由两个或多个活塞缸套装而成，前一级活塞缸的活塞杆内孔是后一级活塞缸的缸筒，伸出时可获得很长的工作行程，缩回时可保持很小的结构尺寸，伸缩缸被广泛用于起重运输车辆上。

伸缩缸可以是单作用式的，如图4-12（a）所示，也可以是双作用式，如图4-12（b）所示，前者靠外力回程，后者靠液压回程。

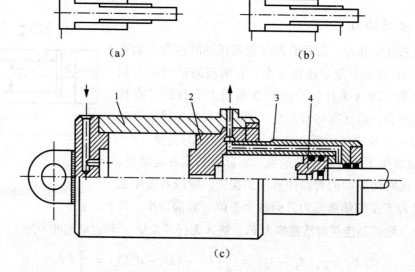

（a）　　　　　　　　　　（b）

（c）

图4-12　伸缩缸

1——级套筒；2——级活塞；3—二级套筒；4—二级活塞

伸缩缸的外伸动作是逐级进行的。首先是最大直径的缸筒以最低的油液压力开始外伸，当到达行程终点后，稍小直径的缸筒开始外伸，直径最小的末级最后伸出。随着工作级数变大，外伸缸筒直径越来越小，工作油液压力随之升高，工作速度变快。

$$F_1 = p_1 \frac{\pi}{4}D^2 \tag{4-32}$$

$$v_i = \frac{4q}{\pi D_i^2} \tag{4-33}$$

式中 i——i 级活塞缸。

2. 齿轮缸

齿轮缸由带有齿条杆的双活塞缸和齿轮齿条机构所组成，如图 4-13 所示。这种液压缸的特点：将活塞的直线往复运动，经过齿条、齿轮机构转换成回转运动。此液压缸又称无杆液压缸，常用于机械手、磨床的进给机构、回转工作台的转位机构和回转夹具。

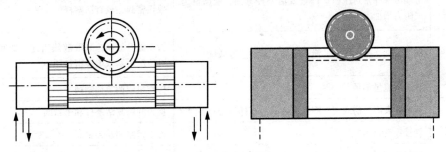

图 4-13　齿条液压缸

三、液压缸常见故障及其排除方法

1. 液压缸常见故障

液压缸常见故障如下：

（1）爬行。

（2）冲击。

（3）推力、速度不够

（4）外泄漏。

2. 液压缸常见故障及其排除方法

液压缸常见故障及其排除方法如表 4-3 所示。

表 4-3　液压缸常见故障及其排除方法

故障现象	产生原因	排除方法
爬行	外界空气进入缸内	设置排气装置或开动系统，强迫排气
	密封压得太紧	调整密封，但不得泄漏
	活塞与活塞杆不同轴，活塞杆不直	校正或更换，使同轴度小于 0.04 mm
	缸内壁拉毛，局部磨损或腐蚀	适当修理，严重者重新磨缸内孔，按要求重配活塞

续表

故障现象	产生原因	排除方法
爬行	安装位置有偏差	校正
	双活塞杆两端螺母拧得太紧	调整
冲击	用间隙密封的活塞，与缸筒间隙过大，节流阀失去作用	更换活塞，使间隙达到规定要求，检查节流阀
	端头缓冲的单向阀失灵，不起作用	修正、研配单向阀与阀座或更换
推力不足，速度不够或逐渐下降	由于缸与活塞配合间隙过大或 O 形密封圈损坏，使高、低压侧互通	更换活塞或密封圈，调整到合适的间隙
	工作段不均匀，造成局部几何形状有误差，使高低压腔密封不严，产生泄漏	镗磨修复缸孔径，重配活塞
	缸端活塞杆密封压得矿产紧或活塞杆弯曲，使摩擦力或阻力增加	放松密封，校直活塞杆
	油温太高，黏度降低，泄漏增加，使缸速度减慢	检查温升原因，采取散热措施，如间隙过大，可单配活塞或增装密封环
	液压泵流量不足	检查泵或调节控制阀
外泄漏	活塞杆表面损伤或密封圈损坏造成活塞杆处密封不严	检查并修复活塞杆和密封圈
	管接头密封不严	检修密封圈及接触面
	缸盖处密封不严检查并修整	

第三节　液压缸的典型结构和组成

如图 4-14 所示为一空心双活塞杆式液压缸的结构。液压缸的左、右两腔是通过油口 b、d 经活塞杆 1、15 的中心孔与左、右径向孔 a、c 相通的。由于活塞杆固定在床身上，缸体 10 固定在工作台上，工作台在径向孔 c 接通压力油，径向孔 a 接通回油时向右移动；反之则向左移动。

缸盖 18、24 是通过螺钉（图 4-14 中未画出）与压板 11、20 相连，并经钢丝环 12 相连，左缸盖 24 空套在托架 3 孔内，可以自由伸缩。空心活塞杆的一端用堵头 2 堵死，并通过锥销 9 和 22 与活塞 8 相连。缸筒相对于活塞运动由左右两个导向套 6 和 19 导向。活塞与缸筒之间、缸盖与活塞杆之间以及缸盖与缸筒之间分别用 O 形圈 7、V 形圈 4 和 17 和纸垫 13 和 23 进行密封，以防止油液的内、外泄漏。缸筒在接近行程的左右终端时，径向孔 a 和 c 的开口逐渐减小，对移动部件起制动缓冲作用。为了排除液压缸中剩留的空气，缸盖上设置有排气孔 5 和 14，经导向套环槽的侧面孔道（图 4-14 中未画出）引出与排气阀相连。

图 4-15 所示为一个较常用的双作用单活塞杆液压缸。它是由缸底 20、缸筒 10、缸盖兼导向套 9、活塞 11 和活塞杆 18 组成。缸筒一端与缸底焊接，另一端缸盖（导向套）与缸筒用卡键 6、套 5 和弹簧挡圈 4 固定，以便拆装检修，两端设有油口 A 和 B。活塞 11 与活塞

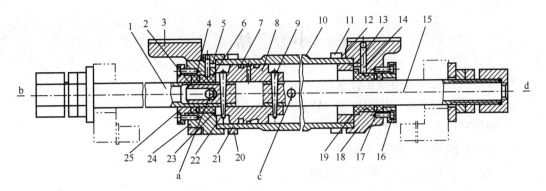

图 4-14 空心双活塞杆式液压缸的结构

1、15—活塞杆；2—堵头；3—托架；4、17—V 形密封圈；5、14—排气孔；6、19—导向套；

7—O 形密封圈；8—活塞；9、22—锥销；10—缸体；11、20—压板；12、21—钢丝环；

13、23—纸垫；16、25—压盖；18、24—缸盖

杆 18 利用卡键 15、卡键帽 16 和弹簧挡圈 17 连在一起。活塞与缸孔的密封采用的是一对 Y 形聚氨酯密封圈 12，由于活塞与缸孔有一定间隙，采用由尼龙 1010 制成的耐磨环（又叫支承环）13 定心导向。杆 18 和活塞 11 的内孔由密封圈 14 密封。较长的导向套 9 则可保证活塞杆不偏离中心，导向套外径由 O 形圈 7 密封，而其内孔则由 Y 形密封圈 8 和防尘圈 3 分别防止油外漏和灰尘带入缸内。缸与杆端销孔与外界连接，销孔内有尼龙衬套抗磨。

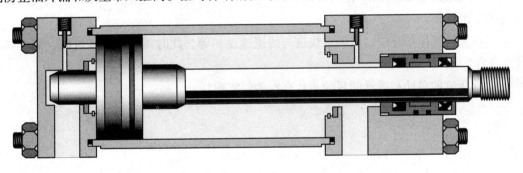

（a）

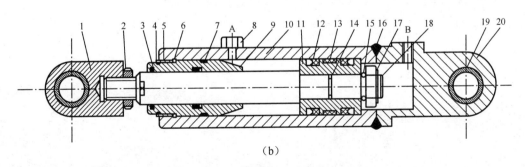

（b）

图 4-15 双作用单活塞杆液压缸

1—耳环；2、8—螺母；3—防尘圈；4、17—弹簧挡圈；5—套；6、15—卡键；

7、14—O 形密封圈；12—Y 形密封圈；9—缸盖兼导向套；10—缸筒；

11—活塞；13—耐磨环；16—卡键帽；18—活塞杆；19—衬套；20—缸底

小　　结

1. 液压执行元件的类型和特点。
2. 液压马达的类型、作用原理、特点及应用。
3. 液压马达的性能参数及计算。
4. 液压缸的类型、特点及应用。
5. 液压缸的差动连接、特点及应用。
6. 液压缸的典型结构问题。

复习思考题

1. 已知：液压泵输出油压 $p_泵 = 10$ MPa，泵的机械效率 $\eta_{mp} = 0.95$，容积效率 $\eta_{vp} = 0.9$，排量 $V_泵 = 10$ mL/r，转速 $n_泵 = 1\,500$ r/min；液压马达的排量 $V_马 = 10$ mL/r，机械效率 $\eta_{mm} = 0.95$，容积效率 $\eta_{vm} = 0.9$，求液压泵的输出功率、拖动液压泵的电动机功率、液压马达输出转速、液压马达输出转矩和功率各为多少？

2. 液压缸的主要组成部分有哪些？缸固定式与杆固定式液压缸其工作台的最大活动范围有何差别？

3. 在某一工作循环中，若要求快进与快退速度相等，此时用单杆活塞缸时，需要具备什么条件？

4. 液压缸的缓冲和排气的目的是什么？如何实现？

第五章 液压控制元件

学习目标

1. 掌握换向阀的功能及职能符号。
2. 掌握单向阀、液控单向阀结构和工作原理。
3. 熟悉溢流阀、减压阀、顺序阀、压力继电器的结构、工作原理及应用。
4. 熟悉各压力阀的异同之处。
5. 熟悉节流阀与调速阀的工作原理及应用。
6. 了解叠加阀与插装阀的结构、工作原理及应用。
7. 了解液压控制阀的类型、工作原理、职能符号及应用。

第一节 概　述

一、液压阀的作用

执行元件（如液压缸、液压马达）在工作时会经常地启动、制动、换向及改变运动速度以适应外负载的变化，液压阀就是控制或调节液压系统中液流的压力、流量和方向的元件，液压控制阀对外不做功，仅用于控制执行元件，使其满足主机工作性能要求。因此，液压阀性能的优劣，工作是否可靠对整个液压系统能否正常工作将产生直接影响。

二、液压阀的分类

液压阀可按不同的特征进行分类，如表 5-1 所示。

表 5-1　液压阀的分类

分 类 方 法	种 类	详 细 分 类
按机能分类	压力控制阀	溢流阀、顺序阀、卸荷阀、平衡阀、减压阀、比例压力控制阀、缓冲阀、仪表截止阀、限压切断阀、压力继电器
	流量控制阀	节流阀、单向节流阀、调速阀、分流阀、集流阀、比例流量控制阀
	方向控制阀	单向阀、液控单向阀、换向阀、行程减速阀、充液阀、梭阀、比例方向阀

分类方法	种　类	详细分类
按结构分类	滑阀	圆柱滑阀、旋转阀、平板滑阀
	座阀	锥阀、球阀、喷嘴挡板阀
	射流管阀	射流阀
按操作方法分类	手动阀	手把及手轮、踏板、杠杆
	机动阀	挡块及碰块、弹簧、液压、气动
	电动阀	电磁铁控制阀、伺服电动机和步进电动机控制阀
按连接方式分类	管式连接	螺纹式连接、法兰式连接
	板式及叠加式连接	单层连接板式、双层连接板式、整体连接板式、叠加阀
	插装式连接	螺纹插装（二、三、四通插装阀）、法兰式插装（二通插装阀）
按其他方式分类	开关或定值控制阀	压力控制阀、流量控制阀、方向控制阀
按控制方式分类	电液比例阀	电液比例压力阀、电源比例流量阀、电液比例换向阀、电流比例复合阀、电流比例多路阀三级电液流量伺服阀
	伺服阀	单、两级（喷嘴挡板式、动圈式）电液流量伺服阀、三级电液流量伺服阀
	数字控制阀	数字控制压力控制流量阀与方向阀

三、对液压阀的基本要求

液压阀的基本要求如下：

（1）动作灵敏，使用可靠，工作时冲击和振动小。

（2）油液流过的压力损失小。

（3）密封性能好。

（4）结构紧凑，安装、调整、使用、维护方便，通用性大。

第二节　压力控制阀

在液压传动系统中，控制油液压力高低的液压阀称为压力控制阀，简称压力阀。这类阀的共同点是利用作用在阀芯上的液压力和弹簧力相平衡的原理工作的。

压力阀又包括溢流阀、减压阀、顺序阀以及压力继电器等。

一、溢流阀

1. 溢流阀的作用

溢流阀是最常用的压力控制阀类。溢流阀的控制输入量是调压弹簧的预压缩量，而其输出量是阀的进口受控压力。调节溢流阀的调压弹簧的预压缩量，就能控制泵出口处的最高压力。

溢流阀的主要作用是对液压系统定压或进行安全保护。几乎在所有的液压系统中都需要用到，其性能好坏对整个液压系统的正常工作有很大影响。

如图 5-1（a）所示，溢流阀 2 并联于系统中，进入液压缸 4 的流量由节流阀 3 调节。由于定量泵 1 的流量大于液压缸 4 所需的流量，油压升高，将溢流阀 2 打开，多余的油液经溢流阀 2 流回油箱。因此，在这里溢流阀的功用就是在不断的溢流过程中保持系统压力基本不变。

用于过载保护的溢流阀一般称为安全阀。图 5-1（b）所示为变量泵调速系统。在正常工作时，安全阀 2 关闭，不溢流，只有在系统发生故障，压力升至安全阀的调整值时，阀口才打开，使变量泵排出的油液经溢流阀 2 流回油箱，以保证液压系统的安全。

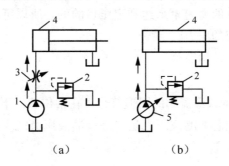

（a）　　　　　　　　　　（b）

图 5-1　溢流阀的作用

1—定量泵；2—溢流阀；3—节流阀；4—液压缸；5—变量泵

2. 液压系统对溢流阀的性能要求

液压系统对溢流阀的性能要求如下：

（1）定压精度高。当流过溢流阀的流量发生变化时，系统中的压力变化要小，即静态压力超调量要小。

（2）灵敏度要高。如图 5-1（a）所示，当液压缸 4 突然停止运动时，溢流阀 2 要迅速开大。否则，定量泵 1 输出的油液将因不能及时排出而使系统压力突然升高，并超过溢流阀的调定压力，称动态压力超调，它使系统中各元件及辅助受力增加，影响其寿命。溢流阀的灵敏度越高，则动态压力超调越小。

（3）工作要平稳，且无振动和噪声。

（4）当阀关闭时，密封要好，泄漏要小。

对于经常开启的溢流阀，主要要求前三项性能；而对于安全阀，则主要要求（2）、（4）项性能。其实，溢流阀和安全阀都是同一结构的阀，只不过是在不同要求时有不同的作用而已。

3. 溢流阀的结构和工作原理

常用的溢流阀按其结构形式和基本动作方式可归结为直动式和先导式两种。前者使用压力一般较低，其额定压力一般为 2.5 MPa；后者使用压力较高，其额定压力可达 31.5 MPa或者更高。

（1）直动式溢流阀。直动式溢流阀的结构主要有滑阀、锥阀、球阀和喷嘴挡板阀等形式，它们的基本工作原理相同。直动式溢流阀是依靠系统中的压力油直接作用在阀芯上与弹簧力等相平衡，以控制阀芯的启闭动作，图 5-2（a）所示是一种滑阀型低压直动式溢流阀，P 是进油口，T 是回油口，进口压力油经阀芯 4 中间的阻尼孔 a 作用在阀芯的底部端面上，当进油压力较小时，阀芯在弹簧 2 的作用下处于下端位置，将 P 和 T 两油口隔开。当油压力升高，在阀芯下端所产生的作用力超过弹簧的压紧力 F。此时，阀芯上升，阀口被打开，将多余的油液排回油箱，阀芯上的阻尼孔 a 用来对阀芯的动作产生阻尼，以提高阀的工作平稳性，调整螺帽 1 可以改变弹簧的压紧力，这样也就调整了溢流阀进口处的油液压力 p。

工作压力的设定：直动式溢流阀是利用被控压力作为信号来改变弹簧的压缩量，从而改变阀口的通流面积和系统的溢流量来达到定压目的的，所以可以通过调节手轮改变弹簧的压缩量从而改变开始溢流的压力。

直动式溢流阀的优点：结构简单，灵敏度高；缺点：压力受流量影响大，不适于高压、大流量工作，调压稳定性差。

图 5-2（b）所示为直动式溢流阀的图形符号。在常位状态下，溢流阀进、出油口之间是不相通的，而且作用在阀芯上的液压力是由进口油液压力产生的，经溢流阀芯的泄漏油液经内泄漏通道进入回油口 T。

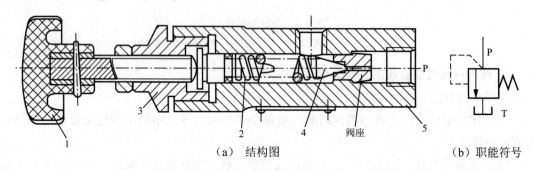

（a）结构图   （b）职能符号

图 5-2 直动式溢流阀

1—螺帽；2—调压弹簧；3—上盖；4—阀芯；5—阀体

直动式溢流阀采取适当的措施也可用于高压大流量。例如，德国 Rexroth 公司开发的通径为 6~20 mm 的压力为 40~63 MPa；通径为 25~30 mm 的压力为 31.5 MPa 的直动式溢流阀，最大流量可达到 330 L/min，其中较为典型的锥阀式结构如图 5-3 所示。在锥阀 2 的右部有一阻尼活塞 3，活塞的侧面铣扁，以便将压力油引到活塞底部，该活塞除了能增加运动阻尼以提高阀的工作稳定性外，还可以使锥阀导向而在开启后不会倾斜。此外，锥阀上部有一个偏流盘 1 上的环形槽用来改变液流方向。

（2）先导式溢流阀。先导式溢流阀主要用于高压大流量场合。传统先导式溢流阀的先导阀是直动式溢流阀。先导阀调压弹簧的预压缩力即为阀的输入量，由它控制先导阀的输出压力（即主阀上腔压力）并使此压力基本保持恒定。通过先导阀口可变液阻和连接主阀芯上腔及下腔（即进油口腔）之间的固定液阻组成的液阻半桥的作用，控制主阀节流口的通流面积大小，从而在流体流过主阀时产生相应的受控压力。

先导式溢流阀组成如图 5-4 所示。

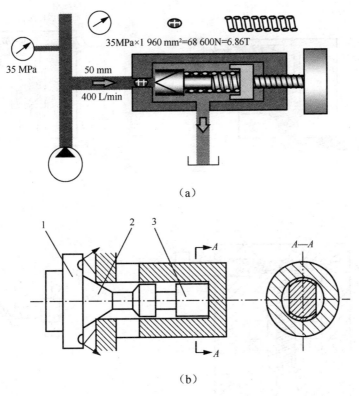

（a）

（b）

图 5-3 直动式锥型溢流阀结构及原理

1—偏流盘；2—锥阀；3—阻尼活塞

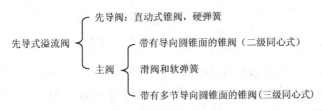

图 5-4 先导式溢流阀组成

图 5-5 所示为滑阀型（一级同心）先导式溢流阀。压力油从 P 口进入，通过阻尼孔 3 后作用在导阀 4 上，当进油口压力较低，导阀上的液压作用力不足以克服导阀右边的弹簧 5 的作用力时，导阀关闭，没有油液流过阻尼孔，所以主阀芯 2 两端压力相等，在较软的主阀弹簧 1 作用下主阀芯 2 处于最下端位置，溢流阀阀口 P 和 T 隔断，没有溢流。当进油口压力升高到作用在导阀上的液压力大于导阀弹簧作用力时，导阀打开，压力油就可通过阻尼孔、经导阀流回油箱。由于阻尼孔的作用，使主阀芯上端的液压力 p_2 小于下端压力 p_1，当这个压力差作用在面积为 A_B 的主阀芯上的力等于或超过主阀弹簧力 F_s、轴向稳态液动力 F_{bs}、摩擦力 F_f 和主阀芯自重 G 时，主阀芯开启，油液从 P 口流入，经主阀阀口由 T 流回油箱，实现溢流，即

$$\Delta p = p_1 - p_2 \geqslant F_s + F_{bs} + G \pm \frac{F_f}{A_B} \tag{5-1}$$

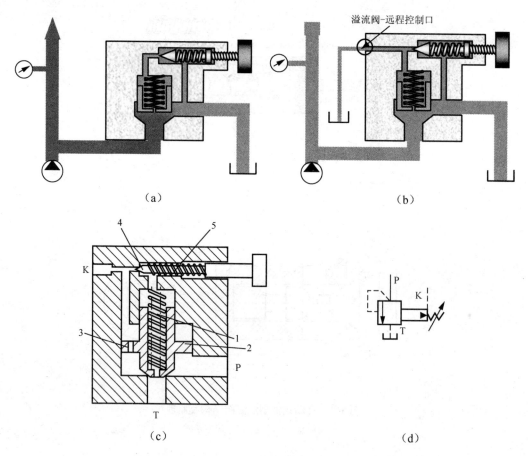

图 5-5 先导式溢流阀
1—主阀弹簧；2—主阀芯；3—阻尼孔；4—导阀阀芯；5—导阀弹簧

由式（5-1）可知，由于油液通过阻尼孔而产生的 p_1 与 p_2 之间的压差值不太大，所以主阀芯只需一个小刚度的软弹簧即可；而作用在导阀 4 上的液压力 p_2 与其导阀阀芯面积的乘积即为导阀弹簧 5 的调压弹簧力。由于导阀阀芯一般为锥阀，受压面积较小，所以用一个刚度不太大的弹簧即可调整较高的开启压力 p_2，用螺钉调节导阀弹簧的预紧力，就可调节溢流阀的溢流压力。

先导式溢流阀有一个远程控制口 K，如果将 K 口用油管接到另一个远程调压阀（远程调压阀的结构和溢流阀的先导控制部分一样），调节远程调压阀的弹簧力，即可调节溢流阀主阀芯上端的液压力，从而对溢流阀的溢流压力实现远程调压。但是，远程调压阀所能调节的最高压力不得超过溢流阀本身导阀的调整压力。当远程控制口 K 通过二位二通阀接通油箱时，主阀芯上端的压力接近于零，主阀芯上移到最高位置，阀口开得很大。由于主阀弹簧较软，这时溢流阀 P 口处压力很低，系统的油液在低压下通过溢流阀流回油箱，实现卸荷。

先导型溢流阀工作原理要点如下：

（1）进口压力值主要由先导阀调压弹簧的预压缩量确定，主阀弹簧起复位作用。

（2）因为先导阀的尺寸很小，而且通过流量是主阀额定流量的 1%，即使是高压阀，其弹簧刚度也不大。这样一来阀的调节性能能有很大改善。

（3）主阀芯开启是利用液流流经阻力孔形成的压力差。阻力孔一般为细长孔，孔径很小。$\phi = 0.8 \sim 1.2\ mm$，孔长 $L = 8 \sim 12\ mm$，因此工作时易堵塞，一旦堵塞则导致主阀口常开无法调压。

（4）先导阀前腔有一控制口，用于卸荷和遥控。适用于高压、大流量的场合。

溢流阀应用如表 5-2 所示。

表 5-2　溢流阀应用

溢流阀功能	简　图
为定量泵系统溢流稳压和定量泵、节流阀并联，阀口常开	
为变量泵系统提供过载保护和变量泵组合，正常工作时阀口常闭，过载时打开，起安全保护作用，故又称安全阀	
实现远程调压 $p_{远程} < p_{主调}$	
系统卸荷和多级调压和二位二通阀组合（先导式）	
形成背压	—

二、减压阀

减压阀是使出口压力（二次压力）低于进口压力（一次压力）的一种压力控制阀。作用：一个油源能同时向系统提供两个或几个不同压力。减压阀分定值、定差和定比减压阀三种。

定值减压阀的作用是在不同工况（不同的进口压力或不同流量）时保持出口压力基本不变。在机床的定位、夹紧装置的液压系统中要求得到一个比主油路压力（一次压力）低的恒定压力（二次压力）时，采用定值减压阀可以节省设备费用。

定差减压阀的作用使其一次和二次压力（即进口与出口压力）之差保持恒定，可与其他阀组成如调速阀、定差减压型电液比例方向流量阀等复合阀，实现节流阀口两端压差及输出流量的恒定。定比减压阀的二次压力与一次压力成固定比例。

这三类减压阀中最常见的是定值减压阀。如不指明，通常所称的减压阀即为定值减压阀。

（一）工作原理

1. 定值输出减压阀

图5-6（a）所示为直动式减压阀的结构示意图及其职能符号图。P_1口是进油口，P_2口是出油口，阀不工作时，阀芯在弹簧作用下处于最下端位置，阀的进、出油口是相通的，亦即阀是常开的。若出口压力增大，使作用在阀芯下端的压力大于弹簧力时，阀芯上移，关小阀口，这时阀处于工作状态。若忽略其他阻力，仅考虑作用在阀芯上的液压力和弹簧力相平衡的条件，则可以认为出口压力基本上维持在某一定值——调定值上。这时如出口压力减小，阀芯就下移，开大阀口，阀口处阻力减小，压降减小，使出口压力回升到调定值；反之，若出口压力增大，则阀芯上移，关小阀口，阀口处阻力加大，压降增大，使出口压力下降到调定值。

图5-6（b）所示为先导式减压阀的结构示意图及其职能符号图，先导式减压阀和先导式溢流阀从结构和工作原理上看起来有很大相似之处。但是，将先导式减压阀和先导式溢流阀进行比较，它们之间存在如下几点不同之处：

（1）减压阀保持出口压力基本不变，而溢流阀保持进口处压力基本不变。

（2）在不工作时，减压阀进、出油口互通，而溢流阀进出油口不通。

（3）为保证减压阀出口压力调定值恒定，它的导阀弹簧腔需通过泄油口单独外接油箱；而溢流阀的出油口是通油箱的，所以它的导阀的弹簧腔和泄漏油可通过阀体上的通道和出油口相通，不必单独外接油箱。

2. 定差减压阀

定差减压阀是使进、出油口之间的压力差等于或近似于不变的减压阀，其工作原理及其职能符号图如图5-7（a）所示。高压油以高压p_1经节流口x_R减压后以低压p_2流出，同时，低压油经阀芯中心孔将压力传至阀芯上腔，则其进、出油液压力在阀芯有效作用面积上的压力差与弹簧力相平衡。

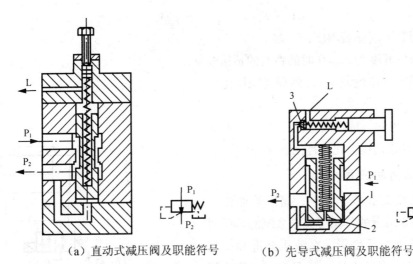

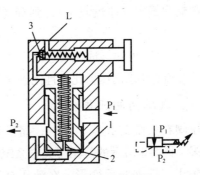

（a）直动式减压阀及职能符号　　　（b）先导式减压阀及职能符号

图 5-6　定值减压阀

1—主阀芯；2—阻尼孔 x；3—先导锥阀

$$\Delta p = p_1 - p_2 = \frac{K_s(x_c + x_R)}{\frac{\pi}{4}(D^2 - d^2)} \tag{5-2}$$

式中　x_c——当阀芯开口 $x_R = 0$ 时弹簧（其弹簧刚度为 K_s）的预压缩量；其余符号如图
所示。

由式（5-2）可知，只要尽量减小弹簧刚度 K_s 和阀口开度 x_R，就可使压力差 Δp 近似地
保持为定值。

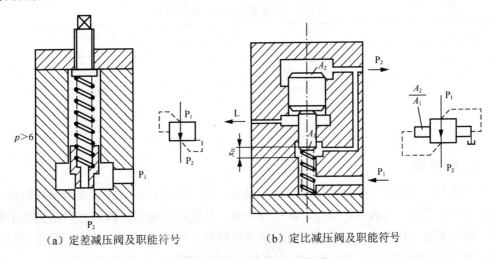

（a）定差减压阀及职能符号　　　　（b）定比减压阀及职能符号

图 5-7　定差减压阀和定比减压阀

3. 定比减压阀

定比减压阀能使进、出油口压力的比值维持恒定。图 5-7（b）所示为定比减压阀工作
原理图及其职能符号图。阀芯在稳态时忽略稳态液动力、阀芯的自重和摩擦力时可得到力
平衡方程：

$$p_1 A_1 + K_s(x_c + x_R) = p_2 A_2 \qquad (5\text{-}3)$$

式中 K_s——阀芯下端弹簧刚度;

x_c——阀口开度为 $x_R = 0$ 时的弹簧的预压缩量。

若忽略弹簧力(刚度较小),则有(减压比)

$$p_2/p_1 = A_1/A_2 \qquad (5\text{-}4)$$

由式(5-4)可知,选择阀芯的作用面积 A_1 和 A_2,便可得到所要求的压力比,且比值近似恒定。

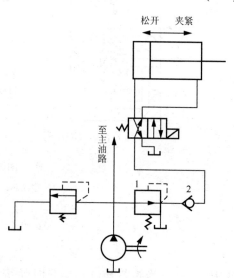

图 5-8 减压阀在夹紧回路中的应用
1—减压阀; 2—单向阀

(二)减压阀的应用

减压阀在系统的夹紧、控制、润滑等油路中应用较多。图5-8所示的是用于夹紧系统的减压回路。为防止工件夹紧后变形,在液压缸进油口装一个减压阀,以得到适当压力,图5-8中单向阀是保证主油路工作时,夹紧力不受影响。

应用减压阀组成减压回路虽然可以方便地使某一分支油路压力减低,但油液流经减压阀将产生压力损失,从而增加了功率损失并使油液发热。当分支油路的压力较主油路压力低得多,而需要的流量又很大时,为了减少功率损耗,常采用高、低压液压泵分别供油,以提高系统的效率。

减压阀与溢流阀的区别如表5-3所示。

表5-3 减压阀与溢流阀的区别

序号	溢流阀	减压阀
1	保持进口压力不变	出口压力
2	内部回油	外部回油
3	阀口常闭	阀口常开
4	阀芯二凸肩	阀芯三凸肩
5	一般并联于系统	一般串联于系统

三、顺序阀

顺序阀是一种以压力为输入量的压力控制阀,当阀的进口压力或系统中某处的压力达到或超过由弹簧力预设的调定值时,阀口便开启,其进出口相通;而当进口压力低于调定值时,阀便关闭,其进出口则不通。因此顺序阀可使系统中的执行元件实现顺序动作。一般情况下,可以将顺序阀看作是利用压力来控制油路通断的二位二通换向阀。

(一)工作原理

顺序阀依靠控制压力的不同可分为内控式和外控式两种。前者用阀的进口压力控制阀芯的启闭,后者用外来的控制压力油控制阀芯的启闭(即液控顺序阀)。顺序阀也有直动式和先导式两种,前者一般用于低压系统,后者用于中高压系统。

图 5-9（a）和图 5-9（b）所示为先导式顺序阀的工作原理图和其职能符号图。当进油口压力 p_1 较低时，阀芯在弹簧作用下处于下端位置，进油口和出油口不相通。当作用在阀芯下端的油液的液压力大于弹簧的预紧力时，阀芯向上移动，阀口打开，油液便经阀口从出油口流出，从而操纵另一执行元件或其他元件动作。顺序阀和溢流阀的结构基本相似，不同的只是顺序阀的出油口通向系统的另一压力油路，而溢流阀的出油口通油箱。此外，由于顺序阀的进、出油口均为压力油，所以它的泄油口 L 必须单独外接油箱。

图 5-10（a）和图 5-10（b）为直动式外控顺序阀的工作原理图和其职能符号。与上述顺序阀的差别仅仅在于其下部有一控制油口 K，阀芯的启闭是利用通入控制油口 K 的外部控制油来控制。

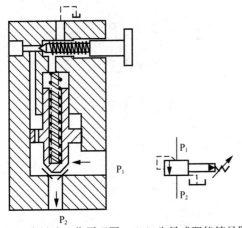

（a）先导式工作原理图 （b）先导式职能符号图	（a）直动式工作原理图 （b）直动式职能符号图
图 5-9 先导式顺序阀	图 5-10 直动式外控顺序阀

将先导式顺序阀和先导式溢流阀进行比较，它们之间存在以下不同之处：

（1）溢流阀的进口压力在通流状态下基本不变。而顺序阀在通流状态下其进口压力由出口压力而定，如果出口压力 p_2 比进口压力 p_1 低得多时，p_1 基本不变，而当 p_2 增大到一定程度，p_1 也随之增加，则 $p_1 = p_2 + \Delta p$，Δp 为顺序阀上的损失压力。

（2）溢流阀的先导油可以为外泄漏也可为内泄漏，而顺序阀的调压弹簧腔中的泄漏油必须单独引出泄漏通道，为外泄漏。

（3）溢流阀的出口必须回油箱，顺序阀的出口一般与可接负载油路相通（只有用作卸荷回路时，其出口与回油路相通）。

（二）顺序阀的应用

顺序阀主要用于控制液压系统中两个以上的执行元件先后动作，如图 5-11（a）所示，换向阀 1 处于图 5-11 所示位置，压力油源先进入液压缸 I 的左腔，活塞按箭头①所示方向右移，至接触工件，油压升高，在达到足以打开顺序阀 4 时油液才能进入液压缸 II，使活塞沿箭头②所示方向右移。

在具有立式液压缸的液压回路中可以用顺序阀产生平衡力，如图 5-11（b）所示。

顺序阀在如图 5-11（c）所示的系统中可以保证控制油路具有一定的压力，防止液压泵卸荷时［换向阀处于图 5-11 (c) 状态］，减压阀的进油口油压为零，无减压油输出，不能控制换向阀动作。

在双泵供油系统中，可以用顺序阀进行压力油卸荷。如图 5-11 (d) 所示，当执行元件快速运动时，两泵同时供油；当执行元件慢速运动或受外力作用停止运动时，系统压力升高，通入顺序阀的压力油将顺序阀打开，使大流量低压泵 A 卸荷。

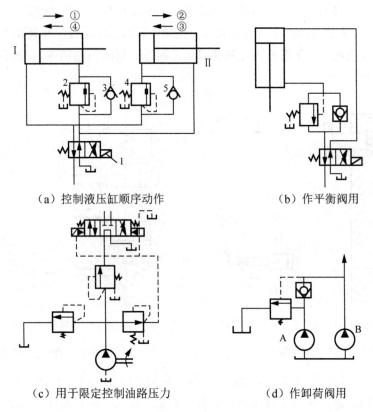

（a）控制液压缸顺序动作　　　　　　　（b）作平衡阀用

（c）用于限定控制油路压力　　　　　　　（d）作卸荷阀用

图 5-11 顺序阀的应用

顺序阀的输出油口接油箱可作普通溢流阀用，如图 5-12 (a) 所示，不过稳定性较差。在图 5-12 (b) 所示的系统中顺序阀充当安全阀的作用。

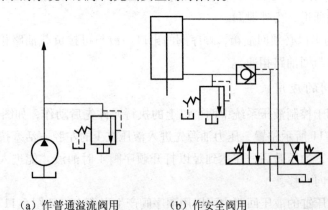

（a）作普通溢流阀用　　　（b）作安全阀用

图 5-12 顺序阀的应用

四、压力继电器

压力继电器是将液压信号转换为电信号的转换装置。即系统压力达到压力继电器调整压力时，发出电信号，操纵电磁阀或通过中间继电器，使油路换向、卸压或实现顺序动作要求以及关闭电动机等，从而实现程序控制和安全保护。

压力继电器按结构特点主要分为柱塞式、弹簧管式和膜片式三类。图 5-13 所示为压力继电器分类示意图。

图 5-14 所示为柱塞式压力继电器。压力油作用在柱塞下端，液压力直接与弹簧力比较。当液压力大于或等于弹簧力时，柱塞上移压微动开关触头，接通或断开电气线路。反之，微动开关触头复位。

图 5-14（a）、（b）所示为常用柱塞式压力继电器的结构示意图和职能符号图。当从压力继电器下端进油口通入的油液压力达到调定压力值时，推动柱塞 1 上移，此位移通过杠杆 2 放大后推动开关 4 动作。改变弹簧 3 的压缩量即可以调节压力继电器的动作压力。

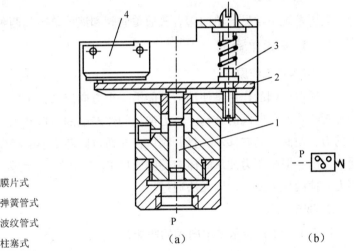

压力继电器 ⎰ 压力-位移转换器 ⎰ 膜片式
　　　　　　　　　　　　　　弹簧管式
　　　　　　　　　　　　　　波纹管式
　　　　　　　　　　　　　　柱塞式
　　　　　　 ⎱ 微动开关

图 5-13　压力继电器分类

（a）　　　　　　　　　（b）

图 5-14　柱塞式压力继电器
1—柱塞；2—杠杆；3—弹簧；4—开关

1. 调压范围

压力继电器的调压范围即发出电信号的最低和最高工作压力的范围。调节调压螺母，即调节工作压力。

2. 通断调节区间（返回区间）

开启压力 – 闭合压力 = 返回区间的弹力。

3. 工作原理

当 $p_k > p_T$ 时，柱塞上升，发出信号；当 $p_k < p_T$ 时，柱塞下降，断开信号。

第三节　方向控制阀

液压系统中占数量比重较大的控制元件是方向控制元件，即方向阀。方向阀按用途可分为单向阀和换向阀两大类。具体分类如图 5-15 所示。

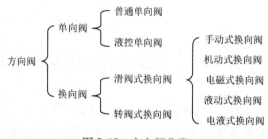

图 5-15　方向阀分类

一、单向阀

液压系统中常见的单向阀有普通单向阀和液控单向阀两种。

（一）普通单向阀

1. 结构及工作原理

普通单向阀的作用是使油液只能沿一个方向流动，不能反向倒流。图 5-16（a）所示是一种管式普通单向阀的结构。压力油从阀体左端的通口 P_1 流入时，克服弹簧 3 作用在阀芯 2 上的力，使阀芯向右移动，打开阀口，并通过阀芯 2 上的径向孔 a、轴向孔 b 从阀体右端的通口流出。但是压力油从阀体右端的通口 P_2 流入时，它和弹簧力一起使阀芯锥面压紧在阀座上，使阀口关闭，油液无法通过。

2. 职能符号

图 5-16（b）所示是单向阀的职能符号图。

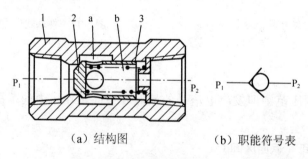

（a）结构图　　　　　　　　（b）职能符号表

图 5-16　单向阀

1—阀体；2—阀芯；3—弹簧

3. 应用举例

通常在液压油泵的出油口处设置单向阀以防止油液倒流，可以防止由于系统压力突然升高，油液倒流损坏油泵，如图 5-17（a）所示。

单向阀开启压力一般为 0.035～0.05 MPa，所以单向阀中的弹簧很软。单向阀也可以用作背压阀。将软弹簧更换成合适的硬弹簧，就成为背压阀。这种阀常安装在液压系统的回油路上，用以产生 0.2～0.6 MPa 的背压力。

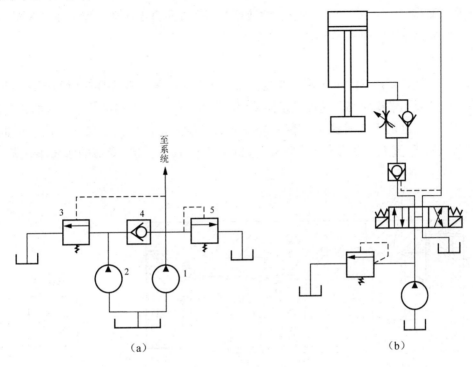

图 5-17 单向阀的应用
1、2—液压泵；3、5—溢流阀；4—单向阀

4. 单向阀的主要用途

（1）安装在液压泵或双向液压泵出口，防止系统压力突然升高而损坏液压泵。防止系统中的油液在泵停机时倒流回油箱。

（2）安装在回油路中作为背压阀。

（3）与其他阀组合成单向控制阀。

（二）液控单向阀

1. 结构和工作原理

图 5-18（a）所示是液控单向阀的结构。当控制口 K 处无压力油通入时，它的工作机制和普通单向阀一样；压力油只能从通口 P_1 流向通口 P_2，不能反向倒流。当控制口 K 有控制压力油时，因控制活塞 1 右侧 a 腔通泄油口，活塞 1 右移，推动顶杆 2 使得阀芯 3 右移，顶开单向阀阀芯，使反向截止作用得到解除，使通口 P_1 和 P_2 接通，油液就可在两个方向自由流通。

液控单向阀根据控制活塞泄油方式不同分为内泄式和外泄式，外泄式的控制活塞的背压腔直接通油箱，内泄式的控制活塞的背压腔通过活塞缸上对称铣去两个缺口与单向阀的油口 P_1 相通。一般在反向压力较低时采用内泄式，在反向压力较高时，若采用内泄式结构将需要较高的控制压力。

2. 职能符号

图 5-18（b）所示为液控单向阀的职能符号图（内泄式）。当控制口 X 不通压力油时，压力油只能从通口 A 流向通口 B，不能反向流动。当控制口 K 接通压力油时，活塞右移通过顶杆顶开阀芯，使通口 A 和 B 接通，油液可在两个方向自由流动。控制油口 K 处的压力不应低于主油路压力的 30%～50%。

3. 应用举例

液控单向阀具有良好的单向密封性能，在液压系统中常用在需要长时间保压、锁紧的回路中，以及液压平衡回路及速度换接回路中。图 5-18（b）采用液控单向阀的锁紧回路。在垂直放置液压缸的下腔管路上安装液控单向阀，就可将液压缸（负载）较长时间保持（锁定）在任意位置上，并可防止由于换向阀的内部泄漏引起带有负载的活塞杆下落。

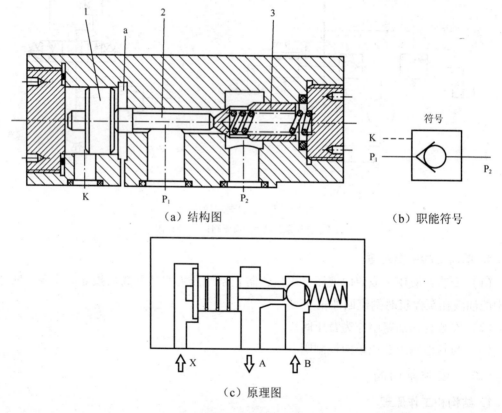

（a）结构图 　　　　　　　（b）职能符号

（c）原理图

图 5-18　液控单向阀

1—活塞；2—顶杆；3—阀芯

（三）双向液压锁

双向液压锁，又称双向液控单向阀、双向闭锁阀。其结构及职能符号如图 5-19 所示。它是由两个液控单向阀共用一个阀体 1 和控制活塞 2 组成。当压力油从 A 腔进入时，依靠油压自动将左边的阀芯顶开，使油液从 A→A₁腔流动。同时，通过控制活塞 2 把右阀顶开，使 B 腔与 B₁腔相通，将原来封闭在 B₁通路上的油液通过 B 腔排出。也就是说，当一个油腔正向进油时，另一个油腔就反向出油；反之亦然。当 A、B 两腔都没有压力油时，卸荷阀芯即顶杆 3 在弹簧力的作用下其锥面与阀座严密接触而封闭 A_1 腔与 B_1 腔的反向油液，这样执行元件被双向锁住（如汽车起重机的液压支腿油路）。

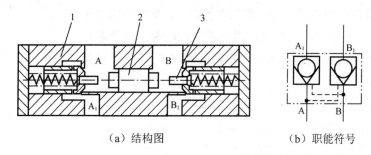

（a）结构图　　　　　（b）职能符号

图 5-19　双向液压锁结构及其职能符号

1—阀体；2—控制活塞；3—顶杆

二、换向阀

换向阀利用阀芯相对于阀体的相对运动，使与阀体相连的几个油路之间接通、关断，或变换油流的方向，从而使液压执行元件启动、停止或变换运动方向。

（一）概述

1. 分类

换向阀的应用十分广泛，种类也很多，大体可按照换向阀阀芯的运动方式、结构特点和控制方式等特征进行分类，如表 5-4 所示。

表 5-4　换向阀的类型分类

分类方式	名　称
按阀芯运动方式	滑阀、转阀、锥阀
按阀的工作位置数和通路数	二位三通、二位四通、三位四通、三位五通等
按阀的操纵方式	手动、机动、电动、液动、、电液动
按阀的安装方式	管式、板式、法兰式

2. 换向阀的职能符号

（1）换向阀的符号是由若干个连接在一起排成一行的方框组成。每一个方框表示换向阀的一个工作位置，方框数即"位"数；位数是指阀芯可能实现的工作位置数目。

（2）箭头表示两油口连通，并不表示流向，"⊥"或"T"表示此油口不通流。

（3）在一个方框内，箭头或符号"⊥"与方框的交点数为油口的通路数，即"通"数，指阀所控制的油路通道（不包括控制油路通道）

（4）一个换向阀完整的图形符号应表示出操纵方式、复位方式和定位方式，方框两端的符号是表示阀的操纵方式及定位方式等。

（5）P 表示压力油的进口；T 表示与油箱连通的回油口；A、B 表示连接其他工作油路的油口。

（6）三位阀的中位及二位阀侧面画有弹簧的那一方框为常态位。在液压系统原理图中，换向阀的符号与油路的连接一般应画在常态位上。

图 5-20 所示的弹簧复位电磁铁控制的二位四通换向阀，当电磁铁没有通电时，阀芯便在右边复位弹簧的的作用下向左移动，一般规定将阀的通路机能画在控制源的同侧，此时称阀处于右位，P、T、A、B各口均不相通；当电磁铁得电时，则阀芯在电磁铁的作用下向右移动，称阀处于左位，此时 P 口与 A 口相通，B 口与 T 口相通。

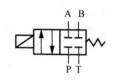

图 5-20 二位四通换向阀

3. 对换向阀的主要要求

（1）阀的动作灵敏，工作可靠，冲击振动尽量小。

（2）油液流经换向阀时的压力损失要小。

（3）阀的密封性能好，不允许有外泄漏，互不相通的油口间的泄漏要小。

（4）阀的结构要简单紧凑、体积小、通用性大。

下面将重点介绍换向阀的典型结构、工作原理、职能符号、性能特点及应用。

（二）工作原理及职能符号

1. 转阀

图 5-21（a）所示为转动式换向阀（简称转阀）的工作原理图。该阀由阀体 1、阀芯 2 和使阀芯转动的操作手柄 3 组成，在图示位置，通口 P 和 A 相通、B 和 T 相通；当操作手柄转换到"止"位置时，通口 P、A、B 和 T 均不相通，当操作手柄转换到另一位置时，则通口 P 和 B 相通，A 和 T 相通。图 5-21（b）所示是其职能符号。

2. 滑阀式换向阀

（1）结构主体。如图 5-22 所示，阀体和滑动阀芯是滑阀式换向阀的结构主体。在阀体上有一个圆柱形孔，孔里面有若干个称之为沉割槽的环形槽，每一个沉割槽与相应的油口相通。阀芯上同样也有若干个环形槽，阀芯环形槽之间的凸肩称为台肩。台肩将沉割槽遮盖（封油），此槽所通油路即被切断。阀芯可在阀体的孔里作轴向运动。依靠阀芯在阀孔中处于不同位置，可以使一些油路接通而使另一些油路关闭。圆柱形的阀芯有利于将阀芯上的轴向和径向力平衡，减少阀芯驱动力。阀芯因为在阀体内作直线运动，所以它特别适合于用电磁铁驱动，但其他的几乎所有驱动形式也经常用于圆柱形阀芯。

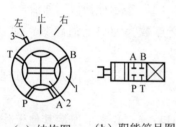

（a）结构图　（b）职能符号图

图 5-21　转阀

1—阀体；2—阀芯；3—操作手柄

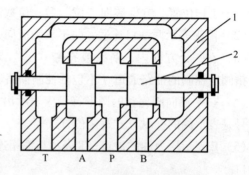

图 5-22　滑阀式换向阀工作原理

1—阀体；2—阀芯

表 5-5 所示是滑阀式换向阀最常见的结构形式。由表可见，阀体上开有多个通口，阀芯移动后可以停留在不同的工作位置上。

表 5-5 滑阀式换向阀主体部分结构形式

名称	结构原理图	职能符号	使用场合	
二位二通阀	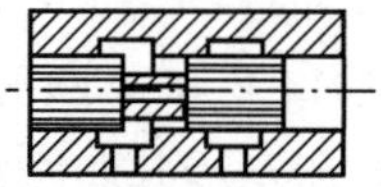	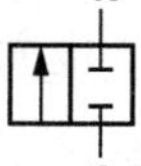 A / P	控制油路的接通与切断（相当于一个开关）	
二位三通阀	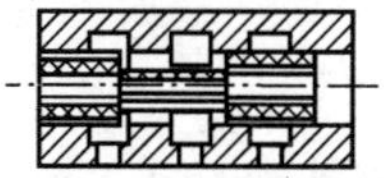	 A B / P	控制液流方向（从一个方向变换成另一个方向）	
二位四通阀	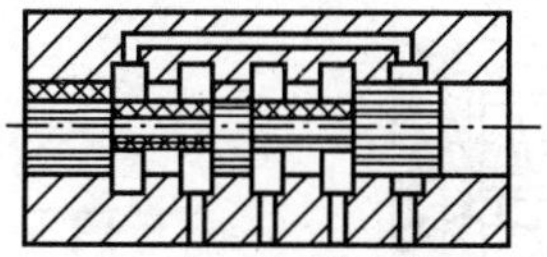	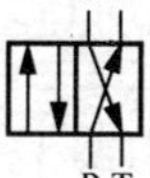 A B / P T	不能使执行元件在任一位置上停止运动	执行元件正反向运动时回油方式相同
三位四通阀	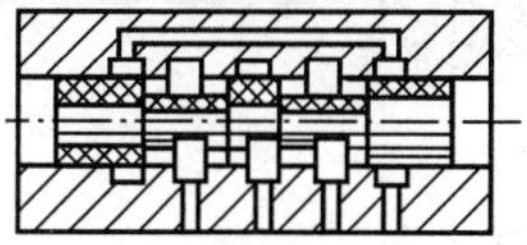	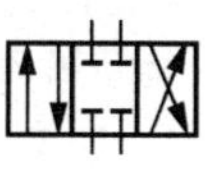 A B / P T	能使执行元件在任一位置上停止运动	
二位五通阀	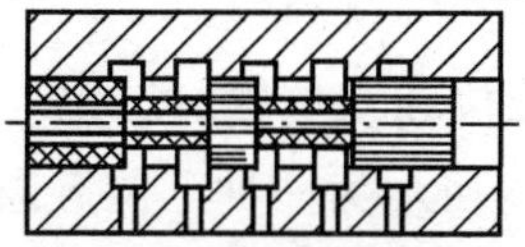	 A B / T₁PT₂	不能使执行元件在任一位置上停止运动	执行元件正反向运动时可以得到不同的回油方式
三位五通阀	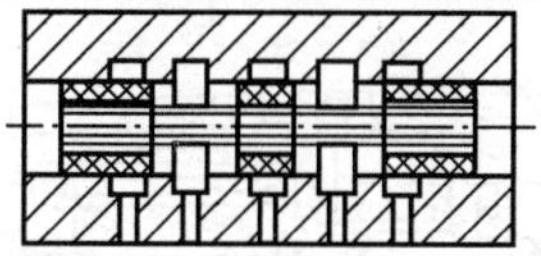	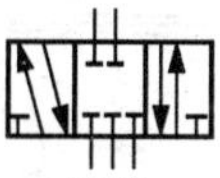 A B / T₂PT₁	能使执行元件在任一位置上停止运动	

（控制执行元件换向）

（2）滑阀的操纵方式。常见的滑阀操纵方式如图 5-23 所示。

（a）手动式 （b）机动式 （c）电磁动 （d）弹簧控制 （e）液动 （f）液压先导控制 （g）电液控制

图 5-23 滑阀操纵方式

（三）几种典型操纵方式的换向阀的特点、图形符号及应用

1. 电动换向阀

电磁换向阀是利用电磁铁的吸力（通电吸合与断电释放）推动阀芯动作，进而控制液流方向的。

电磁铁按使用电源的不同，可分为交流和直流两种。按衔铁工作腔是否有油液又可分为干式和湿式。

电磁换向阀由电气信号操纵，控制方便，布局灵活，在实现机械自动化方面得到了广泛的应用。但电磁换向阀由于受到电磁吸力的限制，其流量一般不大。

图 5-24（a）所示为二位三通交流电磁换向阀结构，油口 P 和 A 相通，油口 B 断开；当电磁铁通电吸合时，推杆 1 将阀芯 2 推向右端，这时油口 P 和 A 断开，而与 B 相通。而当磁铁断电释放时，弹簧 3 推动阀芯复位。图 5-24（b）所示为其职能符号。

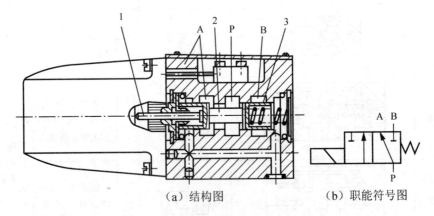

（a）结构图　　　　　　　　　（b）职能符号图

图 5-24　二位三通电磁换向阀
1—推杆；2—阀芯；3—弹簧

如上所述，电磁换向阀就其工作位置来说，有二位和三位等。二位电磁阀有一个电磁铁，靠弹簧复位；三位电磁阀有两个电磁铁，图 5-25 所示为一种三位五通电磁换向阀的结构和职能符号。

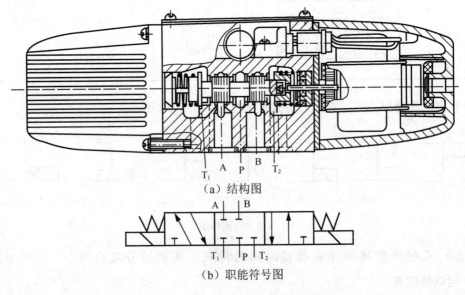

（a）结构图

（b）职能符号图

图 5-25　三位五通电磁换向阀

2. 机动换向阀

机动换向阀又称行程阀，它主要用来控制机械运动部件的行程，它是借助于安装在工作台上的挡铁或凸轮来迫使阀芯移动，从而控制油液的流动方向。其中二位二通机动阀又分常闭和常开两种。图5-26（a）所示为滚轮式二位三通常闭式机动换向阀，阀芯2被弹簧1压向上端，油腔P和A通，B口关闭。当挡铁或凸轮压住滚轮4，使阀芯2移动到下端时，就使油腔P和A断开，P和B接通，A口关闭。图5-26（b）所示为其职能符号。

机动换向阀结构简单，换向平稳、可靠，位置精度高，常用于控制运动部件的行程，或实现快、慢速度的转换；但它必须安装在运动部件附近，油液管路较长。

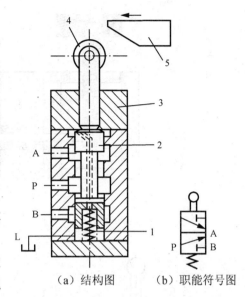

（a）结构图　　（b）职能符号图

图5-26　机动换向阀

1—弹簧；2—阀芯；3—阀盖；4—滚轮；5—撞块

3. 手动换向阀

图5-27（b）所示为自动复位式手动换向阀，推动手柄1向右，阀芯2向左移动，此时P口与A口相通，B口经阀芯轴向孔与T相通。于是来自液压泵的压力油从P口进入，经A流出到液压缸左腔，使液压缸向右运动，液压缸右腔的回油经油管从阀的B口进入，从T口流出沿管路回到油箱；推动手柄1向左，阀芯向右移动，则P与B通，A与T通，液压缸中的活塞在压力油的作用下退回。定位套5中有3条定位槽，槽的间距就是阀芯的行程。当阀芯移动到位后，定位钢球就卡在相应的定位槽中，这时即使去掉手柄上的操作力，阀芯仍能保持在工作位置上。

图5-27（d）是钢球定位式，阀芯可借助弹簧4和钢球6保持在左、中、右任何一个位置上。

手动换向阀适用于动作频繁、工作持续时间短的场合，其操作比较安全，常用于工程机械的液压传动系统中。

4. 液动换向阀

液动换向阀是利用控制油路的压力油来改变阀芯位置的换向阀，图5-28（b）所示为三位四通液动换向阀的结构图。阀芯是在其两端密封腔中油液的压差作用下来移动的。当两端控制油口 K_1、K_2 均不通入压力油时，阀芯在两端弹簧和定位套作用下回到中间位置；当控制油路的压力油从阀右边的控制油口 K_2 进入滑阀右腔时，K_1 接通回油，阀芯向左移动，使压力油口P与B相通，A与T相通；当 K_1 接通压力油，K_2 接通回油时，阀芯向右移动，使得P与A相通，B与T相通。图5-28（c）所示为其职能符号图。

液动换向阀结构简单、动作可靠、平稳，由于液压驱动力大，故可用于流量大的液压系统中，但不如电磁阀控制方便。

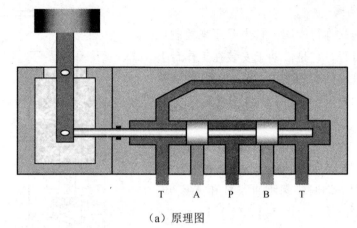

（a）原理图

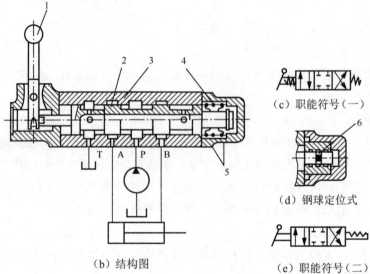

（b）结构图

（c）职能符号（一）

（d）钢球定位式

（e）职能符号（二）

图 5-27　手动换向阀
1—手柄；2—阀芯；3—阀体；4—弹簧；5—定位套；6—钢球

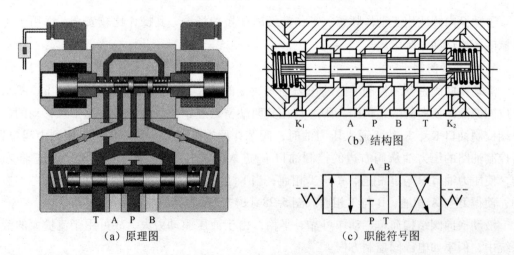

（a）原理图　　　　　　　（b）结构图

（c）职能符号图

图 5-28　三位四通液动换向阀

5. 电液换向阀

电液换向阀是由电磁滑阀和液动滑阀组合而成的复合阀。电磁滑阀起先导作用，它可以改变控制液流的方向，从而改变液动滑阀阀芯的位置。液动换向阀为主阀，它可以改变主油路的方向。由于操纵液动滑阀的液压推力可以很大，所以主阀芯的尺寸可以作得很大，允许有较大流量的油液通过。这样用较小的电磁铁就能控制较大的液流。因此电液换向阀综合了电磁阀和液动阀的优点，具有控制方便、流量大的特点。

图 5-29 所示为弹簧对中型三位四通电液换向阀的结构和职能符号。当先导电磁阀左边的电磁铁通电后使其阀芯向右边位置移动，来自主阀 P 口或外接油口的控制压力油可经先导电磁阀的 A′口和左单向阀进入主阀左端容腔，并推动主阀阀芯向右移动，这时主阀阀芯右端容腔中的控制油液可通过右边的节流阀经先导电磁阀的 B′口和 T′口，再从主阀的 T 口或外接油口流回油箱（主阀阀芯的移动速度可由右边的节流阀调节），使主阀 P 与 A、B 和 T 的油路相通；反之，由先导电磁阀右边的电磁铁通电，可使 P 与 B、A 与 T 的油路相通；当先导电磁阀的两个电磁铁均不带电时，阀芯在其对中弹簧作用下回到中位，此时来自主阀 P 口或外接油口的控制压力油不再进入主阀芯的左、右两容腔，主阀芯左右两腔的油液通过先导电磁阀中间位置的 A′、B′两油口与先导电磁阀 T′口相通 ［如图 5-29（a）所示］，再从主阀的 T 口或外接油口流回油箱。主阀阀芯在两端对中弹簧的预压力的推动下，依靠阀体定位，准确地回到中位，此时主阀的 P、A、B 和 T 油口均不通。电液换向阀除了上述的弹簧对中以外还有液压对中的，在液压对中的电液换向阀中，先导式电磁阀在中位时，A′、B′两油口均与油口 P 连通，而 T′则封闭，其他方面与弹簧对中的电液换向阀基本相似。

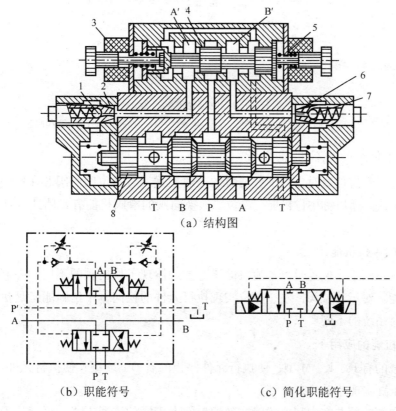

（a）结构图

（b）职能符号　　　　　　　　（c）简化职能符号

图 5-29　电液换向阀

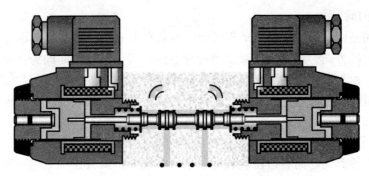

（d）电磁换向阀（含弹簧）的图形

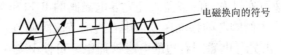

（e）电磁换向阀（含弹簧）的职能符号

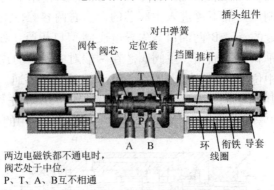

两边电磁铁都不通电时，
阀芯处于中位，
P、T、A、B互不相通

（f）三位四通电液换向阀的结构

图5-29　电液换向阀（续）

1、6—节流阀；2、7—单向阀；3、5—电磁铁；4—电磁阀阀芯；8—主阀阀芯

（四）换向阀的中位机能分析

换向阀处于常态位置时，阀中各油口的连通方式，对三位阀的阀芯在中间位置时，各油口的连通方式，所以称中位机能。二位二通换向阀的滑阀机能有常闭式（O型）和常开式（H型）两种。

1. 滑阀的中位机能

多位阀在不同工作位置时，各油口的连通方式体现了换向阀的不同的控制机能，称之为滑阀的机能。对于三位阀，左、右位实现执行元件的换向，中位则能满足执行元件处于非工作状态时系统的不同要求。

2. 滑阀机能的应用

使泵卸载的有H、K、M型；使执行元件停止的有O、M型；使执行元件浮动的有H、Y型；使液压缸实现差动的有P型。

三位换向阀的阀芯在中间位置时，各油口间有不同的连通方式，可满足不同的使用要求。这种连通方式称为换向阀的中位机能。三位四通换向阀常见的中位机能及其特点如表 5-6 所示。三位五通换向阀的情况与此相似。不同的中位机能是通过改变阀芯的形状和尺寸得到的。

表 5-6　三位四通换向阀常见的中位机能及其特点

滑阀机能	中间位置符号	中间位置符号的状况及性能特点
O 型		P、A、B、T 四口全封闭，液压缸闭锁，可用于多个换向阀并联工作
H 型		P、A、B、T 口全通；活塞浮动，在外力作用下可移动，泵卸荷
Y 型		P 封闭，A、B、T 口相通；活塞浮动，在外力作用下可移动，泵不卸荷
K 型		P、A、T 口相通；B 口封闭；活塞处于闭锁状态，泵卸荷
M 型		P、T 口相通，A 与 B 口均封闭；活塞闭锁不动，泵卸荷，也可用多个 M 型换向阀并联工作
X 型		四油口处于半开启状态，泵基本上卸荷，但仍保持一定压力
P 型		P、A、B 口相通，T 封闭；泵与缸两腔相通，可组成差动回路
J 型		P 与 A 封闭，B 与 T 相通；活塞停止，但在外力作用下可向一边移动，泵不卸荷
C 型		P 与 A 相通，B 与 T 封闭；活塞处于停止位置

　　在分析和选择阀的中位机能时，通常从系统是否有保压要求、系统卸荷要求、执行元件的换向平稳性及重新启动的平稳性要求、换向位置精度要求等方面考虑。例如 O 型机能，油口互不相通。执行元件可以在任意位置上被锁紧，换向位置精度高。但运动部件因惯性引起换向冲击较大，重新启动时因两腔充满油液，故启动平稳。泵不能卸荷，系统能保压。

（五）换向阀的主要性能

以电磁阀为例，主要包括下面几项：

1. 工作可靠性

工作可靠性指电磁铁通电后能否可靠地换向，而断电后能否可靠地复位。电磁阀也只有在一定的流量和压力范围内才能正常工作。这个工作范围的极限称为换向界限，如图 5-30 所示。

2. 压力损失

由于电磁阀的开口很小，故液流流过阀口时产生较大的压力损失。图 5-31 所示为随着流量的增加，压力损失示意图。

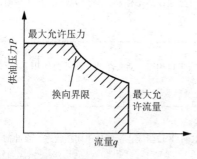

图 5-30 电磁阀的换向界限

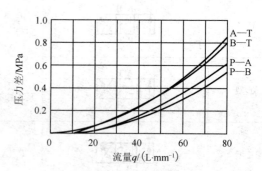

图 5-31 压力损失

3. 内泄漏量

在各个不同的工作位置，在规定的工作压力下，从高压腔漏到低压腔的泄漏量为内泄漏量。过大的内泄漏量不仅会降低系统的效率，引起过热，而且还会影响执行机构的正常工作。

4. 换向和复位时间

交流电磁阀的换向时间一般为 0.03～0.05 s，换向冲击较大；而直流电磁阀的换向时间为 0.1～0.3 s，换向冲击较小。通常复位时间比换向时间稍长。

5. 换向频率

换向频率是指在单位时间内阀所允许的换向次数。目前单电磁铁的电磁阀的换向频率一般为 60 次/min。

6. 使用寿命

电磁阀的使用寿命主要决定于电磁铁。湿式电磁铁的寿命比干式的长，直流电磁铁的寿命比交流的长。

7. 滑阀的液压卡紧现象

滑阀的液压卡紧现象不仅存在于在换向阀中，其他的液压阀也普遍存在，在高压系统中更为突出，特别是滑阀的停留时间越长，液压卡紧力越大，以致造成移动滑阀的推力（例如电磁铁推力）不能克服卡紧阻力，使滑阀不能复位。

引起液压卡紧的原因，有的是由于脏物进入缝隙而使阀芯移动困难，有的是由于缝隙过小在油温升高时阀芯膨胀而卡死，但是主要原因是来自滑阀副几何形状误差和同心度变化所引起的径向不平衡液压力。为了减小径向不平衡力，应严格控制阀芯和阀孔的制造精度，在装配时，尽可能使其成为顺锥形式，另一方面在阀芯上开环形均压槽，也可以大大减小径向不平衡力。

第四节 流量控制阀

液压系统中执行元件运动速度的大小，由输入执行元件的油液流量的大小来确定。流量控制阀是在一定的压力差下，依靠改变阀口通流面积（节流口局部阻力）的大小或通流通道的长短来控制通过节流口的流量，从而调节执行元件的运动速度的阀类。

液压系统中执行元件运动速度的大小，由输入执行元件的油液流量的大小来确定。就是依靠改变阀口通流面积（节流口局部阻力）的大小或通流通道的长短来控制流量的液压阀类。

常用的流量控制阀分类有普通节流阀、压力补偿和温度补偿调速阀、溢流节流阀和分流集流阀等。

流量控制阀的功用是改变阀口过流面积来调节输出流量，从而控制执行元件的运动速度。

一般常用的流量控制阀调速方法有如下 3 种。

1. 节流调速

节流调速即用定量泵供油，采用节流元件调节输入执行元件的流量 q 来实现调速。

2. 容积调速

容积调速即改变变量泵的供油量 q 和改变变量液压马达的排量 V_m 来实现调速。

3. 容积节流调速

容积节流调速是用自动改变流量的变量泵节流元件联合进行调速。

节流阀在定量泵的液压系统中与溢流阀配合，组成节流调速回路，即进口、出口和旁路节流调速回路，如图 5-32 所示；或者与变量泵和安全阀组合使用。

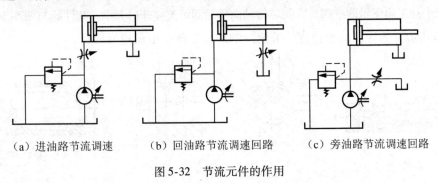

（a）进油路节流调速　　（b）回油路节流调速回路　　（c）旁油路节流调速回路

图 5-32　节流元件的作用

一、概述

1. 节流控制特性

流量阀的控制量是节流口的通流面积，其大小是通过人工、机械或液控行程等形式来调节节流阀阀芯的开度而决定的。

节流阀节流口通常有三种基本形式，即薄壁小孔、细长小孔和厚壁小孔，但无论节流口采用何种形式，通过节流口的流量 q 及其前、后压力差 Δp 的关系均可用式 $q = KA\Delta p_m$ 来表示，三种节流口的流量特性曲线如图 5-33 所示，由图可知，流量 q 不是唯一地取决通流

面积 A，节流口前后的压差会影响流量 q 的大小，是实现准确控制流量的干扰因素。

为了抑制或消除负载干扰，可以采用压力补偿的措施，因此，流量阀有两类：一类没有压力补偿，即没有抗负载变化能力，例如节流阀；另一类采取压力补偿措施，有很好的抗干扰能力，典型的例如调速阀和溢流节流阀，即抗干扰能力强。

油温虽然影响到油液黏度，对于细长小孔，油温变化时，流量也会随之改变，但对于薄壁小孔黏度对流量几乎没有影响，故油温变化时，流量基本不变。

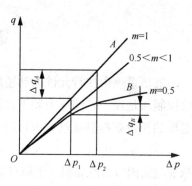

图 5-33 节流阀特性曲线

2. 节流口的形式

为保证流量稳定，节流口的形式以薄壁小孔较为理想。图 5-34 所示为几种常用的节流口形式。图 5-34（a）所示为针阀式节流口，它通道长，湿周大，易堵塞，流量受油温影响较大，一般用于对性能要求不高的场合；图 5-34（b）所示为偏心槽式节流口，其性能与针阀式节流口相同，但容易制造，其缺点是阀芯上的径向力不平衡，旋转阀芯时较费力，一般用于压力较低、流量较大和流量稳定性要求不高的场合；图 5-34（c）所示为轴向三角槽式节流口，其结构简单，水力直径中等，可得到较小的稳定流量，且调节范围较大，但节流通道有一定的长度，油温变化对流量有一定的影响，目前被广泛应用，图 5-34（d）所示为周向缝隙式节流口，沿阀芯周向开有一条宽度不等的狭槽，转动阀芯就可改变开口大小。阀口做成薄刃形，通道短，水力直径大，不易堵塞，油温变化对流量影响小，因此其性能接近于薄壁小孔，适用于低压小流量场合；图 5-34（e）所示为轴向缝隙式节流口，在阀孔的衬套上加工出图示薄壁阀口，阀芯做轴向移动即可改变开口大小，其性能与图 5-34（d）所示节流口相似。为保证流量稳定，节流口的形式以薄壁小孔较为理想。

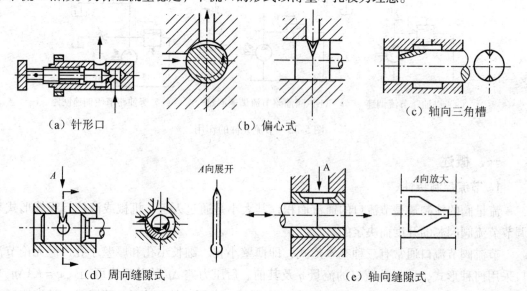

（a）针形口　　　　（b）偏心式　　　　（c）轴向三角槽

（d）周向缝隙式　　　　　　　（e）轴向缝隙式

图 5-34 典型节流口的结构形式

二、常用节流阀的结构、工作原理、职能符号及特点

（一）普通节流阀

1. 结构及工作原理

图 5-35（a）所示为一种普通节流阀的结构图，图 5-35（b）所示为其职能符号。这种节流阀的节流通道呈轴向三角槽式。压力油从进油口 P_1 流入孔道 a 和阀芯 3 左端的三角槽进入孔道 b，再从出油口 P_2 流出。调节手轮 1，可通过螺帽 2 带动推杆使阀芯做轴向移动，以改变节流口的通流截面积来调节流量。阀芯在弹簧的作用下始终贴紧在推杆上，这种节流阀的进出油口可互换。

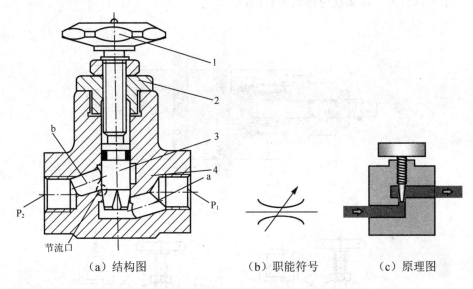

（a）结构图　　　　　　　（b）职能符号　　　　（c）原理图

图 5-35　普通节流阀

1—调节手轮；2—螺帽；3—阀芯；4—阀体

2. 节流阀的特性

（1）节流口的形式如下：

节流口形式有薄壁小孔、细长小孔和厚壁小孔。它们的流量特性各不相同。

（2）流量稳定性：

① 压差对流量的影响：当节流阀两端压差 Δp 改变时，通过它的流量也要发生变化。三种结构形式的节流口中，通过薄壁小孔的流量受到压差改变的影响最小。

② 温度对流量的影响：温度对薄壁小孔的流量没有影响。至于细长小孔，通过它的流量受黏度的影响，而油液黏度对温度很敏感。因此，通过细长小孔的流量对温度变化很敏感。

3. 节流阀的相关概念

（1）节流口的堵塞：当节流阀的通流面积较小时，通过节流口的流量会出现周期性的脉动，甚至造成断流的现象。

（2）最小稳定流量：能使节流阀正常工作（无断流，且流量变化率不大于 10%）的最小流量。

4. 节流阀的特点

节流阀结构简单，制造容易，体积小，使用方便，造价低。但负载和温度的变化对流量稳定性的影响较大，因此只适用于负载和温度变化不大，或速度稳定性要求不高的液压系统。

5. 节流阀的延伸——单向节流阀

节流阀是单方向节流，对另一方向直通的流量控制阀，如图5-36所示。节流阀芯分成了上阀芯和下阀芯两部分。流体正向流动时，与节流阀一样，节流缝隙的大小可通过手柄进行调节；当流体反向流动时，靠油液的压力把阀芯4（即下阀芯）压下，下阀芯起单向阀作用，单向阀打开，可实现流体反向自由流动。

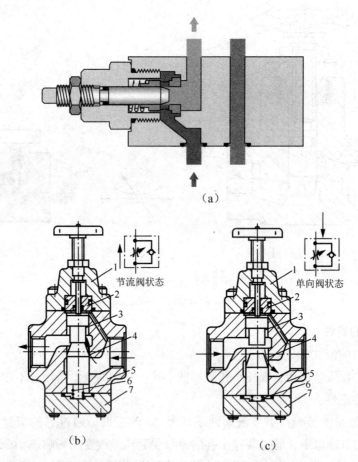

图5-36 单向节流阀

1—螺帽；2—推杆；3—上阀芯；4—下阀芯；5—阀体；6—弹簧；7—阀座

（二）调速阀和溢流节流阀

采用上述节流阀存在着的问题：由于负载的变化引起节流阀前、后压差的变化，这导致执行元件的速度也相应地发生变化。为使速度稳定，就要使节流阀前后压差在负载变化情况下保持不变，从而使通过节流阀的流量由节流阀的开口大小来决定。把具有这一作用的阀和节流阀组合在一起，就构成能保持速度不随负载而变化的流量调节阀。常用的有两类，即调速阀和溢流节流阀。这两种阀是利用流量的变化所引起的油路压力的变化，通过阀芯的负反馈动作来自动调节节流部分的压力差，使其保持不变。由 $q = KA\Delta p_m$ 可知，当 Δp 基本不变时，通过节流阀的流量只由其开口量大小来决定，使 Δp 基本保持不变的方式有两种：一种是将定压差式减压阀与节流阀并联起来构成调速阀；另一种是将稳压溢流阀与节流阀并联起来构成溢流节流阀。

1. 调速阀

节流阀适用于一般的系统，而调速阀适用于执行元件负载变化大而运动速度要求稳定的系统中。调速阀由定差减压阀和节流阀串联而成。定差减压阀能自动保持节流阀前后压差不变，从而使执行元件运动速度不受负载变化的影响。其工作原理如图 5-37 所示。

调速阀可提供恒定流量，而与其进出口压力变化无关。图 5-37 所示的调速阀处于静止位置。调速阀总是与溢流阀一起使用，即多余流量可通过溢流阀流回油箱。首先，通过调节螺杆调节节流口开度，以获得期望流量，其次，定差减压阀可以保证其节流口前后之间压差恒定。

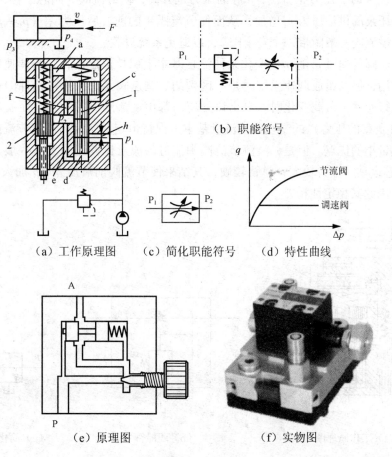

（a）工作原理图　（c）简化职能符号　（d）特性曲线

（b）职能符号

（e）原理图　（f）实物图

图 5-37　调速阀
1—减压阀；2—节流阀

调速阀是在节流阀 2 前面串接一个定差减压阀 1 组合而成。图 5-37（a）、（e）为其工作原理图。当工作油液流过调速阀时，定差减压阀可保证其节流口前后之间压差恒定。如果进出口压差足够大，则可沿箭头方向保持其设定流量恒定。

串联减压式调速阀是由定差减压阀 1 和节流阀 2 串联而成的组合阀。主油路→减压阀 1 进油口→减压阀的出油口（压力为 p_2，同时也是节流阀的进口油压）→节流口（Δp）压力变为 p_3→油缸的左腔（p_3），油缸的右腔与油箱相通，所以左腔压力只与活塞杆上负载 F 和活塞的有效工作面积有关。图 5-37（b）是调速阀职能符号，图 5-37（c）是简化职能符号，图 5-37（d）是特性曲线，图 5-37（f）是实物图。

2. 溢流节流阀（旁通型调速阀）

溢流节流阀也是一种压力补偿型节流阀，图 5-38（a）所示为其工作原理图，图 5-38（b）所示为详细液压职能符号，图 5-38（c）所示为简化液压职能符号。

从液压泵输出的油液一部分从节流阀 4 进入液压缸左腔推动活塞向右运动，另一部分经溢流阀的溢流口流回油箱，溢流阀 3 阀芯的上端 a 腔同节流阀 4 上腔相通，其压力为 p_2；腔 b 和下端腔 c 同溢流阀 3 阀芯前的油液相通，其压力即为泵的压力 p_1，当液压缸活塞上的负载力 F 增大时，压力 p_2 升高，a 腔的压力也升高，使溢流阀 3 阀芯下移，关小溢流口，这样就使液压泵的供油压力 p_1 增加，从而使节流阀 4 的前、后压力差（p_1-p_2）基本保持不变。这种溢流阀一般附带一个安全阀 2，以避免系统过载。

溢流节流阀是通过 p_1 随 p_2 的变化来使流量基本上保持恒定的，它与调速阀虽都具有压力补偿的作用，但其组成调速系统时是有区别的。调速阀无论在执行元件的进油路上或回油路上，执行元件上负载变化时，泵出口处压力都由溢流阀保持不变，而溢流节流阀是通过 p_1 随 p_2（负载的压力）的变化来使流量基本上保持恒定的。因而溢流节流阀具有功率损耗低，发热量小的优点。但是，溢流节流阀中流过的流量比调速阀大（一般是系统的全部流量），阀芯运动时阻力较大，弹簧较硬，其结果使节流阀前后压差 Δp 加大（需达 0.3 ~ 0.5 MPa），因此其稳定性稍差。

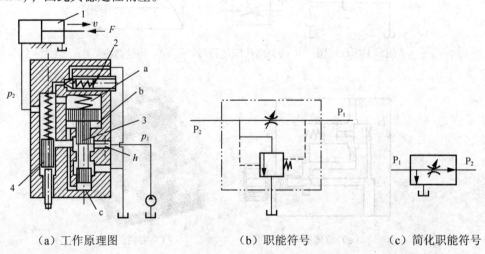

（a）工作原理图　　　　　（b）职能符号　　　　　（c）简化职能符号

图 5-38　溢流节流阀

1—液压缸；2—安全阀；3—溢流阀；4—节流阀

第五节　液压逻辑元件

逻辑阀是以锥阀式（又称单向阀式）为基本单元，以芯子插入式为基本连接形式，配以不同的先导阀来满足各种动作要求的阀类，又称锥阀集成阀或插式阀。液压插装阀是不带阀体的阀类，其过流量大，应用比较灵活。当插装阀装入具有标准阀孔的集成阀块时，阀块体既成为插装阀的公共阀体，又起连接管道的作用。而且当插装阀装入具有标准阀孔的阀体时，又可构成板式和管式等分立式液压阀。

插装阀有两类：一类是二通滑入式插装阀，国内通常称为二通插装阀，又称二通盖板式插装阀、锥阀或逻辑阀，在国内外均已广泛应用；另一类是二通、三通、四通螺纹插装阀。后者在国外小型工程机械、农业机械、汽车和其他车辆等领域已广泛使用，但国内生产螺纹式插装阀的厂家极少，其应用还有待发展。

当前，插装阀是一种新型的液压元件。

一、插装阀概述

1. 特点

（1）主阀结构简单，通流能力大，$q_{Vmax} = 10\,000\ \text{L/min}$。

（2）主阀相同，一阀多能，便于标准化、集成化、微型化。

（3）密封性好，泄漏小，便于无管连接，先导阀功率小，具有明显节能效果。

2. 应用

插装阀广泛应用于一般用于冶金、船舶、塑料机械等大流量及非矿物油介质的场合。

3. 基本结构

插装阀由控制盖板、插装单元（阀套、弹簧、阀芯及密封件组成）、插装块体和先导控制元件组成。

4. 插装阀的组成

插装阀基本组件由阀芯、阀套、弹簧和密封圈组成。根据用途不同分为方向阀组件、压力阀组件和流量阀组件。同一通径的三种组件安装尺寸相同，但阀芯的结构形式和阀套座直径不同。三种组件均有两个主油口 A 和 B 及一个控制口 X。

5. 插装阀的分类

插装阀分为滑入式插装阀和拧入式插装阀。

由逻辑阀组成的液压系统称为液压逻辑系统。根据用途不同，逻辑阀又分为逻辑压力阀、逻辑流量阀和逻辑换向阀三种。

二、二通插装阀的工作原理

图 5-39 所示为逻辑换向阀的锥阀式基本单元的结构原理图，插装阀主要是由阀芯、阀套以及弹簧等零件组成，对外有两个管道接口 A、B 和一个控制连接口 C。锥阀的工作状态

不仅取决于控制口 C 的压力，而且取决于工作油口 A、B 的压力，取决于弹簧力和液动力。

　　当控制油口 C 接油箱卸荷时，阀芯下部的液压力克服上部弹簧力将阀芯顶开，至于液流的方向，视 A、B 口的压力大小而定。当 $p_A > p_B$ 时，油液由 A 至 B；当 $p_A < p_B$ 时，油液由 B 至 A。当控制口 C 接压力油，且 $p_C \geqslant p_A$、$p_C \geqslant p_B$，则阀芯在上下端压力和弹簧力的作用下关闭，油口 A 和 B 不通。因此，逻辑换向阀的锥阀单元实际上相当于一个液控二位二通阀。

　　用小流量电磁阀控制锥阀基本单元控制口的通油情况，如图 5-40（a）所示可以构成锥阀式换向阀；与各种先导压力阀组合构成各种压力控制阀〔见图 5-40（b）〕；通过法兰盖将锥阀上腔与油口 B 相通〔见图 5-40（c）〕，则变成一般的单向阀，因此，一般的单向阀可视为逻辑换向阀锥阀单元的一种变型。

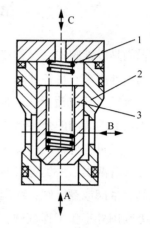

图 5-39　逻辑换向阀的锥阀式基本单元
1—弹簧；2—阀套；3—阀芯（锥阀）

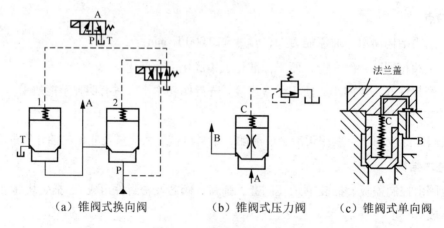

（a）锥阀式换向阀　　　　（b）锥阀式压力阀　　　（c）锥阀式单向阀

图 5-40　逻辑阀的工作原理

三、二通插装阀的应用举例

1. 换向回路

组成四位三通换向阀，应用于换向回路。如图 5-41（a）所示，将两个锥阀单元组合起来，通过先导阀控制锥阀 1 和 2 的启闭，可以得到 4 种不同的工作状态：

（1）锥阀 1 开启，锥阀 2 关闭，P、A 通，A 进油。

（2）锥阀 1 关闭，锥阀 2 开启，T、A 通，A 回油。

（3）锥阀 1 和 2 都关闭，P、T、A 都不通，A 封闭起支承保压作用。

（4）锥阀 1 和 2 都开启，P、T、A 全通，系统卸荷。

由此可见相当于一个四位三通换向阀。采用的先导控制时，得到不同的工作状态。

2. 调压回路

对插装阀上的控制腔 C 与不同的先导阀连接，或改变主阀阀芯的形状，则插装阀可作不同的压力阀使用，可以作电磁溢流阀、减压阀使用，如果将 B 口接另一油口（工作油口），则插装阀起顺序阀的作用。如图 5-41（b）所示，先导调压阀 2 起调压作用，当电磁换向阀 3 的电磁铁不得电时，锥阀 1 关闭，P 与 T 不通，电磁铁得电时，控制口 C 的油液通过换向阀的左位流到油箱，锥阀开启，P 与 T 相通，实现卸荷，其等效回路如图 5-41（c）所示。此时插装阀起溢流阀的作用。

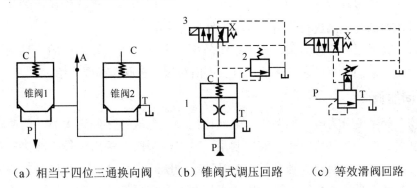

（a）相当于四位三通换向阀　　（b）锥阀式调压回路　　（c）等效滑阀回路

图 5-41　二通插装阀的应用

1—锥阀；2—先导调压阀；3—电磁换向阀

3. 调速回路

图 5-42（a）中由于锥阀 2 和 3 有调节螺钉，因此锥阀的开口量大小可调节。当先导阀 5 处于中位时，锥阀全部关闭，P、A、B、T 互不相通。当先导阀 5 处于右位时，锥阀 1 和 3 关闭，锥阀 2 和 4 开启，P 与 A 相通，B 与 T 相通。由 P 流向 A 的流速由锥阀 2 上的调节螺钉调节，回油相当于经图 5-42（b）的单向阀 2 流回油箱。当先导阀 5 处于左位时，锥阀 2 和 4 关闭，锥阀 1 和 3 打开，油口 P 与 B 相通，其进油速度由锥阀 3 上的调节螺钉调节；A 与 T 相通，回油相当于经图 5-42（b）的单向阀 1 流回油箱。

二通插装阀上的节流阀手调装置若用比例电磁铁取代，就可组成二通插装电液比例节流阀。若在二通插装阀节流阀前串联一个定差减压阀，就可组成二通插装调速阀。

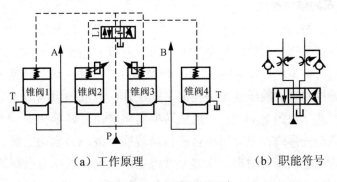

（a）工作原理　　　　　　（b）职能符号

图 5-42　锥阀式调速回路

第六节　比例阀、叠加阀和伺服阀

比例阀、叠加阀、伺服阀都是近年来获得迅速发展的液压控制阀，二次大战后期，喷气式飞行技术取得了突破性进展；1940 年，首次在飞机上应用了电液伺服系统，其滑阀由伺服电动机拖动。20 世纪 50 年代末期，出现了以喷嘴挡板阀作为先导级的电液伺服阀，使电液伺服系统成为当时响应最快、控制精度最高的伺服系统。

传统的电液伺服阀对介质的清洁度要求高，使用成本高，系统能耗比较大，而电液比例阀是在对普通的开关阀进行改造的基础上发展起来的。

叠加阀是为了减少管路泄漏，提高系统效率开发出的阀体即管道的一种液压阀。与普通液压阀相比，它们具有许多显著的优点。下面对这三种阀作简要介绍。

一、伺服阀

电液控制阀主要分为电液伺服阀、电液比例阀、电液数字阀三大类。前两种都是模拟式电液控制量，后一种是数字式电液控制量。电液伺服阀的输出信号能够快速跟随输入信号的变化，电 - 机械转换器（通常是力矩马达或动圈式力马达）是由伺服控制放大器进行闭环控制，其特点是有多个输入接口供各类控制信号和反馈信号输入，输入信号一般为几十到几百毫安，双向输出控制。如图 5-43 所示，它将较小的电信号转变为较大的快速响应的液压信号输出，是一种大功率的电-液变换器。通常它作为控制元件作用于响应要求快、精度要求高的伺服控制系统中。

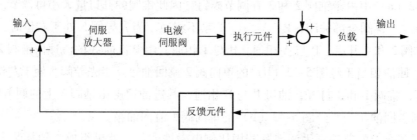

图 5-43　电液伺服阀在伺服控制系统中的位置

1. 电液伺服阀的结构组成

电液伺服阀典型的结构如图 5-44 所示，主要由电-机械转换器、先导阀、主板及反馈元件等组成。电液伺服阀分为单级及多级（二级、三级）电液伺服阀，其中以二级伺服阀应用最为广泛，它有一个先导控制级，将电-机械转换器的输出信号转换为功率较大的液压信号，再利用先导控制级的液压输出去控制主阀工作。电液伺服阀的先导级，大多采用喷嘴挡板式或射流管式。如图 5-44 中电-机械转换器将电信号转换为力、力矩，产生位移或角位移等机械量驱动先导阀；先导阀再将机械量转换为液压力驱动主阀，主阀将先导阀的液压机械量转换为流量或压力输出，反馈元件将主阀控制口的压力或阀芯位移反馈到先导级的输入处，实现输入输出的平衡。目前趋向于采用各种电反馈替代机械反馈。

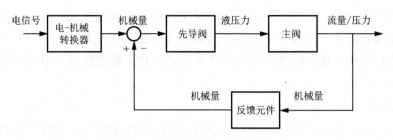

图 5-44　典型的电液伺服阀结构组成

2. 用途

电液伺服阀常用于自动控制系统中的位置控制、速度控制、压力控制和同步控制等。

（1）位置控制回路。如图 5-45（a）所示，这种回路用来实现执行元件的准确位置的控制，指令信号 1 使电液伺服阀的力矩马达动作，通过能量的转换和放大，驱动执行元件达到某一预定位置。再利用位置传感器 2 产生反馈信号与输入指令相比较，消除输入和输出信号的误差，使执行元件准确地停止在预定位置上。

（2）压力控制回路。这种回路能维持液压缸中的压力恒定，如图 5-45（b）所示。给电液伺服阀输入一定的指令信号 4，通过能量的转换和放大，使液压缸中油液达到某一预定压力。当油压变化时，由压力传感器 5 产生反馈信号与输入的指令相比较，然后消除指令信号与反馈信号的反差，使液压缸保持恒定压力。

（3）速度控制回路。它是使执行元件（如液压马达）的速度保持一定值的控制回路，如图 5-45（c）所示。输入指令信号 6，它经能量的转换和放大后，使液压马达具有一定的转速。当速度有变化时，速度传感器 7 发出的反馈信号与指令信号相比较，然后消除指令信号与反馈信号的误差，使液压马达保持一定的速度。

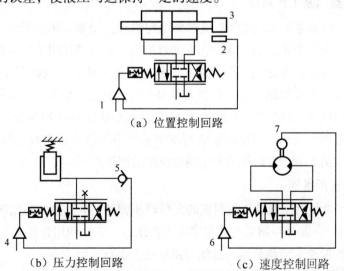

图 5-45　电液伺服阀的应用

1、4、6—指令信号；2—位置传感器；3—负载；5—压力传感器；7—速度传感器

（4）同步控制回路。这种回路是使两个液压缸的位移和速度同步，并且具有高的同步精度。当指令信号输入时，两液压缸同步运动。当出现同步误差时，信号误差反馈给电气系统并与指令信号相比较，使电液伺服阀产生适当位移，修正流量，消除同步误差，实现严格的同步运动。

3. 发展趋势

（1）机电一体化。随着微电子技术的发展，电控元件小型化，位移传感器、压力传感器及其放大器都可以放入阀体内部，采用位移电反馈或压力电反馈，既提高了阀的性能，简化结构，又方便了使用，得到了普遍的应用。

（2）工业化。虽然电液伺服阀响应快，精度高，但它的加工精度要求高、抗干扰和抗污染能力较差、价格高，难以在一般工业上推广应用，因而相继开发了廉价伺服阀或工业伺服阀，它们的加工精度要求和价格相对较低，抗污染能力较好，而精度和快速性能能够满足工业要求。

（3）集成化。根据实际的使用要求，伺服阀可以与电控器、执行元件和其他阀组组成电液集成系统，使其结构紧凑、性能提高，例如电液伺服缸等。

二、比例阀

电液比例阀简称比例阀，是在对普通的开关阀进行改造的基础上，应用比例电磁铁把输入的电信号按比例地转换成力或位移，从而对压力、流量等参数进行连续控制的一种液压阀。

比例阀由直流比例电磁铁与液压阀两部分组成，其液压阀部分与一般液压阀差别不大，而直流比例电磁铁和一般电磁阀所用的电磁铁不同，采用比例电磁铁可得到给定电流成比例的位移输出和吸力输出。比例阀按其控制的参量可分为比例压力阀、比例流量阀、比例方向阀三大类。

1. 比例阀的结构及工作原理

图5-46（a）所示为先导式比例溢流阀的结构原理。当输入电信号（通过线圈2）时，比例电磁铁1便产生一个相应的电磁力，它通过推杆3和弹簧作用于先导阀芯4，从而使先导阀的控制压力与电磁力成比例，即与输入信号电流成比例。由溢流阀主阀阀芯6上受力分析可知，进油口压力和控制压力、弹簧力等相平衡（其受力情况与普通溢流阀相似），因此比例溢流阀进油口压力的升降与输入信号电流的大小成比例。若输入信号电流是连续地按比例地或按一定程序变化，则比例溢流阀所调节的系统压力也连续地按比例地或按一定程序地进行变化。图5-46（b）所示为比例溢流阀的图形符号。

2. 比例阀的应用举例

图5-47（a）为利用比例溢流阀调压的多级调压回路，1为比例溢流阀，2为电子放大器。改变输入电流I，即可控制系统获得多级工作压力。它比利用普通溢流阀的多级调压回路所用液压元件数量少，回路简单，且能对系统压力进行连续控制。

图5-47（b）为采用比例调速阀的调速回路。改变比例调速阀输入电流即可使液压缸获得所需要的运动速度。比例调速阀可在多级调速回路中代替多个调速阀，也可用于远距离速度控制。

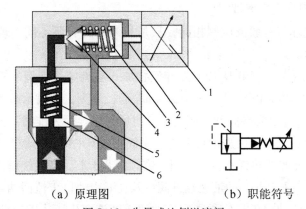

（a）原理图   （b）职能符号

图 5-46 先导式比例溢流阀

1—比例电磁铁；2—先导阀弹簧；3—推杆；4—先导阀芯；5—主阀弹簧；6—主阀阀芯

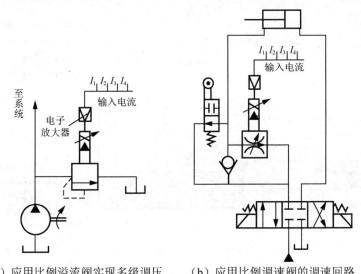

（a）应用比例溢流阀实现多级调压   （b）应用比例调速阀的调速回路

图 5-47 比例阀的应用

总之，采用比例阀能使液压系统简化，所用液压元件数大为减少，既能提高液压系统性能参数及控制的适应性，又能明显地提高其控制的自动化程度，它是一种很有发展前途的液压控制元件。

三、叠加阀

叠加式液压阀简称叠加阀，其阀体本身既是元件又是具有油路通道的连接体，阀体的上、下两面制成连接面。选择同一通径系列的叠加阀，叠合在一起用螺栓紧固，即可组成所需的液压传动系统。

叠加阀现有五个通径系列：$\phi 6$、$\phi 10$、$\phi 16$、$\phi 20$、$\phi 32$ mm，额定压力为 20 MPa，额定流量为 10~200 L/min。叠加阀按功用的不同分为压力控制阀、流量控制阀和方向控制阀三类，其中方向控制阀仅有单向阀类，主换向阀不属于叠加阀。

1. 叠加阀的结构及工作原理

叠加阀的工作原理与一般液压阀相同，只是具体结构有所不同。现以溢流阀为例，说明其结构和工作原理。

图 5-48（a）所示为 Y_1-F10D-P/T 先导型叠加式溢流阀，其型号意义是：Y 表示溢流阀，F 表示压力等级（20 MPa），10 表示 ϕ10 mm 通径系列，D 表示叠加阀，P/T 表示进油口为 P、回油口为 T。它由先导阀和主阀两部分组成，先导阀为锥阀，主阀相当于锥阀式的单向阀。其工作原理：压力油由进油口 P 进入主阀阀芯 6 右端的 e 腔，并经阀芯上阻尼孔 d 流至主阀阀芯 6 左端 b 腔，再经小孔 a 作用于锥阀阀芯 3 上。当系统压力低于溢流阀的调定压力时，锥阀阀芯 3 打开，b 腔的油液经锥阀口及孔 c 由油口 T 流回油箱，主阀阀芯 6 右腔的油经阻尼孔 d 向左流动，于是使主阀阀芯的两端油液产生压力差，此压力差使主阀阀芯克服弹簧 5 而左移，主阀阀口打开，实现了自油口 T 的溢流。调节弹簧 2 的预压缩量便可调节溢流阀的调整压力，即溢流压力。图 5-48（b）所示为叠加式溢流阀的图形符号。

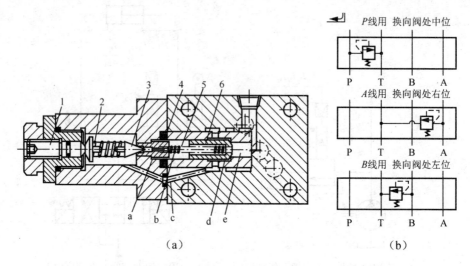

（a）　　　　　　　　　　　　　　　　　（b）

图 5-48　叠加式溢流阀

1—推杆；2—调节弹簧；3—锥阀阀芯；4—阀座；5—主阀弹簧；6—主阀阀芯

2. 叠加式液压阀系统的组装

叠加阀自成体系，每一种通径系列的叠加阀，其主油路通道和螺钉孔的大小、位置、数量都与相应通径的板式换向阀相同。因此，将同一通径系列的叠加阀互相叠加，可直接连接而组成集成化液压系统。

图 5-49 所示为叠加式液压阀装置示意图。最下面的是底板，底板上有进油孔、回油孔和通向液压执行元件的油孔，底板上面第一个元件一般是压力表开关，然后依次向上叠加各压力控制阀和流量控制阀，最上层为换向阀，用螺栓将它们紧固成一个叠加阀组。一般一个叠加阀组控制一个执行元件。如果液压系统有几个需要集中控制的液压元件，则用多联底板，并排在上面组成相应的几个叠加阀组。元件之间可实现无管连接，不仅省掉大量管件，减少了产生压力损失、泄露和振动的环节，而且使外观整齐，便于维护保养。

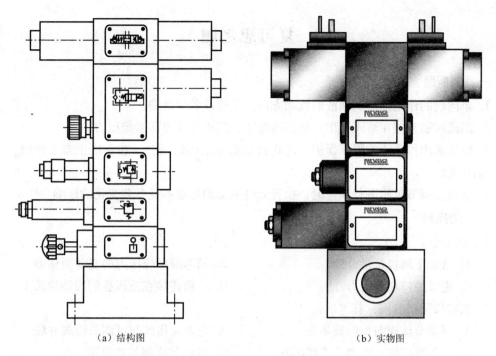

（a）结构图　　　　　　　　　　　（b）实物图

图 5-49　所示为叠加式液压阀装置示意图

3. 叠加式液压系统的特点

（1）用叠加阀组装液压系统，无须另外的连接块，因而结构紧凑，体积小，重量轻。

（2）系统的设计工作量小，绘制出叠加阀式液压系统原理图，即可进行组装，且组装简便、组装周期短。

（3）调整、改换或增减系统的液压元件方便简单。

小　　结

1. 液压阀的作用、类型和要求。

2. 压力控制阀的类型、作用、结构和工作原理及职能符号。

3. 先导式溢流阀的远程调压。

4. 溢流阀、减压阀、顺序阀在原理及图形符号上的异同，顺序阀作溢流阀的应用。

5. 单向阀、液控单向阀的工作原理及职能符号。

6. 换向阀的控制方式，换向阀的"位"和"通"的含义。

7. 流量控制阀节流口的结构形式，其常用的结构形式。

8. 普通节流阀与调速阀的工作原理、性能比较及职能符号。

9. 逻辑阀的工作原理及应用。

10. 比例阀、伺服阀、叠加阀的特点。

复习思考题

一、判断题

1. 单向阀的作用是控制油液的流动方向，接通或关闭油路。 （　　）

2. 溢流阀通常接在液压泵出口处的油路上，其进口压力即系统压力。 （　　）

3. 溢流阀用作系统的限压保护、防止过载的安全阀的场合，在系统正常工作时，该阀处于常闭状态。 （　　）

4. 使用可调节流阀进行调速时，执行元件的运动速度不受负载变化的影响。 （　　）

二、选择题

1. 溢流阀（　　）。

　　A. 常态下阀口是常开的　　　　　　　　B. 阀芯随系统压力的变动而移动

　　C. 进口油口均有压力　　　　　　　　　D. 一般连接在液压缸的回油油路上

2. 调速阀是组合阀，其组成是（　　）。

　　A. 可调节流阀与单向阀串联　　　　　　B. 定差减压阀与可调节流阀并联

　　C. 定差减压阀与可调节流阀串联　　　　D. 可调节流阀与单向阀并联

3. 要实现液压泵卸载，可采用三位换向阀的（　　）型中位滑阀机能。

　　A. O　　　　　　　　B. P　　　　　　　　C. M　　　　　　　　D. Y

三、简答题

1. 先导型溢流阀由哪几部分组成？各起什么作用？与直动型溢流阀比较，先导型溢流阀有什么优点？

2. 画出溢流阀、减压阀和顺序阀的图形符号，并比较：

（1）进、出油口的油液。

（2）正常工作时阀口的开启情况。

（3）泄油情况。

3. 影响节流阀流量稳定的因素有哪些？如何使通过节流阀的流量不受负载变化的影响？

4. 指出习题图 5-50 所示各图形符号所表示的控制阀名称。

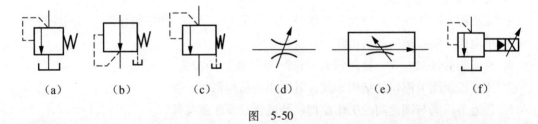

（a）　　　　（b）　　　　（c）　　　　（d）　　　　（e）　　　　（f）

图 5-50

四、综合题

1. 现有采用两个溢流阀的二级调压回路。其中一级调压阀为先导式高压溢流阀，远程调压阀为锥阀结构。当系统开始工作时，没有噪声和震动，一切工作均正常。工作 3h，出现噪声。工作时间越长，噪声越大。从故障现象判断，噪声与油温有关，工作时间越长，油温越高，噪声越大。经检查，噪声由一级溢流阀传出。现采用冷却措施，发现油温降低了，噪声消除了。试分析故障原因。

2. 有一使用电磁换向阀的换向回路，当电磁铁通电时，液压缸有时动作，有时不动作。现场检查发现油液太脏，打开换向阀可见阀芯、阀套磨损严重。试分析故障原因并找出解决办法。

3. 若先导式溢流阀主阀阀芯上的阻尼孔堵塞，会出现什么故障？若其先导阀锥阀座上的进油孔堵塞，又会出现什么故障？

4. 如图 5-51 所示，两个回路中各溢流阀的调定压力分别为 $p_{Y1} = 3$ MPa，$p_{Y2} = 2$ MPa，$p_{Y3} = 4$ MPa。问外负载无穷大时，泵的出口压力 p_P 各为多少？

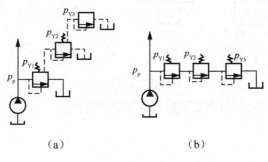

（a）　　　　　　　　（b）

图　5-51

5. 图 5-52 所示减压回路中，若溢流阀的调定压力为 5 MPa，减压阀的调定压力为 1.5 MPa，试分析活塞在作空载运动时和夹紧工件运动停止时，A、B、C 处的压力值。

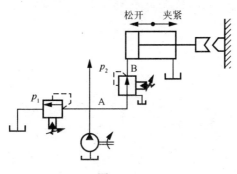

图　5-52

6. 溢流阀、减压阀和顺序阀各有什么作用？它们在原理上和图形符号上有何异同？顺序阀能否当溢流阀用？

7. 在阀的铭牌不清楚时并不拆开时，如何判断哪个是溢流阀、减压阀及顺序阀？

8. 普通单向阀能否作背压阀使用？背压阀的开启压力是多少？

9. 什么是液控单向阀？通常应用于什么场合？使用时应注意哪些问题？

10. 换向阀在液压系统中起什么作用？什么是换向阀的"位"与"通"？各油口分别接在什么油路上？

11. 三位换向阀常用中位机能有哪几种？它们的主要特点是什么？

12. 电液动换向阀的先导阀为何选用 Y 型机能？

13. 调速阀与节流阀在结构和性能上有何异同？各适用于什么场合？

14. 试述图 5-53 中所示图形符号所表示的意义。

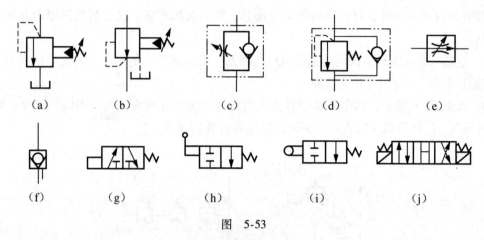

(a)　　　(b)　　　(c)　　　(d)　　　(e)

(f)　　　(g)　　　(h)　　　(i)　　　(j)

图　5-53

15. 试述电液比例溢流阀与普通溢流阀相比有何优点？

第六章 液压辅助装置

学习目标

1. 了解液压辅助装置的结构及应用。
2. 掌握蓄能器、滤油器、油箱、热交换器及管件等的类型、特点及功用。

液压系统中的辅助装置是指蓄能器、滤油器、油箱、热交换器及管件等，这些元件从液压传动的工作原理来看是起辅助作用的，但它们对系统的动态性能、工作稳定性、工作寿命、噪声和温升等都有直接影响，是保证液压系统正常工作不可缺少的部分，其中油箱需根据系统要求自行设计，其他辅助装置则制成标准件，供设计时选用。

第一节 油 箱

一、功用和结构

1. 功用

油箱的功用主要是用来储存油液，此外还有散发油液中的热量（在周围环境温度较低的情况下则是保持油液中热量）、沉淀油液中杂质、释出混在油液中的气体等作用。油箱有开式、隔离式和压力式三种。开式油箱液面直接和大气相通。

2. 结构

油箱的容积决定了散热面积和储热量的大小，故对工作的温度影响很大。开式油箱的典型结构如图6-1所示。油箱内部用隔板7、9将吸油管1与回油管4隔开。顶部、侧部和底部分别装有滤油网2、液位计6和排放污油的放油阀8。安装液压泵及其驱动电动机的安装板5则固定在油箱顶面上。

此外，近年来又出现了充气式的闭式油箱，它不同于开式油箱之处，在于油箱是整个封闭的，顶部有一充气管，可送入 0.05~0.07 MPa 过滤纯净的压缩空气。空气或者直接与油液接触，或者被输入到蓄能器式的皮囊内不与油液接触。这种油箱的优点是改善了液压泵的吸油条件，但它要求系统中的回油管、泄油管承受背压。油箱本身还须配置安全阀、电接点压力表等元件以稳定充气压力，因此它只在特殊场合下使用。

二、设计时的注意事项

在设计油箱时要注意以下几点事项：

（1）油箱的容积必须保证在设备停止运转时，系统中的油液在自重作用下能全部返回油箱。为了能很好地沉淀杂质和分离空气，油箱的有效容积（油面高度为油箱高度80%时

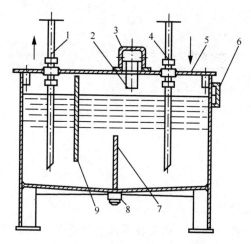

图 6-1　油箱

1—吸油管；2—滤油网；3—盖；4—回油管；5—上盖；6—油位计；7、9—隔板；8—放油阀

的容积）应根据液压系统发热、散热平衡的原则来计算，这项计算在系统负载较大、长期连续工作时是必不可少的。但对于一般情况来说，油箱的有效容积可以按液压泵的额定流量 q_p 估计出来。

在系统充满油液时，油箱要保证吸油管不吸入空气，即液面不要太低。

（2）吸油管和回油管应尽量相距远些，两管之间要用隔板隔开，以增加油液循环距离，使油箱中的油液有足够的时间分离气泡，沉淀杂质，消散热量。隔板高度最好为箱内油面高度的 3/4。吸油管入口处要装粗滤油器。精滤油器与回油管管端在油面最低时仍应没在油中，防止吸油时卷吸空气或回油冲入油箱时搅动油面而混入气泡。回油管管端宜斜切 45°，以增大出油口截面积，减慢出口处油流速度，此外，应使回油管斜切口面对箱壁，以利油液散热。当回油管排回的油量很大时，宜使出口处高出油面，向一个带孔或不带孔的斜槽（倾角为 5°~15°）排油，使油流散开，一方面减慢流速，另一方面排走油液中的空气。减慢回油流速、减少它的冲击搅拌作用，也可以采取让回油通过扩散室的办法来达到。泄油管管端亦可斜切并面壁，但不可没入油中。

管端与箱底、箱壁间距离均不宜小于管径的 3 倍，粗滤油器距箱底不应小于 20 mm。

（3）为了防止油液污染，油箱上各盖板、管口处都要妥善密封。注油器上要加滤油网。防止油箱出现负压而设置的通气孔上须装空气滤清器。空气滤清器的容量至少应为液压泵额定流量的 2 倍。油箱内回油集中部分及清污口附近宜装设一些磁性块，以去除油液中的铁屑和带磁性颗粒。

（4）为了易于散热和便于对油箱进行搬移及维护保养，根据国家标准 GB/T 3766—2001《液压系统通用技术条件》规定，箱底离地至少应在 150 mm 以上。箱底应适当倾斜，在最低部位处设置堵塞或放油阀，以便排放污油。箱体上注油口的近旁必须设置液位计。滤油器的安装位置应便于装拆。箱内各处应便于清洗。

（5）油箱中如要安装热交换器，必须考虑好它的安装位置，以及测温、控制等措施。

（6）分离式油箱一般用 2.5~4 mm 钢板焊成。箱壁越薄，散热越快。有资料建议100 L容量的油箱箱壁厚度取 1.5 mm，400 L 以下的取 3 mm，400 L 以上的取 6 mm，箱底厚度大于箱壁，箱盖厚度应为箱壁的 4 倍。大尺寸油箱要加焊角板、筋条，以增加刚性。当液压泵及其驱动电动机和其他液压件都要装在油箱上时，油箱顶盖要相应地加厚。

（7）油箱内壁应涂上耐油防锈的涂料。外壁如涂上一层极薄的黑漆（厚度不超过 0.025 mm），会有很好的防辐射冷却效果。铸造的油箱内壁一般只进行喷砂处理，不涂漆。

第二节　蓄　能　器

一、蓄能器的分类、特点及典型结构

1. 分类和特点

蓄能器作为液压系统中一种储存和释放能量的装置，按其储存能量的方式不同分为重力加载式（重锤式）、弹簧加载式（弹簧式）和气体加载式。气体加载式又分为非隔离式（气瓶式）和隔离式，而隔离式包括活塞式、气囊式和隔膜式等。其结构简图和特点如表6-1所示。重力式蓄能器，体积庞大，结构笨重，反应迟钝，现在工业上已很少应用。

表6-1　蓄能器的种类和特点

名称		结构简图	特点和说明
弹簧式			利用弹簧的压缩和伸长来储存、释放压力能
			结构简单，反应灵敏，容量小
			供小容量，低压（$p \leq 1 \sim 1.2$ MPa）回路缓冲之用，不适应用于高压或高频的工作场合
充气式	气瓶式		利用气体的压缩和膨胀来储存、释放压力能（气体和油液在蓄能器中直接接触）
			容量大，惯性小，反应灵敏，轮廓尺寸小，但气体容易混入油内，影响系统工作平稳性
			只适用于大流量的中、底高压回路
	活塞式		利用气体的压缩和膨胀来储存，释放压力能（气体和油液在蓄能器中由活塞隔开）
			结构简单，工作可靠，安全容易，维护方便，但活塞惯性大，活塞和缸壁之间有摩擦，反应不够灵敏，密封要求较高
			用来储存能量，或供中、高压系统吸收压力脉动之用
	气囊式		利用气体的压缩和膨胀来储存、释放压力能（气体和油液在蓄能器中由气囊隔开）
			带弹簧的菌状进油阀使油液进入蓄能器但防止气囊自油口被挤出，充气阀只在蓄能器工作前气囊充气时打开，蓄能器工作时则关闭
			结构尺寸小，重量轻，安装方便，维护容易，气囊惯性小，反应灵敏，但气囊和壳体制造都较难
			折合型气囊容量较大，可用来储存能量；波纹型气囊适用于吸收冲击

2. 功用

蓄能器的功用主要是储存油液多余的压力能，并在需要时释放出来。在液压系统中蓄能器有以下几种功用：

（1）作辅助动力源。若液压系统的执行元件是间歇性工作的，且相对于停顿时间工作时间较短，若液压系统的执行元件在一个工作循环内运动速度相差较大，在系统不需大量油液时，可以把液压泵输出的多余压力油液储存在蓄能器内，到需要时再由蓄能器快速释放给系统。可在液压系统中设置蓄能器，可使系统选用流量等于循环周期内平均流量 q_m 的液压泵，以减小电动机功率消耗，降低系统温升。

（2）维持系统压力。在液压泵停止向系统提供油液的情况下，蓄能器能把储存的压力油液供给系统，补偿系统泄漏或充当应急能源，使系统在一段时间内维持系统压力，例如夹紧工件或举顶重物，为节省动力消耗，要求液压泵停机或卸载，此时可在执行元件进口处并联蓄能器，由蓄能器补充泄漏，保持恒压，以保证执行元件的工作可靠，如图 6-2 所示。

（3）作应急动力源。某些液压系统要求在液压泵发生故障或停电时，执行元件应能继续完成必要的动作以紧急避险、保证安全。因此要求在液压系统中设置适当容量的蓄能器作为紧急动力源，避免油源突然中断所造成的机件损坏。

（4）吸收液压冲击。由于换向阀的突然换向，液压泵的突然停转、执行元件运动的突然停止等原

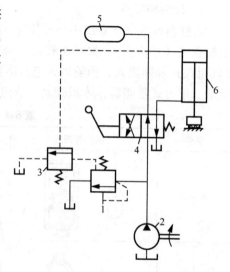

图 6-2 用蓄能器保压的卸荷回路
1、3—溢流阀；2—液压泵；4—换向阀；
5—蓄能器；6—液压缸

因，液压系统管路内的液体流动会发生急剧变化，产生液压冲击。因这类液压冲击大多发生于瞬间，液压系统中的安全阀来不及开启，因此常常造成液压系统中的仪表、密封损坏或管道破裂。若在冲击源的前端管路安装蓄能器，则可以吸收或缓和这种液压冲击。

（5）吸收脉动，降低噪声。齿轮泵或柱塞泵因其瞬时流量脉动将导致系统的压力脉动，引起振动和噪声，因此，通常在液压泵的出口处安装蓄能器吸收脉动、降低噪声，减少因振动损坏仪表和管接头等元件。

二、使用和安装

蓄能器在液压回路中的安放位置随其功用而不同：吸收液压冲击或压力脉动时宜放在冲击源或脉动源近旁；补油保压时宜放在尽可能接近有关的执行元件处。

使用蓄能器须注意如下几点：

（1）充气式蓄能器中应使用惰性气体（一般为氮气），允许工作压力视蓄能器结构形式而定，例如，皮囊式为 3.5 ~ 32 MPa。

（2）不同的蓄能器各有其适用的工作范围，例如，皮囊式蓄能器的皮囊强度不高，不

能承受很大的压力波动，且只能在 $-20 \sim 70\ ℃$ 的温度范围内工作。

（3）皮囊式蓄能器原则上应垂直安装（油口向下），只有在空间位置受限制时才允许倾斜或水平安装。

（4）装在管路上的蓄能器须用支板或支架固定。

（5）蓄能器与管路系统之间应安装截止阀，供充气、检修时使用。蓄能器与液压泵之间应安装单向阀，防止液压泵停车时蓄能器内储存的压力油液倒流。

第三节　滤　油　器

杂质的存在会引起相对运动零件的急剧磨损、划伤，破坏配合表面的精度和表面粗糙度，颗粒过大时会使阀芯卡死，使节流阀节流口以及各阻尼小孔堵塞，造成元件动作失灵。据统计资料表明，液压系统中的故障约有 75% 是由于油液污染造成的。因此在适当的部位安装过滤器可以清除油液中的固体杂质，使油液保持清洁，延长液压元件使用寿命，保证液压系统工作的可靠性。因此，过滤器作为液压系统不可少的辅助元件，具有十分重要的地位。

滤油器的职能符号如图 6-3 所示。

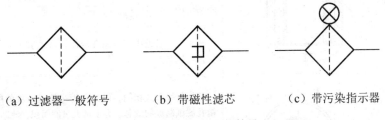

　　（a）过滤器一般符号　　　　（b）带磁性滤芯　　　　（c）带污染指示器

图 6-3　滤油器的职能符号

一、功用和类型

1. 功用

滤油器的功用是过滤混在液压油液中的杂质，降低进入系统中油液的污染度，保证系统正常地工作。

2. 类型

滤油器按其滤芯材料的过滤机制分为表面型滤油器、深度型滤油器和吸附型过滤器三种。

（1）表面型滤油器。整个过滤作用是由一个几何面来实现的。滤下的污染杂质被截留在滤芯元件靠油液上游的一面。在这里，滤芯材料具有均匀的标定小孔，可以滤除比小孔尺寸大的杂质。由于污染杂质积聚在滤芯表面上，因此它很容易被阻塞住。例如编网式滤芯、线隙式滤芯属于这种类型。

（2）深度型滤油器。这种滤芯材料为多孔可透性材料，内部具有曲折迂回的通道。大于表面孔径的杂质直接被截留在外表面，较小的污染杂质进入滤材内部，撞到通道壁上，由于吸附作用而得到滤除。滤材内部曲折的通道也有利于污染杂质的沉积。例如纸芯、毛毡、烧结金属、陶瓷和各种纤维制品等属于这种类型。

（3）吸附型滤油器。这种滤芯材料把油液中的有关杂质吸附在其表面上。例如磁芯即属于此类。

常见的滤油器式样及其特点如表 6-2 所示。

表 6-2　常见的滤油器及其特点

类型	名称及结构简图	特点说明
表面型		过滤精度与铜丝网层数及网孔大小有关。在压力管路上常用 100、150、200 目（每英寸长度上孔数）的铜丝网，在液压泵吸油管路上常采用 20~40 目铜丝网
		压力损失不超过 0.004 MPa
		结构简单，通流能力大，清洗方便，但过滤精度低
		滤芯由绕在芯架上的一层金属线组成，依靠线间微小间隙来挡住油液中杂质的通过
		压力损失约为 0.03~0.06 MPa
		结构简单，通流能力大，过滤精度高，但滤芯材料强度低，不易清洗
		用于低压管道中，当用在液压泵吸油管上时，它的流量规格宜选得比泵大
深度型		结构与线隙式相同，但滤芯为平纹或波纹的酚醛树脂或木浆微孔滤纸制成的纸芯。为了增大过滤面积，滤芯常制成折叠形
		压力损失约为 0.01~0.04 MPa
		过滤精度高，但堵塞后无法清洗，必须更换滤芯
		通常用于精过滤
		滤芯由金属粉末烧结而成，利用金属颗粒间的微孔来挡住油中杂质通过。改变金属粉末的颗粒大小，就可以制出不同过滤精度的滤芯
		压力损失约为 0.03~0.2 MPa
		过滤精度高，滤芯能承受高压，但金属颗粒易脱落，堵塞后不易清洗
		适用于精过滤

类型	名称及结构简图	特点说明
吸附型	磁性滤油器	滤芯由永久磁铁制成，能吸住油液中的铁屑、铁粉、带磁性的磨料
		常与其他形式滤芯合起来制成复合式滤油器
		对加工钢铁件的机床液压系统特别适用

二、滤油器的主要性能指标

1. 过滤精度

过滤精度表示滤油器对各种不同尺寸的污染颗粒的滤除能力，用绝对过滤精度、过滤比和过滤效率等指标来评定。过滤精度推荐值如表6-3所示。

表6-3 过滤精度推荐值表

系统类别	润滑系统	传动系统			伺服系统
工作压力/MPa	$0 \sim 2.5$	≤ 14	$14 < p < 21$	≥ 21	21
过滤精度/μm	100	$25 \sim 50$	25	10	5

绝对过滤精度是指通过滤芯的最大坚硬球状颗粒的尺寸（y），它反映了过滤材料中最大通孔尺寸，单位为 μm。它可以用试验的方法进行测定。

过滤比（β_x 值）是指滤油器上游油液单位容积中大于某给定尺寸的颗粒数与下游油液单位容积中大于同一尺寸的颗粒数之比，即对于某一尺寸 x 的颗粒来说，其过滤比 β_x 的表达式为

$$\beta_x = N_u / N_d \tag{6-1}$$

式中　N_u——上游油液中大于某一尺寸 x 的颗粒浓度；

N_d——下游油液中大于同一尺寸 x 的颗粒浓度。

2. 压降特性

油液通过滤芯时必然要受到阻力产生压力降。一般来说，在滤芯尺寸和流量一定的情况下，滤芯的过滤精度越高，压力降越大；在流量一定的情况下，滤芯的有效过滤面积越大，压力降越小；油液的黏度越大，流经滤芯的压力降也越大。

油液流经滤芯时的压力降，大部分是通过试验或经验公式来确定的。

3. 纳垢容量

纳垢容量指滤油器在压力降达到其规定限值之前可以滤除并容纳的污染物数量，这项性能指标可以用多次通过性试验来确定。滤油器的纳垢容量越大，使用寿命越长，所以它是反映滤油器寿命的重要指标。一般来说，滤芯尺寸越大，即过滤面积越大，纳垢容量就越大。增大过滤面积，可以使纳垢容量至少成比例地增加。

三、选用和应用

1. 选用

滤油器按其过滤精度（滤去杂质的颗粒大小）的不同，有粗过滤器、普通过滤器、精

密过滤器和特精过滤器四种，它们分别能滤去大于 100 μm、10 ~ 100 μm、5 ~ 10 μm 和 1 ~ 5 μm大小的杂质。

选用滤油器时，要考虑下列几点：

（1）过滤精度应满足预定要求。

（2）能在较长时间内保持足够的通流能力。

（3）滤芯具有足够的强度，不因液压的作用而损坏。

（4）滤芯抗腐蚀性能好，能在规定的温度下持久地工作。

（5）滤芯清洗或更换简便。

因此，滤油器应根据液压系统的技术要求，按过滤精度、通流能力、工作压力、油液黏度、工作温度等条件选定其型号。

2. 安装

滤油器在液压系统中的安装位置通常有以下几种：

（1）要装在泵的吸油口处 ［见图6-4（a）］，泵的吸油路上一般都安装有表面型滤油器，目的是滤去较大的杂质微粒以保护液压泵，此外滤油器的过滤能力应为泵流量的 2 倍以上，压力损失小于 0.02 MPa。

（2）安装在压力油路上 ［见图6-4（b）］，精滤油器可用来滤除可能侵入阀类等元件的污染物。其过滤精度应为 10 ~ 15 μm，且能承受油路上的工作压力和冲击压力，压力降应小于 0.35 MPa。同时应安装安全阀以防滤油器堵塞。

（3）安装在系统的回油路上 ［见图6-4（c）］，这种安装起间接过滤作用。一般与过滤器并联安装一背压阀，当过滤器堵塞达到一定压力值时，背压阀打开。

（4）安装在系统分支油路上 ［见图6-4（d）］。

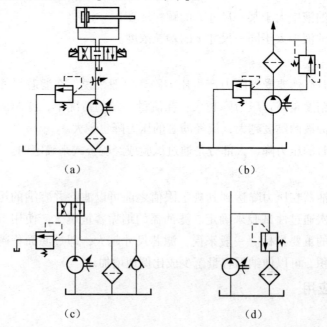

（a）   （b）

（c）   （d）

图6-4 过滤器的安装位置

（5）单独过滤系统。大型液压系统可专设一液压泵和滤油器组成独立过滤回路。

液压系统中除了整个系统所需的滤油器外，还常常在一些重要元件（例如伺服阀、精密节流阀等）的前面单独安装一个专用的精滤油器来确保它们的正常工作。

第四节　密　封　装　置

油液的泄漏以及外部空气及泥水的侵入会影响液压泵的工作性能和液压执行元件运动的平稳性（爬行），使系统容积效率过低，甚至工作压力达不到要求值。因此，液压系统对密封的技术要求很高。不过密封过度，虽可防止泄漏，但会造成密封部分的剧烈磨损，缩短密封件的使用寿命，增大液压元件内的运动摩擦阻力，降低系统的机械效率，因而合理地选用和设计密封装置在液压系统的设计中十分重要。

一、对密封装置的要求

对密封装置的要求如下：

（1）在工作压力和一定的温度范围内，应具有良好的密封性能，并随着压力的增加能自动提高密封性能。

（2）密封装置和运动件之间的摩擦力要小，摩擦系数要稳定。

（3）抗腐蚀能力强，不易老化，工作寿命长，耐磨性好，磨损后在一定程度上能自动补偿。

（4）结构简单，使用、维护方便，价格低廉。

二、密封装置的类型和特点

密封按其工作原理可分为非接触式密封和接触式密封。前者主要指间隙密封，后者指密封件密封。

1. 间隙密封

间隙密封是靠相对运动件配合面之间的微小间隙来进行密封的，常用于柱塞、活塞或阀的圆柱配合副中，一般在阀芯的外表面开有几条等距离的均压槽，它的主要作用是使径向压力分布均匀，减少液压卡紧力，同时使阀芯在孔中对中性好，以减小间隙的方法来减少泄漏。同时槽所形成的阻力，对减少泄漏也有一定的作用。均压槽一般宽 0.3~0.5 mm，深为 0.5~1.0 mm。圆柱面配合间隙与直径大小有关，对于阀芯与阀孔一般取 0.005~0.017 mm。

这种密封的优点是摩擦力小，缺点是磨损后不能自动补偿，主要用于直径较小的圆柱面之间，例如液压泵内的柱塞与缸体之间，滑阀的阀芯与阀孔之间的配合。

2. O 形密封圈

O 形密封圈一般用耐油橡胶制成，其横截面呈圆形，它具有良好的密封性能，内外侧和端面都能起密封作用，结构紧凑，运动件的摩擦阻力小，制造容易，装拆方便，成本低，且高低压均可以用，所以在液压系统中得到广泛的应用。

O 形密封圈的安装沟槽，除矩形外，也有 V 形、燕尾形、半圆形、三角形等，实际应用中可查阅有关手册及国家标准。

3. 唇形密封圈

唇形密封圈根据截面的形状可分为 Y 形、V 形、U 形、L 形等。其工作原理如图 6-5 所示。液压力将密封圈的两唇边 h_1 压向形成间隙的两个零件的表面。这种密封作用的特点是能随着工作压力的变化自动调整密封性能，压力越高则唇边被压得越紧，密封性越好；当压力降低时唇边压紧程度也随之降低，从而减少了摩擦阻力和功率消耗，除此之外，还能自动补偿唇边的磨损，保持密封性能不降低。

目前，液压缸中普遍使用如图 6-6 所示的小 Y 形密封圈作为活塞和活塞杆的密封。图 6-6（a）所示为轴用密封圈，图 6-6（b）所示为孔用密封圈。这种小 Y 形密封圈的特点是断面宽度和高度的比值大，增加了底部支承宽度，可以避免因摩擦力造成的密封圈的翻转和扭曲。

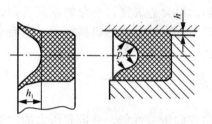

图 6-5　唇形密封圈的工作原理

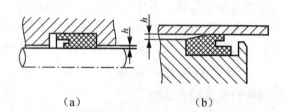

（a）　　　　　　　　（b）

图 6-6　小 Y 形密封圈

在高压和超高压情况下（压力大于 32 MPa）V 形密封圈也有应用，V 形密封圈的形状如图 6-7 所示，它由多层涂胶织物压制而成，通常由压环、密封环和支承环三个圈叠在一起使用，此时已能保证良好的密封性，当压力更高时，可以增加中间密封环的数量，这种密封圈在安装时要预压紧，所以摩擦阻力较大。

唇形密封圈安装时应使其唇边开口面对压力油，使两唇张开，分别贴紧在机件的表面上。

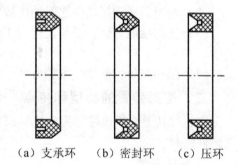

（a）支承环　（b）密封环　（c）压环

图 6-7　V 形密封圈

4. 组合式密封装置

随着液压技术的应用日益广泛，系统对密封的要求越来越高，普通的密封圈单独使用已不能很好地满足密封性能，特别是使用寿命和可靠性方面的要求，因此，研究和开发了由包括密封圈在内的两个以上元件组成的组合式密封装置。

图 6-8（a）所示的为 O 形密封圈与截面为矩形的聚四氟乙烯塑料滑环组成的组合密封装置。其中，滑环 2 紧贴密封面，O 形圈 1 为滑环提供弹性预压力，在介质压力等于零时构成密封，由于密封间隙靠滑环，而不是 O 形圈，因此摩擦阻力小而且稳定，可以用于40 MPa的高压；往复运动密封时，速度可达 15 m/s；往复摆动与螺旋运动密封时，速度可达 5 m/s。矩形滑环组合密封的缺点是抗侧倾能力稍差，在高低压交变的场合下工作容易漏油。图 6-8（b）所示为由支撑环 2 和 O 形圈 1 组成的轴用组合密封，由于支撑环与被密封件 3 之间为线密封，其工作原理类似唇边密封。支持环采用一种经特别处理的化合物，具有极佳的耐磨性、低摩擦和保形性，不存在橡胶密封低速时易产生的爬行现象。工作压力可达 80 MPa。

组合式密封装置由于充分发挥了橡胶密封圈和滑环（支撑环）的长处，因此不仅工作可靠，摩擦力低而稳定，而且使用寿命比普通橡胶密封提高近百倍，在工程上的应用日益广泛。

5. 回转轴的密封装置

回转轴的密封装置形式很多，图 6-9 所示是一种耐油橡胶制成的回转轴用密封圈，它的内部有直角形圆环铁骨架支撑着，密封圈的内边围着一条螺旋弹簧，把内边收紧在轴上来进行密封。这种密封圈主要用作液压泵、液压马达和回转式液压缸的伸出轴的密封，以防止油液漏到壳体外部，它的工作压力一般不超过 0.1 MPa，最大允许线速度为 4 ~ 8 m/s，须在有润滑情况下工作。

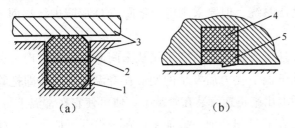

图 6-8　组合式密封装置　　　　　图 6-9　回转轴用密封圈
1、4—O 形圈；2、5—支撑；3—被密封件

第五节　其他辅助元件

管道元件包括管道和管接头。液压系统中的泄漏问题大部分都出现在管系中的接头上，为此对管材的选用，接头形式的确定（例如接头设计、垫圈、密封、箍套、防漏涂料的选用等），管系的设计（例如弯管设计、管道支承点和支承形式的选取等）以及管道的安装（例如正确的运输、储存、清洗、组装等）都要审慎从事，以免影响整个液压系统的使用质量。

一、油管

液压系统中使用的油管种类很多，有钢管、铜管、尼龙管、塑料管、橡胶管等，须按照安装位置、工作环境和工作压力来正确选用。油管的特点及其适用范围如表 6-4 所示。

表6-4　液压系统中使用的油管

种类		特点和适用场
硬管	钢管	能承受高压，价格低廉，耐油，抗腐蚀，刚性好，但装配时不能任意弯曲；常在装拆方便处用作压力管道，中、高压用无缝管，低压用焊接管
	紫铜管	易弯曲成各种形状，但承压能力一般不超过 6.5 ~ 10 MPa，抗振能力较弱，又易使油液氧化；通常用在液压装置内配接不便之处
软管	尼龙管	乳白色半透明，加热后可以随意弯曲成形或扩口，冷却后又能定形不变，承压能力 2.5 ~ 8 MPa，因材质而异
	塑料管	质轻耐油，价格便宜，装配方便，但承压能力低，长期使用会变质老化，只宜用作压力低于 0.5 MPa 的回油管、泄油管等
	橡胶管	高压管由耐油橡胶夹几层钢丝编织网制成，钢丝网层数越多，耐压越高，价格昂贵，用作中、高压系统中两个相对运动件之间的压力管道低压管，由耐油橡胶夹帆布制成，可用作回油管道

二、管接头

管接头是油管与油管、油管与液压件之间的可拆装连接件，它必须具有装拆方便、连接牢固、密封可靠、外形尺寸小、通流能力大、压力损失小、工艺性好等特点。

管接头的种类很多，其规格品种可查阅有关手册。管路旋入端用的连接螺纹采用国家标准米制锥螺纹（ZM）和普通细牙螺纹（M）。

锥螺纹依靠自身的锥体旋紧和采用聚四氟乙烯等进行密封，广泛用于中、低压液压系统；细牙螺纹密封性好，常用于高压系统，但要采用组合垫圈或 O 形圈进行端面密封，有时也可用紫铜垫圈。

国外对管子材质、接头形式和连接方法上的研究工作从未间断。最近出现一种用特殊的镍钛合金制造的管接头，它能使低温下受力后发生的变形在升温时消除，即把管接头放入液氮中用芯棒扩大其内径，然后取出来迅速套装在管端上，便可使它在常温下得到牢固、紧密的结合。这种热缩式的连接已在航空和其他一些加工行业中得到了应用，它能保证在 40～55 MPa 的工作压力下不出现泄漏。这是一个十分值得注意的动向。

三、热交换器

液压系统的工作温度一般希望保持在 30～50 ℃ 的范围之内，最高不超过 65 ℃，最低不低于 15 ℃。液压系统如依靠自然冷却仍不能使油温控制在上述范围内时，就须安装冷却器；反之，如环境温度太低无法使液压泵启动或正常运转时，就须安装加热器。

1. 冷却器

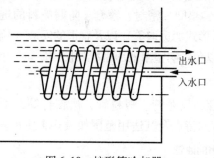

图 6-10　蛇形管冷却器

液压系统中的冷却器，最简单的是蛇形管冷却器，如图 6-10 所示，它直接装在油箱内，冷却水从蛇形管内部通过，带走油液中热量。这种冷却器结构简单，但冷却效率低，耗水量大。

液压系统中用得较多的冷却器是强制对流式多管冷却器，如图 6-11 所示。油液从进油口 5 流入，从出油口 3 流出；冷却水从进水口 7 流入，通过多根水管后由出水口 1 流出。油液在水管外部流动时，它的行进路线因冷却器内设置了隔板而加长，因而增加了热交换效果。近来出现一种翅片管式冷却器，水管外面增加了许多横向或纵向的散热翅片，大大扩大了散热面积和热交换效果。图 6-12 所示为翅片管式冷却器的一种形式，它是在圆管或椭圆管外嵌套上许多径向翅片，其散热面积可达光滑管的 8～10 倍。椭圆管的散热效果一般比圆管更好。

液压系统亦可以用汽车上的风冷式散热器来进行冷却。这种用风扇鼓风带走流入散热器内油液热量的装置不需另设通水管路，结构简单，价格低廉，但冷却效果较水冷式差。

冷却器一般应安放在回油管或低压管路上。例如溢流阀的出口，系统的主回流路上或单独的冷却系统。

冷却器所造成的压力损失一般为 0.01～0.1 MPa。

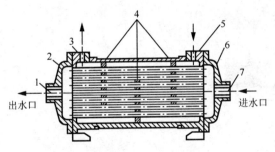

图 6-11　多管式冷却器

1—出水口；2—端盖；3—出油口；4—隔板；

5—进油口；6—端盖；7—进水口

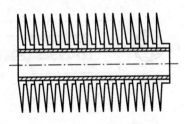

图 6-12　翅片管式冷却器

2. 加热器

液压系统的加热一般常采用结构简单、能按需要自动调节最高和最低温度的电加热器。这种加热器的安装方式是用法兰盘横装在箱壁上，发热部分全部浸在油液内。加热器应安装在箱内油液流动处，以有利于热量的交换。由于油液是热的不良导体，单个加热器的功率容量不能太大，以免其周围油液过度受热后发生变质现象。

小　结

1. 油箱的功用、结构、容积及设计注意事项。
2. 蓄能器的类型、特点、容量计算及使用安装。
3. 滤油器的功用、类型及主要参数、选用及应用。
4. 油管、管接头、热交换器的类型、功用、工作原理。

复习思考题

一、选择题

过滤器的作用是（　　）。

 A. 储油、散热　　　B. 连接液压管路　　　C. 保护液压元件　　　D. 指示系统压力

二、简答题

1. 液压辅助装置的功用是什么？
2. 蓄能器有哪些类型？有什么用途？
3. 油箱在液压系统中起什么作用？在其结构设计中应注意哪些问题？
4. 滤油器安装在系统的什么位置上？它的安装特点是什么？
5. 过滤器有哪几种类型？它们的效果如何？一般应安装在什么位置？

1. 了解液压基本回路的类型、工作原理及作用。
2. 掌握压力控制回路、流量（或速度）控制回路、方向控制回路的作用及原理。

任何复杂的液压系统都是由简单的基本回路所组成的。所有液压基本回路的作用就是控制介质的压力、控制流量的大小、控制执行元件的运动方向。所以基本回路可以按照这三个方面而分成三大类：压力控制回路、流量（或速度）控制回路、方向控制回路。

第一节　方向控制回路

在液压系统中，利用方向阀控制油液流通、切断和换向，从而控制执行元件的启动、停止及改变执行元件运动方向的回路，称为方向控制回路。方向控制回路包括换向回路和锁紧回路。

一、换向回路

运动部件的换向，一般可采用各种换向阀来实现。在容积调速的闭式回路中，也可以利用双向变量泵控制油流的方向来实现液压缸（或液压马达）的换向。

1. 用换向阀进行换向

图 7-1 所示为手动转阀（先导阀）控制液动换向阀的换向回路。回路中用辅助泵 2 提供低压控制油，通过手动先导阀 3（三位四通转阀）控制液动换向阀 4 的阀芯移动，实现主油路的换向。当转阀 3 在右位时，控制油进入液动阀 4 的左端，右端的油液经转阀回油箱，使液动换向阀 4 左位接入工件，活塞下移。当转阀 3 切换至左位时，即控制油使液动换向阀 4 换向，活塞向上退回。当转阀 3 中位时，液动换向阀 4 两端的控制油通油箱，在弹簧力的作用下，其阀芯回复到中位、主泵 1 卸荷。这种换向回路，常用于大型压机上。

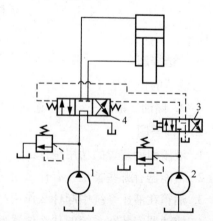

图 7-1　先导阀控制液动换向阀的换向回路

在液动换向阀的换向回路或电液动换向阀的换向回路中，控制油液除了用辅助泵供给外，在一般的系统中也可以把控制油路直接接入主油路。但是，当主阀采用 M 型或 H 型中位机能时，必须在回路中设置背压阀，保证控制油液有一定的压力，以控制换向阀阀芯的移动。

在机床夹具、油压机和起重机等无须自动换向的场合，常常采用手动换向阀来进行换向。

2. 双向变量泵换向回路

在容积调速回路中，常常利用双向变量泵直接改变输油方向，以实现液压缸或液压马达的换向，如图 7-2 所示。这种换向回路比普通换向阀换向平稳，多用于大功率的液压系统中，例如龙门刨床、拉床等液压系统。

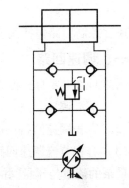

二、锁紧回路

为了使工作部件能在任意位置上停留，以及在停止工作时，防止在受力的情况下发生移动，可以采用锁紧回路。

采用 O 型或 M 型机能的三位换向阀，当阀芯处于中位时，

图 7-2　双向变量泵换向回路

液压缸的进、出口都被封闭，可以将活塞锁紧，这种锁紧回路由于受到滑阀泄漏的影响，锁紧效果较差。图 7-3 所示为采用 O 型换向阀的锁紧回路。这种采用 O、M 型换向阀的锁紧回路，由于滑阀式换向阀不可避免地存在泄漏，密封性能较差，锁紧效果差，因此只适用于短时间的锁紧或锁紧程度要求不高的场合。

图 7-4 所示是采用液控单向阀的锁紧回路。其作用是使液压缸能在任意位置停留，且停留后不会在外力作用下移动位置。此回路由泵、溢流阀、34D（三位四通电磁换向阀）、液控单向阀、缸及液控单向阀（又称双向液压锁）组成的锁紧回路。在这个回路中，由于液控单向阀的阀座一般为锥阀式结构，所以密封性好，泄漏极少，锁紧的精度主要取决于液压缸的泄漏。这种回路被广泛用于工程机械、起重运输机械等有锁紧要求的场合。

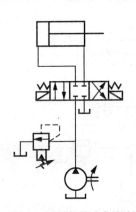

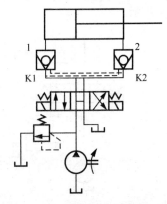

图 7-3　采用 O 型机能换向阀的锁紧回路　　　图 7-4　采用液控单向阀的锁紧回路

在液压缸的进、回油路中都串接液控单向阀（又称液压锁），活塞可以在行程的任何位置锁紧。其锁紧精度只受液压缸内少量的内泄漏影响，因此，锁紧精度较高。采用液控单向阀的锁紧回路，换向阀的中位机能应使液控单向阀的控制油液卸压（换向阀采用 H 型或

Y 型)，此时，液控单向阀便立即关闭，活塞停止运动。假如采用 O 型机能，在换向阀中位时，由于液控单向阀的控制腔压力油被闭死而不能使其立即关闭，直至由换向阀的内泄漏使控制腔泄压后，液控单向阀才能关闭，影响其锁紧精度。

第二节 速度控制回路

速度控制回路包括调速回路、快速运动回路和速度换接回路三类。

一、调速回路

调速回路主要有三种方式：

（1）节流调速回路：由定量泵供油，用流量阀调节进入执行元件的流量来实现调速。

（2）容积调速回路：用调节变量泵或变量马达的排量来调速。

（3）容积节流调速回路：用限压变量泵供油，由流量阀调节进入执行机构的流量，并使变量泵的流量与流量阀的调节流量相适应来实现调速。此外，还可采用几个定量泵并联，按不同速度需要，用启动一个泵或几个泵供油来实现分级调速。

（一）节流调速回路

节流调速回路是用调节流量阀的通流截面积的大小来改变进入执行机构的流量，以调节其运动速度。按流量阀相对于执行机构的安装位置不同，又可分为进油节流、回油节流和旁油节流三种调速回路。

进油节流与回油节流调速回路这两种回路又称定压式节流调速回路，是由节流阀、定量泵、溢流阀和执行机构等组成。其回路工作压力（即泵的输出压力）p_P 由溢流阀调定后，基本不变。回路中进入液压缸的流量由节流阀调节，定量泵输出的多余油液经溢流阀流回油箱，溢流阀必须处于工作状态，是这种调速回路正常工作的必要条件。

（1）进油节流调速回路。进油调速回路是将节流阀串联在执行机构的进油路上，其调速原理如图 7-5 所示。

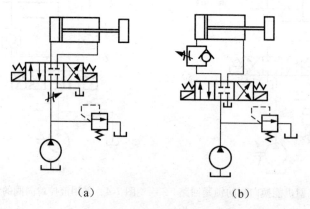

（a）　　　　　　　　　　　（b）

图 7-5　进油节流调速回路

系统用定量泵供油，流量恒定，调节节流阀的开口大小就可改变进入油缸中油量，从而改变活塞的运动速度 $v = q/A$。

根据流量控制阀和换向阀在回路中的位置不同，又可将它分为单向和双向调速两种情况。图 7-5（a）所示为双向进油调速，图 7-5（b）所示为单向进油调速。

进油节流调速回路的优点：液压缸回油腔和回油管中压力较低，如采用单出杆活塞液压缸，使油液进入无杆腔中，其有效工作面积较大，可以得到较大的推力和较低的运动速度，这种回路只能用于阻力负载，多用于要求冲击小、负载变动小的液压系统中。

（2）回油节流调速回路。回油节流调速回路将节流阀安装在执行元件（液压缸）的回油路上，其调速原理如图 7-6 所示。

系统用定量泵供油，调节节流阀的开口面积便可改变进入液压缸输出的流量，从而改变执行元件的运动速度。同进油节流调速一样，也可以将它分为单向和双向调速两种情况，图 7-6（a）所示为双向回油调速，图 7-6（b）所示为单向回油调速。

节流阀安装在液压缸与油箱之间，液压缸回油腔具有背压，相对进油调速而言，运动比较平稳，回油节流调速可获得最小稳定速度。

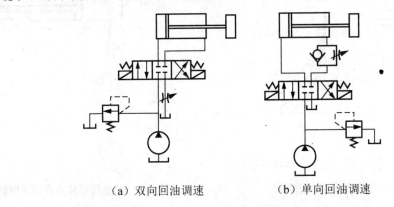

（a）双向回油调速　　　　　（b）单向回油调速

图 7-6　回油节流调速回路

这种回路由于存在背压适用于具有超越负载的工况，一般应用于功率不大，有负值负载和负载变化较大的情况下；或者要求运动平稳性较高的液压系统中，例如铣床、钻床、平面磨床、轴承磨床和进行精密镗削的组合机床。

从停车后启动冲击小和便于实现压力控制的方便性而言，进口节流调速比出口节流调速更方便，又由于出口节流调速在轻载工作时，背压力很大，而影响密封，加大泄漏。故实际应用中普遍采用进油节流调速，并在回油路上加一背压阀以提高运动的平稳性。

（3）旁路节流调速回路。这种回路由定量泵、安全阀、液压缸和节流阀组成，节流阀安装在与液压缸并联的旁油路上，其调速原理如图 7-7 所示。

定量泵输出的流量 q_B，一部分（q_1）进入液压缸，一部分（q_2）通过节流阀流回油箱。溢流阀在这里起安全作用，回路正常工作时，溢流阀不打开，当供油压力超过正常工作压力时，溢流阀才打开，以防过载。溢流阀的调节压力应大于回路正常工作压力，在这种回路中，缸的进油压力 p_1 等于泵的供油压力 p_B，它随负载变化而变化，溢流阀的调节压力一般为缸克服最大负载所需的工作压力的 $p_{1\,max}$ 的 1.1～1.3 倍。

（4）采用调速阀的节流调速回路。前面介绍的三种基本回路其速度的稳定性均随负载的变化而变化，对于一些负载变化较大，对速度稳定性要求较高的液压系统，可采用调速阀来改善其速度负载特性。在此回路中，调速阀上的压差 Δp 包括两部分：节流口的压差和定差输出减压口上的压差。所以调速阀的调节压差比采用节流阀时要大，一般 $\Delta p \geqslant 5 \times 10^5 \text{Pa}$，高压调速阀则达 $10 \times 10^5 \text{Pa}$。这样泵的供油压力 p_B 相应地比采用节流阀时也要调得高些，故其功率损失也要大些。

采用调速阀也可按其安装位置不同，分为进油节流、回油节流、旁路节流三种基本调速回路。

图 7-8 所示为调速阀进油调速回路。其工作原理与采用节流的进油节流阀调速回路相似。在这里当负载 F 变化而使 p_1 变化时，由于调速阀中的定差输出减压阀的调节作用，使调速阀中的节流阀的前后压差 Δp 保持不变，从而使流经调速阀的流量 q_1 不变，所以活塞的运动速度 v 也不变。

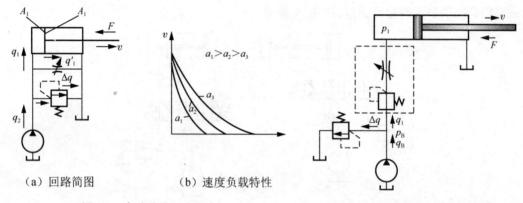

（a）回路简图　　　　（b）速度负载特性

图 7-7　旁路节流调速回路　　　　图 7-8　调速阀进油节流调速回路

图 7-9（a）所示为单调速阀桥式双向节流调速回路，图示液压缸向右时为进油节流调速，向左时为回油节流调速。图 7-9（b）所示为用不同流量控制阀对液压缸的左、右行程分别进行进/回油路调速控制，可以根据不同的要求分别调节相应的调速阀实现对左、右行程速度的调节。

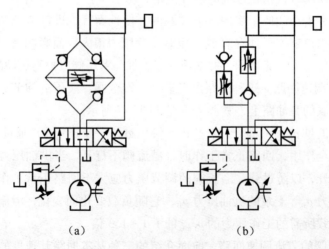

（a）　　　　（b）

图 7-9　双向节流调速回路

综上所述，采用调速阀的节流调速回路的低速稳定性、回路刚度、调速范围等，要比采用节流阀的节流调速回路都好，所以它在机床液压系统中获得广泛的应用。

（二）容积调速回路

节流调速回路效率低、发热大，只适用于小功率系统。容积调速回路是通过改变回路中液压泵或液压马达的排量来实现调速的。其主要优点是功率损失小（没有溢流损失和节流损失），且其工作压力随负载变化，所以效率高、油的温度低，适用于高速、大功率系统。

按油路循环方式不同，容积调速回路有开式回路和闭式回路两种。开式回路如图 7-10（a）中泵从油箱吸油，执行机构的回油直接回到油箱，油箱容积大，油液能得到较充分冷却，但空气和脏物易进入回路。闭式回路如图 7-10（b）所示，液压泵将油输出进入执行机构的进油腔，又从执行机构的回油腔吸油。闭式回路结构紧凑，只需很小的补油箱，但冷却条件差。为了补偿工作中油液的泄漏，一般设补油泵，补油泵的流量为主泵流量的 10% ~ 15%。压力调节为 $3 \times 10^5 \sim 10 \times 10^5$ Pa。容积调速回路通常有三种基本形式：变量泵和定量液动机的容积调速回路；定量泵和变量马达的容积调速回路；变量泵和变量马达的容积调速回路。

1. 变量泵和定量执行元件的容积调速回路

这种调速回路可由变量泵与液压缸或变量泵与定量液压马达组成。其回路原理图如图 7-10 所示，图 7-10（a）所示为变量泵与液压缸所组成的开式容积调速回路；图 7-10（b）所示为变量泵与定量液压马达组成的闭式容积调速回路。图 7-10（c）所示为闭式回路的特性曲线。

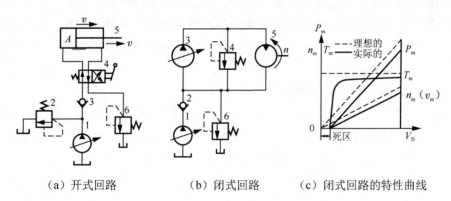

（a）开式回路　　　（b）闭式回路　　　（c）闭式回路的特性曲线

图 7-10　变量泵定量液动机容积调速回路

图 7-10（a）中活塞 5 的运动速度 v 由变量泵 1 调节，2 为安全阀，4 为换向阀，6 为背压阀。图 7-10（b）所示为采用变量泵 3 来调节液压马达 5 的转速，安全阀 4 用以防止过载，低压辅助泵 1 用以补油，其补油压力由低压溢流阀 6 来调节。

容积调速回路主要工作特性如下：

（1）速度特性。当不考虑回路的容积效率时，执行机构的转速 n_m 或速度 v_m 与变量泵的排量 V_B 的关系为：

$$n_m = n_B V_B / v_m \qquad (7\text{-}1a)$$

或

$$v_m = n_B V_B / A \qquad (7\text{-}1b)$$

式（7-1a）和式（7-1b）表明：因马达的排量 V_m 和缸的有效工作面积 A 是不变的，当变量泵的转速 n_B 不变，则马达的转速 n_m（或活塞的运动速度）与变量泵的排量成正比，是一条通过坐标原点的直线，如图 7-10（c）中虚线所示。实际上回路的泄漏是不可避免的，在一定负载下，需要一定流量才能启动和带动负载。所以其实际的 n_m（或 v_m）与 V_B 的关系如实线所示。这种回路在低速下承载能力差，速度不稳定。

（2）转矩特性、功率特性。当不考虑回路的损失时，液压马达的输出转矩 T_m（或缸的输出推力 F）为 $T_m = V_m \Delta p / 2\pi$ 或 $F = A(p_B - p_0)$。它表明当泵的输出压力 p_B 和吸油路（也即马达或缸的排油）压力 p_0 不变时，马达的输出转矩 T_m 或缸的输出推力 F 理论上是恒定的，与变量泵的 V_B 无关。但实际上由于泄漏和机械摩擦等的影响，也存在一个死区，如图 7-10（c）所示。

此回路中执行机构的输出功率：

$$P_m = (p_B - p_0)q_B = (p_B - p_0)n_B V_B \qquad (7\text{-}2a)$$

或

$$P_m = n_m T_m = V_B n_B T_m / V_m \qquad (7\text{-}2b)$$

由式（7-2）可知：马达或缸的输出功率 P_m 随变量泵的排量 V_B 的增减而线性地增减。其理论与实际的功率特性如图 7-10（c）所示。

（3）调速范围。这种回路的调速范围，主要决定于变量泵的变量范围，其次是受回路的泄漏和负载的影响。采用变量叶片泵可达 10，变量柱塞泵可达 20。

综上所述，变量泵和定量液动机所组成的容积调速回路为恒转矩输出，可正反向实现无级调速，调速范围较大。适用于调速范围较大，要求恒扭矩输出的场合，如大型机床的主运动或进给系统中。

2. 定量泵和变量马达容积调速回路

定量泵与变量马达容积调速回路如图 7-11 所示。图 7-11（a）为开式回路，由定量泵 1、变量马达 2、安全阀 3、换向阀 4 组成；图 7-11（b）为闭式回路，1、2 为定量泵和变量马达，3 为安全阀，4 为低压溢流阀，5 为补油泵。

此回路是由调节变量马达的排量 V_m 来实现调速。

（1）速度特性

在不考虑回路泄漏时，液压马达的转速 n_m 为

$$n_m = q_B / V_m \qquad (7\text{-}3)$$

式中 q_B——定量泵的输出流量。

由此可见变量马达的转速 n_m 与其排量 V_m 成正比，当排量 V_m 最小时，马达的转速 n_m 最高。其理论与实际的特性曲线如图 7-10（c）中虚、实线所示。

由上述分析和调速特性可知：此种用调节变量马达的排量的调速回路，如果用变量马达来换向，在换向的瞬间要经过"高转速—零转速—反向高转速"的突变过程，所以，不

宜用变量马达来实现平稳换向。

（2）转矩与功率特性：

液压马达的输出转矩：

$$T_m = V_m(p_B - p_0)/2\pi \qquad (7-4)$$

液压马达的输出功率：

$$P_m = n_m T_m = q_B(p_B - p_0) \qquad (7-5)$$

由式（7-4）和式（7-5）可知，马达的输出转矩 T_m 与其排量 V_m 成正比；而马达的输出功率 P_m 与其排量 V_m 无关，若进油压力 p_B 与回油压力 p_0 不变时，$P_m = C$，故此种回路属恒功率调速。其转矩特性和功率特性如图7-11（c）所示。

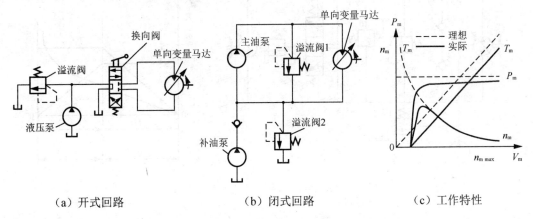

（a）开式回路　　　　　　（b）闭式回路　　　　　（c）工作特性

图7-11　定量泵变量马达容积调速回路

综上所述，定量泵变量马达容积调速回路，由于不能用改变马达的排量来实现平稳换向，调速范围比较小（一般为3~4），因而较少单独应用。

3. 变量泵和变量马达的容积调速回路

这种调速回路是上述两种调速回路的组合，其调速特性也具有两者之特点。

图7-12所示为其工作原理与调速特性，由双向变量泵2和双向变量马达9等组成闭式容积调速回路。

该回路的工作原理：调节变量泵2的排量 V_B 和变量马达9的排量 V_m，都可调节马达的转速 n_m；补油泵1通过单向阀3和4向低压腔补油，其补油压力由溢流阀10来调节；安全阀5和6分别用以防止正、反两个方向的高压过载。液控换向阀7和溢流阀8用于改善回路工作性能，当高、低压油路压差（$p_B - p_0$）大于一定值时，液动滑阀7处于上位或下位，使低压油路与溢流阀8接通，部分低压热油经7、8流回油箱。因此溢流阀8的调节压力应比溢流阀10的调节压力低些。为合理地利用变量泵和变量马达调速中各自的优点，克服其缺点，在实际应用时，一般采用分段调速的方法。

第一阶段将变量马达的排量 V_m 调到最大值并使之恒定，然后调节变量泵的排量 V_B 从最小逐渐加大到最大值，则马达的转速 n_m 便从最小逐渐升高到相应的最大值（变量马达的输出转矩 T_m 不变，输出功率 P_m 逐渐加大）。这一阶段相当于变量泵定量马达的容积调速回路。

第二阶段将已调到最大值的变量泵的排量 V_B 固定不变，然后调节变量马达的排量 V_m，使之从最大逐渐调到最小，此时马达的转速 n_m 便进一步逐渐升高到最高值（在此阶段中，马达的输出转矩 T_m 逐渐减小，而输出功率 P_m 不变）。这一阶段相当于定量泵变量马达的容积调速回路。

上述分段调速的特性曲线如图 7-12（b）所示。

这样，就可使马达的换向平稳，且第一阶段为恒转矩调速，第二阶段为恒功率调速。这种容积调速回路的调速范围是变量泵调节范围和变量马达调节范围之乘积，所以其调速范围大（可达100），并且有较高的效率，它适用于大功率的场合，例如矿山机械、起重机械以及大型机床的主运动液压系统。

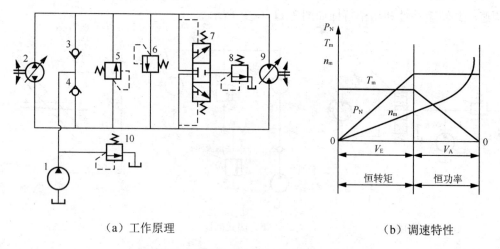

（a）工作原理 （b）调速特性

图 7-12　变量泵变量马达的容积调速回路

1—补油泵；2—变量泵；3、4—单向阀；7—换向阀；5、6、8、10—溢流阀；9—双向变量马达

（三）容积节流调速回路

容积节流调速回路的基本工作原理是采用压力补偿式变量泵供油、调速阀（或节流阀）调节进入液压缸的流量并使泵的输出流量自动地与液压缸所需流量相适应。

常用的容积节流调速回路：限压式变量泵与调速阀等组成的容积节流调速回路；变压式变量泵与节流阀等组成的容积调速回路。

图 7-13 所示为限压式变量泵与调速阀组成的调速回路工作原理和工作特性图。液压缸 4 活塞快速向右运动，变量泵 1 按快速运动要求调节其输出流量 q_{max}，同时调节限压式变量泵的压力调节螺钉，使泵的限定压力 p_C 大于快速运动所需压力 [见图 7-13（b）中 AB 段]。当换向阀 3 通电，泵输出的压力油经调速阀 2 进入液压缸 4，其回油经背压阀 5 回油箱。调节调速阀 2 的流量 q_1 就可调节活塞的运动速度 v，由于 $q_1 < q_B$，压力油迫使泵的出口与调速阀进口之间的油压憋高，即泵的供油压力升高，泵的流量便自动减小到 $q_B \approx q_1$ 为止。

这种调速回路的运动稳定性、速度负载特性、承载能力和调速范围均与采用调速阀的节流调速回路相同。图 7-13（b）所示为其调速特性，由此可知，此回路只有节流损失而无溢流损失。

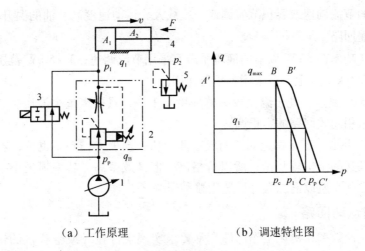

（a）工作原理　　　　　（b）调速特性图

图 7-13　限压式变量泵调速阀容积节流调速回路

1—变量泵；2—调速阀；3—换向阀；4—液压缸；5—溢流阀

综上所述，限压式变量泵与调速阀等组成的容积节流调速回路，具有效率较高、调速较稳定、结构较简单等优点。目前已广泛应用于负载变化不大的中、小功率组合机床的液压系统中。

（四）调速回路的比较和选用

1. 调速回路的比较

调速回路的比较如表 7-1 所示。

表 7-1　调速回路的比较

回路类\主要性能		节流调速回路				容积调速回路	容积节流调速回路	
		用节流阀		用调速阀			限压式	稳流式
		进回油	旁路	进回油	旁路			
机械特性	速度稳定性	较差	差	好		较好	好	
	承载能力	较好	较差	好		较好	好	
调速范围		较大	小	较大		大	较大	
功率特性	效率	低	较高	低	较高	最高	较高	高
	发热	大	较小	大	较小	最小	较小	小
适用范围		小功率、轻载的中、低压系统				大功率、重载高速的中、高压系统	中、小功率的中压系统	

2. 调速回路的选用

调速回路的选用主要考虑以下问题：

（1）执行机构的负载性质、运动速度、速度稳定性等要求。负载小，且工作中负载变化也小的系统可采用节流阀节流调速；在工作中负载变化较大且要求低速稳定性好的系统，宜采用调速阀的节流调速或容积节流调速；负载大、运动速度高、油的温升要求小的系统，宜采用容积调速回路。

一般来说，功率在 3 kW 以下的液压系统宜采用节流调速；3 ~ 5 kW 范围宜采用容积节流调速；功率在 5 kW 以上的宜采用容积调速回路。

（2）工作环境要求。处于温度较高的环境下工作，且要求整个液压装置体积小、重量轻的情况，宜采用闭式回路的容积调速。

（3）经济性要求。节流调速回路的成本低，功率损失大，效率也低；容积调速回路因变量泵、变量马达的结构较复杂，所以价格高，但其效率高，功率损失小；而容积节流调速则介于两者之间。所以需综合分析选用哪种回路。

二、快速运动回路

为了提高生产效率，机床工作部件常常要求实现空行程（或空载）的快速运动。这时要求液压系统流量大而压力低。这和工作运动时一般需要的流量较小和压力较高的情况正好相反。对快速运动回路的要求主要是在快速运动时，尽量减小需要液压泵输出的流量，或者在加大液压泵的输出流量后，但在工作运动时又不至于引起过多的能量消耗。以下介绍几种机床上常用的快速运动回路。

1. 差动连接回路

差动连接回路是在不增加液压泵输出流量的情况下，来提高工作部件运动速度的一种快速回路，其实质是改变了液压缸的有效作用面积。

图 7-14 所示是用于快、慢速转换的，其中快速运动采用差动连接的回路。当换向阀 3 左端的电磁铁通电时，阀 3 左位进入系统，液压泵 1 输出的压力油同缸右腔的油经 3 左位、5 下位（此时外控顺序阀 7 关闭）也进入液压缸 4 的左腔，实现了差动连接，使活塞快速向右运动。当快速运动结束，工作部件上的挡铁压下机动换向阀 5 时，泵的压力升高，阀 7 打开，液压缸 4 右腔的回油只能经调速阀 6 流回油箱，这时是工作进给。当换向阀 3 右端的电磁铁通电时，活塞向左快速退回（非差动连接）。采用差动连接的快速回路方法简单，较经济，但快、慢速度的换接不够平稳。必须注意，差动油路的换向阀和油管通道应按差动时的流量选择，不然流动液阻过大，会使液压泵的部分油从溢流阀流回油箱，速度减慢，甚至不起差动作用。

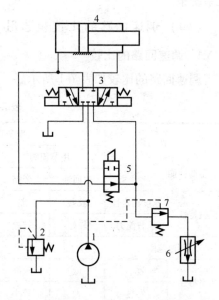

图 7-14　能实现差动连接的工作进给回路

1—液压泵；2—溢流阀；3—换向阀；
4—液压缸；5—二位二通换向阀；
6—调速阀；7—顺序阀

2. 双泵供油的快速运动回路

双泵供油的快速运动回路是利用低压大流量泵和高压小流量泵并联为系统供油，回路如图 7-15 所示。

图 7-15 中为高压小流量泵，用以实现工作进给运动。2 为低压大流量泵，用以实现快速运动。在快速运动时，液压泵 2 输出的油经单向阀 4 和液压泵 1 输出的油共同向系统供油。在工作进给时，系统压力升高，打开液控顺序阀（卸荷阀）3 使液压泵 2 卸荷，此时单向阀 4 关闭，由液压泵 1 单独向系统供油。溢流阀 5 控制液压泵 1 的供油压力是根据系统所需最大工作压力来调节的，而卸荷阀 3 使液压泵 2 在快速运动时供油，在工作进给时则卸荷，因此它的调整压力应比快速运动时系统所需的压力要高，但比溢流阀 5 的调整压力低。

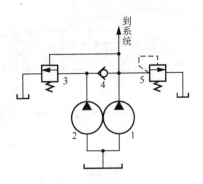

图 7-15　双泵供油回路
1—高压泵；2—低压泵；3—液控顺序阀；
4—单向阀；5—溢流阀

双泵供油回路功率利用合理、效率高，并且速度换接较平稳，在快、慢速度相差较大的机床中应用很广泛，缺点是要用一个双联泵，油路系统也稍复杂。

三、速度换接回路

速度换接回路用来实现运动速度的变换，即在原来设计或调节好的几种运动速度中，从一种速度换成另一种速度。对这种回路的要求是速度换接要平稳，即不允许在速度变换的过程中有前冲（速度突然增加）现象。下面介绍几种回路的换接方法及特点。

1. 快速运动

图 7-16 所示是用单向行程节流阀换接快速运动（简称快进）和工作进给运动（简称工进）的速度换接回路。在图示位置液压缸 3 右腔的回油可经行程阀 4 和换向阀 2 流回油箱，使活塞快速向右运动。当快速运动到达所需位置时，活塞上挡块压下行程阀 4，将其通路关闭，这时液压缸 3 右腔的回油就必须经过节流阀 6 流回油箱，活塞的运动转换为工进。当操纵换向阀 2 使活塞换向后，压力油可经换向阀 2 和单向阀 5 进入液压缸 3 右腔，使活塞快速向左退回。

2. 工作进给运动的换接回路

在这种速度换接回路中，因为行程阀的通油路是由液压缸活塞的行程控制阀芯移动而逐渐关闭的，所以换接时的位置精度高，冲出量小，运动速度的变换也比较平稳。这种回路在机床液压系统中应用较多，它的缺点是行程阀的安装位置受一定限制（要由挡铁压下），所以有时管路连接稍复杂。行程阀也可以用电磁换向阀来代替，这时电磁阀的安装位置不受限制（挡铁只需要压下行程开关），但其换接精度及速度变换的平稳性较差。

图 7-17 所示是利用液压缸本身的管路连接实现的速度换接回路。活塞快速向右移动，液压缸 1 右腔的回油经油路和换向阀流回油箱。当活塞运动到将液压缸 1 的油路封闭后，液压缸右腔的回油须经调速阀 3 流回油箱，活塞则由快速运动变换为工作进给运动。

这种速度换接回路方法简单，换接较可靠，但速度换接的位置不能调整，工作行程也不能过长以免活塞过宽，所以仅适用于工作情况固定的场合。这种回路也常用作活塞运动到达端部时的缓冲制动回路。

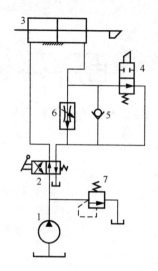
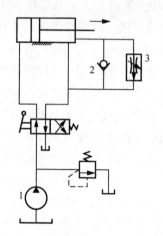

图 7-16 用单向行程节流阀的速度换接回路　图 7-17 利用液压缸自身结构的速度换接回路

1—液压泵；2—换向阀；3—液压缸；4—行程阀　　　　1—液压泵；2—单向阀；3—调速阀

5—单向阀；6—调速阀；7—溢流阀

3. 两种工作进给速度的换接回路

对于某些自动机床、注塑机等，需要在自动工作循环中变换两种以上的工作进给速度，这时需要采用两种（或多种）工作进给速度的换接回路。

图 7-18 所示是两个调速阀串联的速度换接回路。液压泵输出的压力油经调速阀 3 和电磁换向阀 5 进入液压缸，这时的流量由调速阀 3 控制。当需要第二种工作进给速度时，阀 5 通电，其右位接入回路，则液压泵输出的压力油先经调速阀 3，再经调速阀 4 进入液压缸，这时的流量应由调速阀 4 控制，所以这种（两个调速阀串联式）回路中调速阀 4 的节流口应调得比调速阀 3 小，否则调速阀 4 速度换接回路将不起作用。这种回路在工作时调速阀 3 一直工作，它限制着进入液压缸或调速阀 4 的流量，因此在速度换接时不会使液压缸产生前冲现象，换接平稳性较好。在调速阀 4 工作时，油液需经两个调速阀，故能量损失较大。

图 7-19 是两个调速阀并联以实现两种工作进给速度换接的回路。在图 7-19（a）中，液压泵输出的压力油经调速阀 3 和电磁阀 5 进入液压缸。当需要第二种工作进给速度时，电磁阀 5 通电，其右位接入回路，液压泵输出的压力油经调速阀 4 和电磁阀 5 进入液压缸。这种回路中两个调速阀的节流口可以单独调节，互不影响，即第一种工作进给速度和第二种工作进给速度互相间没有什么限制。但一个调速阀工作时，另一个调速阀中没有油液通过，它的减压阀则处于完全打开的位置，在速度换接开始的瞬间不能起减压作用，容易出现部件突然前冲的现象。

图 7-19（b）所示为另一种调速阀并联的速度换接回路。在这个回路中，两个调速阀始终处于工作状态，在由一种工作进给速度转换为另一种工作进给速度时，不会出现工作部件突然前冲现象，因而工作可靠。但是液压系统在工作中总有一定量的油液通过不起调速作用的那个调速阀流回油箱，造成能量损失，使系统发热。

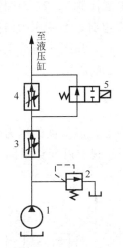

图 7-18 两个调速阀串联的速度换接回路

1—液压泵；2—溢流阀；3、4—调速阀；5—电磁换向阀

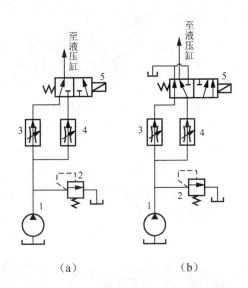

（a） （b）

图 7-19 两个调速阀并联的速度换接回路

1—液压泵；2—溢流阀；3、4—调速阀；5—换向阀

第三节 压力控制回路

液压系统的工作压力取决于负载的大小。执行元件所受到的总负载，即总阻力包括工作负载、执行元件由于自重和机械摩擦所产生的摩擦阻力，以及油液在管路中流动时所产生的沿程阻力和局部阻力等。为使系统保持一定的工作压力，或在一定的压力范围内工作，或能在几种不同压力下工作，就需要调整和控制整个系统的压力。

压力控制回路是用压力阀来控制和调节液压系统主油路或某一支路的压力，以满足执行元件速度换接回路所需的力或力矩的要求。因此，压力控制回路可以相应地分成调（限）压回路、变压回路、卸荷回路和保压回路。

一、调压及限压回路

1. 采用溢流阀的调压回路

如图 7-20（a）所示，通过液压泵 1 和溢流阀 2 的并联连接，即可组成单级调压回路。通过调节溢流阀的压力，可以改变泵的输出压力。当溢流阀的调定压力确定后，液压泵就在溢流阀的调定压力下工作。从而实现了对液压系统进行调压和稳压控制。如果将液压泵 1 改换为变量泵，这时溢流阀将作为安全阀来使用，液压泵的工作压力低于溢流阀的调定压力，这时溢流阀不工作，当系统出现故障，液压泵的工作压力上升时，一旦压力达到溢流阀的调定压力，溢流阀将开启，并将液压泵的工作压力限制在溢流阀的调定压力下，使液压系统不至于因压力过载而受到破坏，从而保护了液压系统。

2. 二级调压回路

图 7-20（b）所示为二级调压回路，该回路可实现两种不同的系统压力控制。由先导型溢流阀 2 和直动式溢流阀 3 各调一级，但要注意：阀 3 的调定压力一定要小于阀 2 的调定压力，否则不能实现。

3. 多级调压回路

图7-20（c）所示为三级调压回路，三级压力分别由溢流阀1、2、3调定，当电磁铁1YA、2YA失电时，系统压力由主溢流阀调定。当1YA得电时，系统压力由阀2调定。当2YA得电时，系统压力由阀3调定。在这种调压回路中，阀2和阀3的调定压力要低于主溢流阀的调定压力，而阀2和阀3的调定压力之间没有一定的关系。当阀2或阀3工作时，阀2或阀3相当于阀1上的另一个先导阀。

多级限压回路的方式很多，主要有以下4种：

（1）同过换向阀换接远程调压阀来控制主溢流阀的压力，能变换的压力级数与远程调压阀的数量相同。如图7-20（c）所示。阀1是主溢流阀，阀1可变化不同的远程调压阀2、3以改变系统的压力。

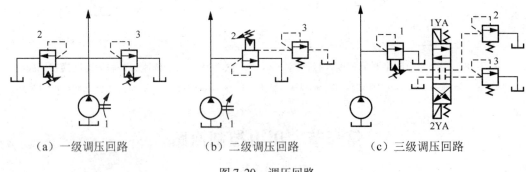

（a）一级调压回路　　　　　（b）二级调压回路　　　　　（c）三级调压回路

图7-20　调压回路

（2）通过换向阀换接不同设定压力的溢流阀，用这种办法可以改变不同的压力系统，压力等级数与溢流阀数量相同。如图7-21（a）所示。溢流阀1及2分别设定不同的压力，换向阀3则换接不同的压力。

（3）通过凸轮改变溢流阀弹簧的压紧力以改变溢流阀的设定压力，如图7-21（b）所示。这种调压方法可实现无级调压。

（4）利用比例阀限压，如图7-21（c）所示，1为主溢流阀，电液比例溢流阀2作先导溢流阀用。系统的压力由输入至电液比例溢流阀电液比例电磁铁的电流而定。压力随电流给定值的增加而升高。这种回路不仅对系统进行远程调压，而且很容易改变系统的工作压力，克服传统液压系统多元件的缺点。3为系统的安全阀。

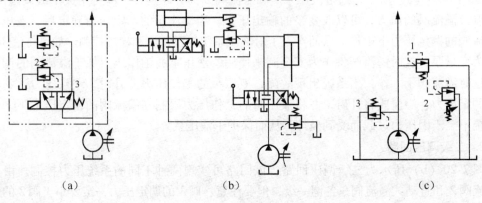

（a）　　　　　　　　　（b）　　　　　　　　　（c）

图7-21　多级限压回路

二、变压回路

当系统中某个执行元件所需的压力与油源压力不同时就需要变压回路来满足要求，变压回路包括减压回路和增压回路两种。

1. 减压回路

当泵的输出压力是高压而局部回路或支路要求低压时，可以采用减压回路，用减压阀使局部系统的压力小于油源压力。如机床液压系统中的定位、夹紧、回路分度以及液压元件的控制油路等，它们往往要求比主油路较低的压力。减压回路较为简单，一般是在所需低压的支路上串接减压阀。采用减压回路虽能方便地获得某支路稳定的低压，但压力油经减压阀口时要产生压力损失，这是它的缺点。

最常见的减压回路为通过定值减压阀与主油路相连，如图7-22（a）所示。回路中的单向阀为主油路压力降低（低于减压阀调整压力）时防止油液倒流，起短时保压作用，减压回路中也可以采用类似两级或多级调压的方法获得两级或多级减压。图7-22（b）所示为利用先导型减压阀1的远控口接一远控溢流阀2，则可由阀1、阀2各调得一种低压。但要注意，阀2的调定压力值一定要低于阀1的调定减压值。

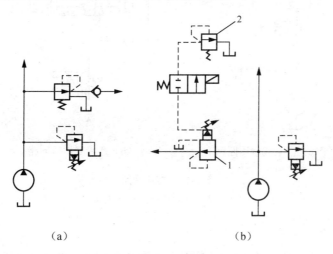

（a）　　　　　　　　　　　　　（b）

图7-22　减压回路

1—减压阀；2—溢流阀

为了使减压回路工作可靠，减压阀的最低调整压力不应小于0.5 MPa，最高调整压力至少应比系统压力小0.5 MPa。当减压回路中的执行元件需要调速时，调速元件应放在减压阀的后面，以避免减压阀泄漏（指由减压阀泄油口流回油箱的油液）对执行元件的速度产生影响。

2. 增压回路

如果系统或系统的某一支油路需要压力较高但流量又不大的压力油，而采用高压泵又不经济，或者根本就没有必要增设高压力的液压泵时，就常采用增压回路，这样不仅易于选择液压泵，而且系统工作较可靠，噪声小。增压回路中提高压力的主要元件是增压缸或增压器。

（1）间歇式增压回路。图 7-23（a）所示是间歇式增压回路，增压液压缸 1 的活塞大端与油源 p_0 接通时，活塞右移，活塞小端的压力 p 就增大 A_1/A_2 倍，增压后的压力 p 通到高压系统去推动负载。在换向阀换向后活塞左移，高位油箱的油液补入活塞小端。此时单向阀 4 关闭，保证高压系统的油不回流。因此只有活塞右移时才对高压系统供油，所以是间歇供油方式。单向阀 4 是防止高压油流入油箱。又称单作用增压缸的增压回路。

（2）连续式增压回路。如图 7-23（b）所示的采用双作用增压缸的增压回路，能连续输出高压油，在图示位置，液压泵输出的压力油经换向阀 5 和单向阀 1 进入增压缸左端大、小活塞腔，右端大活塞腔的回油通油箱，右端小活塞腔增压后的高压油经单向阀 4 输出，此时单向阀 2、3 被关闭。当增压缸活塞移到右端时，换向阀得电换向，增压缸活塞向左移动。同理，左端小活塞腔输出的高压油经单向阀 3 输出，这样，增压缸的活塞不断往复运动，两端便交替输出高压油，从而实现了连续增压。又称双作用增压缸的增压回路。

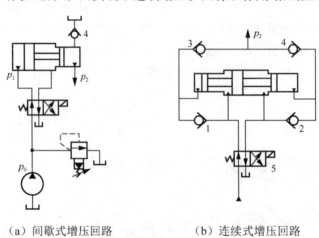

（a）间歇式增压回路　　　　　（b）连续式增压回路

图 7-23　增压回路

1、2、3、4—单向阀；5—换向阀

三、卸荷回路

在负载不做功或做功很小的情况下使全部或部分油源压力降为零压（油箱压力）的回路称为卸荷回路，又称卸载回路。这种回路可减少功率损耗，降低系统发热，延长泵和电动机的寿命。液压泵的卸荷有流量卸荷和压力卸荷两种，前者主要是使用变量泵，使变量泵仅为补偿泄漏而以最小流量运转，此方法比较简单，但泵仍处在高压状态下运行，磨损比较严重；压力卸荷的方法是使泵在接近零压下运转，主要有两种办法可以卸荷：一种是用换向阀直接使系统压力接零，另一种是用换向阀接溢流阀遥控口使溢流阀全开，从而使液压压力接零。

1. 用换向阀直接卸荷

换向阀卸荷回路 M、H 和 K 型中位机能的三位换向阀处于中位时，泵即卸荷，如图 7-24 所示为采用 M 型中位机能的电液换向阀的卸荷回路，这种回路切换时压力冲击小，但回路中必须设置单向阀，以使系统能保持 0.3 MPa 左右的压力，供操纵控制油路之用。

2. 用先导型溢流阀的远程控制口卸荷

图 7-25 中若去掉远程调压阀 3，使先导型溢流阀的远程控制口直接与二位二通电磁阀相连，便构成一种用先导型溢流阀的卸荷回路，这种卸荷回路卸荷压力小，切换时冲击也小。

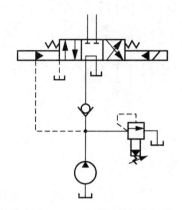 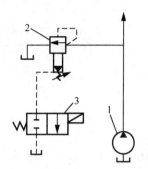

图 7-24　M 型中位机能卸荷回路　　　　图 7-25　溢流阀远控口卸荷

四、保压回路

为了维持系统压力稳定或防止局部压力波动影响其他部分，例如在液压卸荷并要求局部系统仍要维持原来的压力时，就需采用保压回路来实现其功能。保压回路包括夹紧回路、平衡回路、最低压力保持回路等。

1. 平衡回路

为了防止直立式液压缸及与其相连的工作部件因自重而自行下滑，常采用平衡回路。即在立式液压缸下行的回路中设置适当阻力，使液压缸的回油腔产生一定的背压，以平衡其自重。它是通过平衡阀来限制液压缸动作的最低压力，如图 7-26（a）所示。平衡阀（单向顺序阀）的作用是限制液压缸下降时有杆腔的最低压力，只有有杆腔压力大于平衡阀设定压力时液压缸才下降。

图 7-26（b）为采用液控顺序阀的平衡回路。当活塞下行时，控制压力油打开液控顺序阀，背压消失，因而回路效率较高；当停止工作时，液控顺序阀关闭以防止活塞和工作部件因自重而下降。这种平衡回路的优点是只有上腔进油时活塞才下行，比较安全可靠；缺点是活塞下行时平稳性较差。这是因为活塞下行时，液压缸上腔油压降低，将使液控顺序阀关闭。当顺序阀关闭时，因活塞停止下行，使液压缸上腔油压升高，又打开液控顺序阀。因此液控顺序阀始终工作于启闭的过渡状态，因而影响工作的平稳性。这种回路适用于运动部件重量不很大、停留时间较短的液压系统中。

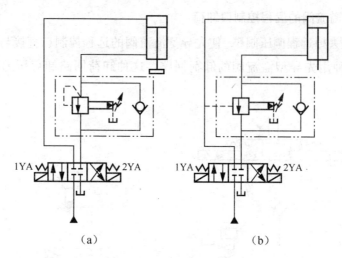

（a） （b）

图 7-26 平衡回路

　　最简单的保压回路是密封性能较好的液控单向阀的回路，当它突然停转或阀 3 处于中位时，液控单向阀 4 将回路锁紧，并且重物的重量越大液压缸 5 下腔的油压越高，阀 4 关得越紧，其密封性越好。因此这种回路能将重物较长时间地停留在空中某一位置而不滑下，平衡效果较好。该回路在回转式起重机的变幅机构中有所应用，如图 7-27 所示。

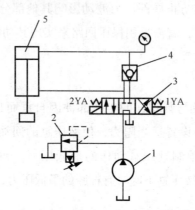

图 7-27 采用液控单向阀的平衡回路

1—液压泵；2—溢流阀；3—换向阀；4—液控单向阀；5—液压缸

2. 夹紧回路

　　（1）利用压力继电器－蓄能器的夹紧回路。如图 7-28（a）所示，最大压力值由压力继电器调定。系统压力上升使压力继电器动作，二位二通阀的电磁铁工作，泵卸荷。当因泄漏等原因使压力下降到某一值时，压力继电器又发讯使二位二通阀的电磁铁失电，液压泵重新使系统升压。此回路适用于保压时间长，要求功率损失小的场合。

　　（2）带减压阀的夹紧回路。如图 7-28（b）所示，回路中增加了一个减压阀，以减压阀设定的压力压紧活塞。

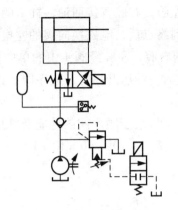 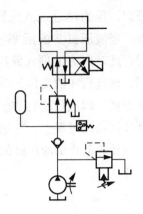

（a）用压力继电器-蓄能器的夹紧回路　　（b）带减压阀的夹紧回路

图 7-28　压紧回路

第四节　多缸动作回路

某些机械，特别是自动化机床，在一个工作循环中往往有两个及两个以上的执行元件工作，控制多个执行元件的回路包括多缸顺序动作回路和多缸同步动作回路。

一、顺序动作回路

在多缸工作的液压系统中，往往要求各执行元件严格地按照预先给定的顺序动作。例如，自动车床中刀架的纵横向运动，夹紧机构的定位和夹紧等。

顺序动作回路按其控制方式不同，分为压力控制、行程控制和时间控制三类，其中前两类应用得较多。

1. 以压力控制的顺序动作回路

压力控制就是利用油路本身的压力变化来控制液压缸的先后动作顺序，它主要利用压力继电器和顺序阀来控制顺序动作。

（1）用压力继电器控制的顺序回路。图 7-29 所示是压力继电器控制的顺序回路，是机床的夹紧、进给系统，要求的动作顺序是：先将工件夹紧，然后动力滑台进行切削加工，动作循环开始时，二位四通电磁阀处于图示位置，液压泵输出的压力油进入夹紧缸的右腔，左腔回油，活塞向左移动，将工件夹紧。夹紧后，液压缸右腔的压力升高，当油压超过压力继电器的调定值时，压力继电器发出讯号，指令电磁阀的电磁铁 2YA、4YA 得电，进给液压缸动作。油路中要求先夹紧后进给，工件没有夹紧则不能进给，这一严格的顺序是由压力继电器保证的。压力继电器的调整压力应比减压阀的调整压力低 $3 \times 10^5 \sim 5 \times 10^5 \mathrm{Pa}$。

（2）用顺序阀控制的顺序动作回路。图 7-30 所示是采用两个单向顺序阀的压力控制顺序动作回路。其中单向顺序阀 4 控制两液压缸前进时的先后顺序，单向顺序阀 3 控制两液压缸后退时的先后顺序。当电磁换向阀的左电磁铁通电时，压力油进入液压缸 1 的左腔，右腔经阀 3 中的单向阀回油，此时由于压力较低，顺序阀 4 关闭，缸 1 的活塞先动，即①的动作。当液压缸 1 的活塞运动至终点时，油压升高，当油压升至单向顺序阀 4 的调定压力时，顺序阀开启，压力油进入液压缸 2 的左腔，右腔直接回油，缸 2 的活塞向右移动，即③的动作顺序。当液压缸 2 的活塞右移达到终点后，电磁换向阀的左电磁铁断电复位，右电磁铁通电时，此时压力油进入液压缸 2 的右腔，左腔经阀 4 中的单向阀回油，使缸 2 的活塞向左返回，即进行④的动作，到达终点时，油压升高打开顺序阀 3 进入液压缸 1 的有杆腔，其活塞返回，即进行④的动作。

这种顺序动作回路的可靠性，在很大程度上取决于顺序阀的性能及其压力调整值。顺序阀的调整压力应比先动作的液压缸的工作压力高 $8 \times 10^5 \sim 10 \times 10^5 \mathrm{Pa}$，以免在系统压力波动时，发生误动作。

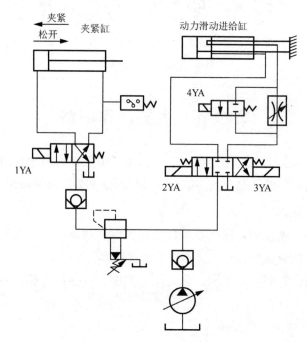

图 7-29　压力继电器控制的顺序回路

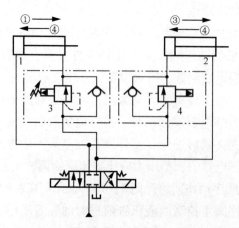

图 7-30　顺序阀控制的顺序回路

1、2—液压缸；3、4—单向顺序阀

2. 用行程控制的顺序动作回路

行程控制顺序动作回路是利用工作部件到达一定位置时，发出讯号来控制液压缸的先后动作顺序，它可以利用行程开关、行程阀或顺序缸来实现。

（1）用行程开关控制的顺序动作回路。图7-31所示是利用电气行程开关发讯来控制电磁阀先后换向的顺序动作回路。其动作顺序是：按启动按钮，电磁铁1YA通电，缸1活塞右行，执行①的动作；当挡铁触动行程开关2XK，使2YA通电，缸2活塞右行；执行②的动作，缸2活塞右行至行程终点，触动3XK，使1YA断电，缸1活塞左行；执行③的动作，而后触动1XK，使2YA断电，缸2活塞左行。执行④的动作，至此完成了缸1、缸2的全部顺序动作的自动循环。采用电气行程开关控制的顺序回路，调整行程大小和改变动作顺序均甚方便，且可利用电气互锁使动作顺序可靠。

（2）用行程阀控制的顺序动作回路。如图7-32所示，当换向阀3右位工作时，液压缸1的活塞右移，完成①的动作；活塞右移至终点，活塞杆上的撞块压下行程阀4，于是液压缸2的活塞向右运动，完成②的动作。当换向阀3换向（图示位置）时，液压缸1的活塞向左退回，完成③的动作。当活塞退至使撞块松开行程阀4后，液压缸2的活塞也向左退回，完成④的动作，到此完成一个工作循环。这种回路工作可靠，但改变动作顺序比较困难。

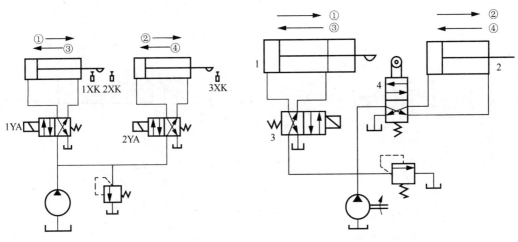

图7-31　行程开关控制的顺序回路　　　图7-32　用行程阀控制的顺序回路

1、2—液压缸；3—换向阀；4—行程阀

二、同步回路

使两个或两个以上的液压缸在运动中保持相同位移或相同速度的回路称为同步回路。在一泵多缸的系统中，尽管液压缸的有效工作面积相等，但是由于运动中所受负载不均衡，摩擦阻力也不相等，泄漏量的不同以及制造上的误差等，不能使液压缸同步动作。同步回路的作用就是为了克服这些影响，补偿它们在流量上所造成的变化。

1. 串联液压缸的同步回路

图7-33所示是串联液压缸的同步回路。液压缸1回油腔排出的油液，被送入液压缸2的进油腔。如果串联油腔活塞的有效面积相等，便可实现同步运动。这种回路两缸能承受

不同的负载，但泵的供油压力要大于两缸工作压力之和。

　　由于泄漏和制造误差，影响了串联液压缸的同步精度，当活塞往复多次后，会产生严重的失调现象，为此要采取补偿措施。图 7-34 是两个双作用缸串联，并带有补偿装置的同步回路。为了达到同步运动，缸 1 有杆腔 A 的有效面积应与缸 2 无杆腔 B 的有效面积相等。在活塞下行的过程中，如液压缸 1 的活塞先运动到底，触动行程开关 1XK 发讯，使电磁铁 1YA 通电，此时压力油便经过二位三通电磁阀 3、液控单向阀 5，向液压缸 2 的 B 腔补油，使缸 2 的活塞继续运动到底。如果液压缸 2 的活塞先运动到底，触动行程开关 2XK，使电磁铁 2YA 通电，此时压力油便经二位三通电磁阀 4 进入液控单向阀的控制油口，液控单向阀 5 反向导通，使缸 1 能通过液控单向阀 5 和二位三通电磁阀 3 回油，使缸 1 的活塞继续运动到底，对失调现象进行补偿。

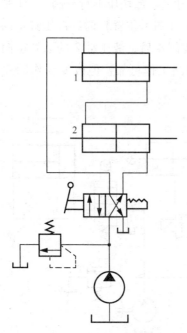

图 7-33　串联液压缸的同步回路

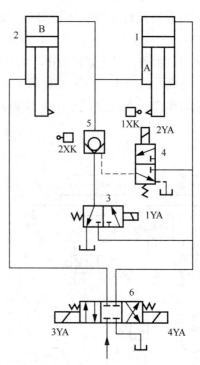

图 7-34　采用补偿措施的串联液压缸同步回路
1、2—液压缸；3、4—二位三通换向阀；
5—液控单向阀；6—三位四通换向阀

2. 流量控制式同步回路

　　（1）用调速阀控制的同步回路。图 7-35 所示是两个并联的液压缸，分别用调速阀控制的同步回路。两个调速阀分别调节两缸活塞的运动速度，当两缸有效面积相等时，则流量也调整得相同；若两缸有效面积不等时，则改变调速阀的流量也能达到同步的运动。

　　用调速阀控制的同步回路，结构简单，并且可以调速，但是由于受到油温变化以及调速阀性能差异等影响，同步精度较低，同步回路的同步性能相差 5% ~ 7%。

　　（2）用电液比例调速阀控制的同步回路。图 7-36 所示为用电液比例调整阀实现同步运动的回路。回路中使用了一个普通调速阀 1 和一个比例调速阀 2，它们装在由多个单向阀组成的桥式回路中，并分别控制着液压缸3和4的运动。当两个活塞出现位置误差时，检测装置就会发出讯号，调节比例调速阀的开度，使缸4的活塞跟上缸3活塞的运动而实现同步。

这种回路的同步精度较高，位置精度可达0.5mm，已能满足大多数工作部件所要求的同步精度。比例阀性能虽然比不上伺服阀，但费用低，系统对环境适应性强，因此，用它来实现同步控制被认为是一个新的发展方向。

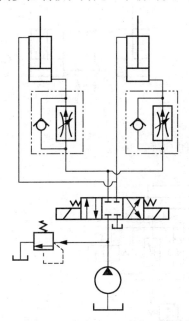

图7-35　调速阀控制的同步回路

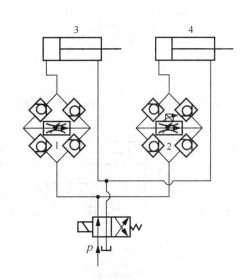

图7-36　电液比例调整阀控制式同步回路
1—调速阀；2—电液比例调速阀；3、4—液压缸

3. 液压缸机械联结的同步回路

液压缸机械联结同步回路是用刚性梁、齿轮齿条等机械装置将两个（或若干个）液压缸（或液压马达）的活塞杆（或输出轴）联结在一起实现同步运动的，如图7-37（a）、（b）所示。这种同步方法比较简单、经济，但由于联结的机械装置的制造、安装误差，不易得到很高的同步精度。特别对于用刚性梁联结的同步回路［见图7-37（a）］，若两个或若干个液压缸上的负载差别较大时，有可能发生卡死现象。因此，这种回路宜用于两液压缸负载差别不大的场合。

三、多缸快慢速互不干涉回路

在一泵多缸的液压系统中，往往由于其中一个液压缸快速运动时，会造成系统的压力下降，影响其他液压缸工作进给的稳定性。因此，在工作进给要求比较稳定的多缸液压系统中，必须采用快慢速互不干涉回路。

在图7-38所示的回路中，各液压缸分别要完成快进、工作进给和快速退回的自动循环。回路采用双泵的供油系统，泵1为高压小流量泵，供给各缸工作进给时所需要的高压油；泵2为低压大流量泵，为各缸快进或快退时输送低压油，它们的压力分别由溢流阀3和4调定。

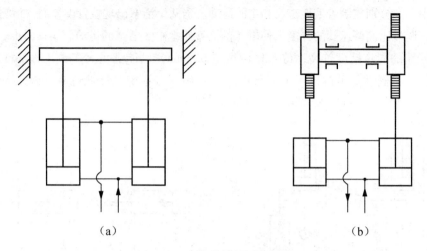

（a）　　　　　　　　　　　　　　（b）

图 7-37　机械联结的同步回路

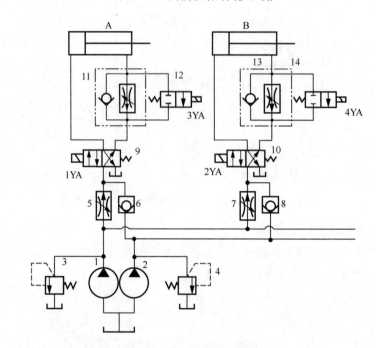

图 7-38　防干扰回路

1、2—液压泵；3、4—溢流阀；5、7—调速阀；6、8—单向阀；9、10—二位四通换向阀；

11、13—单向调速阀阀；12、14—二位二通换向阀

当开始工作时，电磁阀 1YA、2YA 和 3YA、4YA 同时得电工作，液压泵 2 输出的压力油经单向阀 6 和 8 进入液压缸的左腔，此时两泵同时向系统供油使各活塞快速前进。当电磁铁 3YA、4YA 断电后，执行元件由快进转换成工作进给，单向阀 6 和 8 关闭，工进所需压力油由液压泵 1 供给。如果其中某一液压缸（例如缸 A）先转换成快速退回，即换向阀 9 的电磁铁失电换向，泵 2 输出的油液经单向阀 6、换向阀 9 和阀 11 的单向元件进入液压缸 A 的右腔，左腔经换向阀回油，使活塞快速退回。而其他液压缸仍由泵 1 供油，继续进行工作进给。这时，调速阀 5（或 7）使泵 1 仍然保持溢流阀 3 的调整压力，不受快退的影

响，防止了相互干扰。在回路中调速阀 5 和 7 的调整流量应适当大于单向调速阀 11 和 13 的调整流量，这样，工作进给的速度由阀 11 和 13 来决定，这种回路可以用在具有多个工作部件各自分别运动的机床液压系统中。换向阀 10 用来控制 B 缸换向，换向阀 12、14 分别控制 A、B 缸快速进给。

小 结

1. 液压基本回路的概念及类型。
2. 液压换向回路的类型及工作原理。
3. 调速回路的类型及调速原理，开式回路、闭式回路的概念。
4. 三种节流调速回路的结构、特点及应用。
5. 容积调速、容积节流调速回路的油路结构、调速实质及特点。
6. 快速运动回路、速度换接回路的类型及工作原理。
7. 压力控制回路的类型。
8. 调压回路、变压回路、稳压回路的类型、典型油路结构及工作原理。
9. 顺序动作回路的类型、典型油路结构、工作原理及特点。
10. 同步工作回路的类型、典型油路结构、工作原理及特点

复习思考题

一、选择题

1. 卸载回路属于（ ）回路。
   A. 方向控制　　　　B. 压力控制　　　　C. 速度控制　　　　D. 顺序动作
2. 卸荷回路（ ）。
   A. 可节省动力消耗，减少系统发热，延长液压泵寿命
   B. 可使液压系统获得较低的工作压力
   C. 不能用换向阀实现卸荷
   D. 只能用滑阀机能为中间开启型的换向阀
3. 液控单向阀的闭锁回路比用滑阀机能为中间封闭（例如 O 型）的换向阀闭锁回路的锁紧效果好，其原因是（ ）。
   A. 液控单向阀结构简单
   B. 液控单向阀具有良好的密封性
   C. 换向阀闭锁回路结构复杂
   D. 液控单向阀闭锁回路锁紧时，液压泵可以卸荷
4. 增压回路的增压比等于（ ）。
   A. 大、小两液压缸直径之比　　　　　　B. 大、小两液压缸直径之反比
   C. 大、小两活塞有效作用面积之比　　　D. 大、小两活塞有效作用面积之反比

5 一级或多级调压回路的核心控制元件是（　　　）。

    A. 溢流阀　　　　　B. 减压阀　　　　　C. 压力继电器　　　　D. 顺序阀

6. 如某元件需得到比主系统油压高得多的压力时，可采用（　　　）。

    A. 压力调定回路　　B. 多级压力回路　　C. 减压回路　　　　D. 增压回路

7. 容积节流调速回路（　　　）。

    A. 主要由定量泵和调速阀组成　　　　　B. 工作稳定、效率较高

    C. 运动平稳性比节流调速回路差　　　　D. 在较低速度下工作时运动不够稳定

8. 当减压阀出口压力小于调定值时，（　　）起减压和稳压作用。

    A. 仍能　　　　　　B. 不能　　　　　　C. 不一定能　　　　D. 一定能

9. 系统功率不大，负载变化较大，采用的调速回路为（　　　）。

    A. 进油节流　　　　B. 旁油节流　　　　C. 回油节流　　　　D. A、C

10. 要求运动部件的行程能灵活调整或动作顺序能较容易地变动的多缸液压系统，应采用的顺序动作回路为（　　　）。

    A. 顺序控制阀　　　　　　　　　　　　B. 压力继电器控制

    C. 电气行程开关控制　　　　　　　　　D. 行程阀

二、判断题

1. 所有换向阀均可用于换向回路。　　　　　　　　　　　　　　　　（　　　）

2. 双泵供油回路中，空载时，系统仅由小流量泵单独供油。　　　　（　　　）

3. 凡液压系统中有减压阀，则必定有减压回路。　　　　　　　　　（　　　）

4. 凡液压系统中有顺序阀，则必定有顺序动作回路。　　　　　　　（　　　）

5. 凡液压系统中有节流阀或调速阀，则必定有节流调速回路。　　　（　　　）

6. 采用增压缸可以提高系统的局部压力和功率。　　　　　　　　　（　　　）

7. 提高进油节流调速回路的运动平衡性，可在回油路上串联一个换装硬弹簧的单向阀。

                                                     （　　　）

8. 压力调定回路主要是由溢流阀等组成。　　　　　　　　　　　　（　　　）

9. 增压回路的增压比取决于大、小液压缸直径之比。　　　　　　　（　　　）

10. 任何复杂的液压系统都是由液压基本回路组成的。　　　　　　（　　　）

11. 卸荷回路中的二位二通阀的流量规格应为流过液压泵的最小流量。（　　　）

12. 用顺序阀的顺序动作回路适用于缸很多的液压系统。　　　　　（　　　）

13. 容积调速回路中，其主油路上的溢流阀器安全保护作用。　　　（　　　）

14. 在调速阀串联的二次进给回路中，后一调速阀控制的速度比前一个快。（　　　）

15. 压力控制顺序动作回路的可靠性比行程控制顺序动作回路的可靠性好。（　　　）

三、简答题

1. 什么是液压基本回路？根据其功能可分为几大类？这几类各在系统中起什么作用？

2. 常用的换向回路有哪些？一般应用在什么情况下？

3. 如何调节执行元件的运动速度？常用的调速方法有哪些？

4. 在液压系统中为什么要设快速运动回路？实现执行元件快速运动的方法有哪些？

5. 进油节流调速回路由哪些特点？主要应用在什么场合？

四、综合题

1. 试选择下列问题的答案（在括号中选中的打钩）

① 在进口节流调速回路中，当外负载变化时，液压泵的工作压力（变化，不变化）

② 在出口节流调速回路中，当外负载变化时，液压泵的工作压力（变化，不变化）

③ 在旁路节流调速回路中，当外负载变化时，液压泵的工作压力（变化，不变化）

④ 在容积调速回路中，当外负载变化时，液压泵的工作压力（变化，不变化）

⑤ 在限压式变量泵与调速阀的容积节流调速回路中，当外负载变化时，液压泵的工作压力（变化，不变化）

2. 试述图 7-39 所示平衡回路是怎样工作的？回路中的节流阀能否省去？为什么？

3. 试述图 7-40 所示回路名称及工作原理。

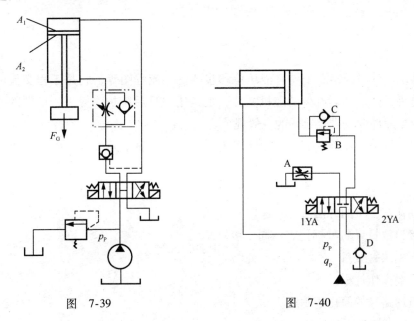

图　7-39　　　　　　　　　　　图　7-40

4. 试分析图 7-41 中所示双泵供油回路中输出的压力和流量各为多少？

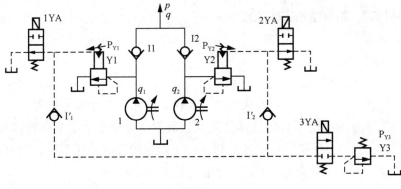

图　7-41

第八章 液压图形规范

学习目标

1. 了解液压系统元件的符号及其含义。
2. 了解液压系统控制流程和液压回路的绘制。
3. 掌握液压位移步骤图，并查找故障。

液压系统设计时的绘图主要有液压位移步骤图、流程图等，它是工程交流的语言，在液压设备交货时更是必不可少的随机文件，也是用户日后维护、修理、培训的依据，因此必须掌握液压元件的符号及绘图的一般规范。

元件的表示法即液压系统设计时要用统一的方法来表示元件，各种元件所采用的符号应能表示如下特征：

（1）元件功能。

（2）动作与复位的方法。

（3）接口数目（每种标记表示同一接口）。

（4）开关位置数目。

（5）一般操作规程。

（6）流通路径的简化表示法。

元件符号未体现下列特征：

（1）元件的尺寸或口径大小。

（2）具体厂商、组件结构方式或成本。

（3）接口的方向性。

（4）元件的详细物理特性。

（5）接口以外的任何部分。

液压系统的符号可以用分立元件或者组合元件来表示。选用简单的符号，还是详细的符号，这取决于回路图的使用目的及其复杂性。通常，对于技术细节有特殊要求的地方，应选用十分详细的符号，如果所有组件都利用一个规定的公共液压系统，则可在回路图中选用简化的符号。对于故障检测，最好用详细的元件符号来表示。

第一节 常用元件的符号

一、液压源及辅助元件

液压源及辅助元件的功能及符号如表 8-1 所示。

表 8-1 液压源及辅助元件

序 号	名 称	功 能	符 号
1	液压源	可提供恒定流量，工作压力由溢流阀限制。液压源具有两个回油口	
2	液压源	可提供恒定流量，工作压力由溢流阀限制。液压源具有两个回油口	
3	油箱	油箱含在液压源中，其压力为 0 bar	
4	油管，带快插管接头	连接油路	
5	隔膜式蓄能器	用于贮存压力油，应安装溢流阀，以防止过压	
6	过滤器	可除去工作油液中颗粒污染物，以降低因工作油液污染而造成元件损坏的可能性	
7	管接头	与液压管路相连接	
8	液压管路	用于连接两个管接头	
9	T 形管接头	可以连接三个液压管路，且在管接头处具有单一压力	

二、机控换向阀

机控换向阀的功能及符号如表 8-2 所示。

表 8-2　机控换向阀

序　号	名　称	功　能	符　号
1	二位二通换向阀	如果液压缸活塞杆驱动推杆动作，则 P 口与 A 口接通	
2	二位二通换向阀	如果液压缸活塞杆驱动推杆动作，则 P 口与 A 口不接通	
3	二位三通换向阀	在静止位置，P 口关闭，A 口与 T 口接通。当手动操作换向阀换向时，T 口关闭，P 口与 A 口接通	
4	二位四通换向阀	在静止位置，P 口与 B 口接通，A 口与 T 口接通。当手动操作换向阀换向时，则 P 口与 A 口接通，B 口与 T 口接通	
5	二位四通换向阀	在静止位置，P 口与 A 口接通，B 口与 T 口接通。当手动操作换向阀换向时，则 P 口与 B 口接通，A 口与 T 口接通	
6	三位四通换向阀，中位机能 O 型（i）	在静止位置，所有油口关闭。当手动操作换向阀向右换向时，则 P 口与 A 口接通，B 口与 T 口接通，反之则 P 口与 B 口接通，A 口与 T 口接通	
7	三位四通换向阀，中位机能 O 型（ii）	在静止位置，所有油口关闭。当手动操作换向阀向右换向时，则 P 口与 B 口接通，A 口与 T 口接通，反之则 P 口与 A 口接通，B 口与 T 口接通	

续表

序号	名称	功能	符号
8	三位四通换向阀，中位机能 Y 型（i）	在静止位置，P 口关闭，A 口和 B 口与 T 口接通。当手动操作换向阀向右换向时，则 P 口与 A 口接通，B 口与 T 口接通，反之则 P 口与 B 口接通，A 口与 T 口接通	
9	三位四通换向阀，中位机能 Y 型（ii）	在静止位置，P 口关闭，A 口和 B 口与 T 口接通。当手动操作换向阀向右换向时，则 P 口与 B 口接通，A 口与 T 口接通，反之则 P 口与 A 口接通，B 口与 T 口接通	
10	三位四通换向阀，中位机能 M 型（i）	在静止位置，A 口与 B 口关闭，P 口与 T 口接通。当手动操作换向阀向右换向时，则 P 口与 A 口接通，B 口与 T 口接通，反之则 P 口与 B 口接通，A 口与 T 口接通	
11	三位四通换向阀，中位机能 M 型（ii）	在静止位置，A 口与 B 口关闭，P 口与 T 口接通。当手动操作换向阀向右换向时，则 P 口与 B 口接通，A 口与 T 口接通，反之则 P 口与 A 口接通，B 口与 T 口接通	

三、电磁换向阀

电磁换向阀的功能及符号如表8-3所示。

表8-3　电磁换向阀

序号	名称	功能	符号
1	二位四通电磁换向阀（i）	在静止位置，P 口与 B 口接通，A 口与 T 口接通。当电磁线圈通电时，换向阀换向，P 口与 A 口接通，B 口与 T 口接通。如果电磁线圈无电流，该换向阀可以手动操作	
2	二位四通电磁换向阀（ii）	在静止位置，P 口与 A 口接通，B 口与 T 口接通。当电磁线圈通电时，换向阀换向，P 口与 B 口接通，A 口与 T 口接通。如果电磁线圈无电流，该换向阀可以手动操作	

序　号	名　称	功　能	符　号
3	三位四通电磁换向阀，中位机能O型（i）	在静止位置，所有油口关闭。当电磁线圈通电，换向阀向右换向时，P口与A口接通，B口与T口接通，反之则P口与B口接通，A口与T口接通。如果电磁线圈无电流，该换向阀可以手动操作	
4	三位四通电磁换向阀，中位机能O型（ii）	在静止位置，所有油口关闭。当电磁线圈通电，换向阀向右换向时，P口与B口接通，A口与T口接通，反之则P口与A口接通，B口与T口接通。如果电磁线圈无电流，该换向阀可以手动操作	
5	三位四通电磁换向阀，中位机能Y型（i）	在静止位置，P口关闭，A口和B口与T口接通。当电磁线圈通电，换向阀向右换向时，则P口与A口接通，B口与T口接通，反之则P口与B口接通，A口与T口接通。如果电磁线圈无电流，该换向阀可以手动操作	
6	三位四通电磁换向阀，中位机能Y型（ii）	在静止位置，P口与T口接通，A口和B口关闭。当电磁线圈通电，换向阀向右换向时，则P口与B口接通，A口与T口接通，反之则P口与A口接通，B口与T口接通。如果电磁线圈无电流，该换向阀可以手动操作	

四、开关元件

开关元件功能及符号如表8-4所示。

单向阀符号用压在阀座上的小球表示。液控单向阀符号则是在单向阀符号外加方框，其控制管路为虚线，控制油口用字母X标识。

表8-4　开　关　元　件

序　号	名　称	功　能	符　号
1	油路开关	可以手动开启或关闭油路	
2	单向阀	如果进口压力至少高于出口压力0.1 MPa，则单向阀才开启，否则其关闭	
3	液控单向阀	如果进口压力高于出口压力，则液控单向阀开启，否则其关闭。此外，液控单向阀也可以通过控制油口开启，这时其可以允许工作油液双向流动	

序 号	名 称	功 能	符 号
4	梭阀	只要在输入端有信号，梭阀就开启（"或"逻辑功能），输出压力为较高的输入压力	
5	双压阀	只有在两个输入端都存在信号时，双压阀才开启（"与"逻辑功能）。较低的输入压力变成输出压力	

五、压力控制阀

压力控制阀可用方框表示，方框中箭头表示工作油液流动方向。油口采用 P（进油口）和 T（回油口）或 A 和 B 表示，方框中箭头位置说明阀口是常开还是常闭的，倾斜箭头表示压力控制阀在其压力范围内可调。压力控制阀分为溢流阀、顺序阀和减压阀等。压力顺序阀功能及符号如表 8-5 所示。

表 8-5 压力顺序阀

序 号	名 称	功 能	符 号
1	直动式溢流阀	在静止位置，溢流阀关闭。如果进口压力达到开启压力，则 P 口与 T 口接通。当 P 口与 T 口之间压差小于设定压力时，溢流阀再次关闭。箭头表示流动方向	
2	先导式溢流阀	在静止位置，溢流阀关闭。如果进口压力达到开启压力，则 P 口与 T 口接通。当 P 口与 T 口之间压差小于设定压力时，溢流阀再次关闭。先导压力由进口压力产生，箭头表示流动方向	
3	卸荷阀	如果控制油口压力达到开启压力，则 P 口与 T 口接通	
4	溢流减压阀	尽管进口压力有波动，但减压阀可保持其出口压力恒定。出口压力只能比进口压力低	

六、压力开关

压力开关功能及符号如表8-6所示。

表8-6　压力开关

序　号	名　称	功　能	符　号
1	可调压力开关	如果超过设定压力，则可调压力开关切换，并驱动相应电气元件动作	

七、流量控制阀

流量阀根据其是否受油液黏度影响而有所区别，不受油液黏度影响的流量阀称为节流阀。流量阀包括节流阀、可调节流阀和调速阀。流量阀采用矩形框表示，矩形框内含有节流阀符号以及表示压力补偿的箭头。倾斜箭头表示其流量可调，如表8-7所示。

表8-7　流量控制阀

序　号	名　称	功　能	符　号
1	可调节流阀	通过旋钮调节节流阀。注意：通过旋钮并不能设定绝对阻抗值，这意味着尽管具有相同设定值，但不同节流阀可以产生不同阻抗值	
2	可调单向节流阀	通过旋钮调节单向节流阀，单向阀与节流阀平行放置。注意：通过旋钮并不能设定绝对阻抗值，这意味着尽管具有相同设定值，但不同节流阀可以产生不同阻抗值	
3	分流阀	分流阀可以将流量从P口等量分配到A口和B口	
4	流量阀	如果进出口压差足够大，则可沿箭头方向保持其设定流量恒定	

八、执行元件

表8-8所示为一些执行元件的功能及符号。

单作用液压缸仅具有一个油口，工作油液只能进入无杆腔。对于单作用液压缸，其回缩或由外力或由复位弹簧来实现。

双作用液压缸具有两个油口，工作油液既可进入无杆腔，也可进入有杆腔。差动缸与双作用液压缸的符号不同，其区别在于差动缸活塞杆末端带两条直线。差动缸面积比通常为2：1，对于双端活塞杆的液压缸，其面积比为1：1（同步液压缸）。

表8-8 执行元件

序 号	名 称	功 能	符 号
1	双作用液压缸	双作用液压缸，单端活塞杆。液压缸活塞上安装有磁环，其用于驱动行程开关动作	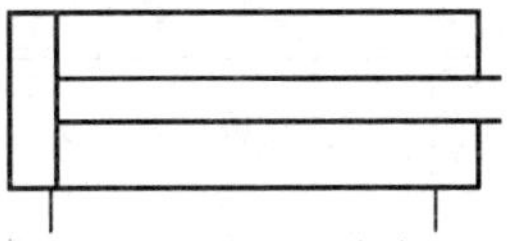
2	双作用液压缸，带终端缓冲	在工作油液作用下，液压缸活塞移动。终端缓冲可通过两个调节螺钉调节。液压缸活塞上安装有磁环，其用于驱动行程开关动作	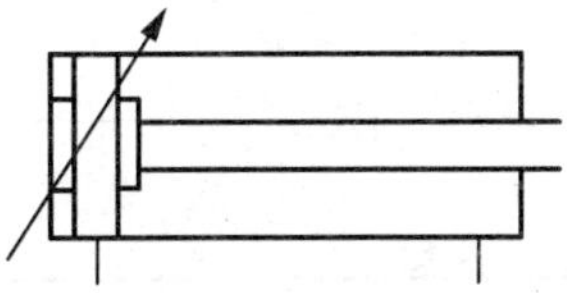
3	双作用液压缸，双端活塞杆，带终端缓冲	在工作油液作用下，液压缸活塞移动。终端缓冲可通过两个调节螺钉调节。液压缸活塞上安装有磁环，其用于驱动行程开关动作	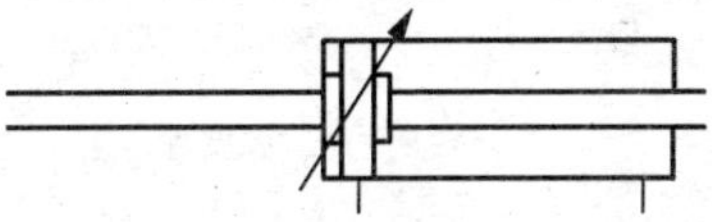
4	单作用液压缸	在工作油液作用下，液压缸活塞杆伸出，在外力作用下，则其回缩	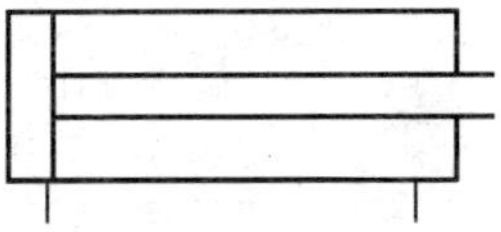
5	液压马达	将液压能转换为机械能	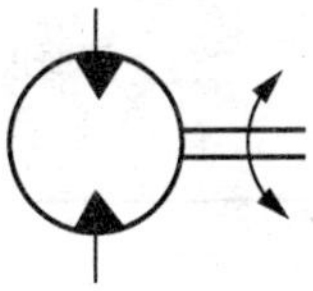

九、测量元件

表8-9和表8-10为一些测量元件的功能及符号。除此之外，还有如下三类测量元件：

（1）活塞式压力计。压力计按作用在一定面积上的压力将产生一定输出力的原理工作。在活塞式压力计中，压力作用在活塞上，以克服弹簧力。通过活塞本身或活塞上磁环驱动指针，可将压力值显示在标尺上。

（2）波登管式压力计。大多数压力计都按波登管原理工作。当工作油液流入波登管时，其中各处压力均一样。由于外部与内部弯曲表面之间面积差，因此，波登管弯曲，这样此运动就被传递到指针。这种压力计无过载保护。对于波登管式压力计，在其入口处应安装可调节流阀，以防止尖峰压力损坏波登管。

（3）流量计。工作油液通过可变节流口流出，该节流口由固定锥形阀芯和中空活塞（其上安装有弹簧）组成。中空活塞挤压弹簧的压缩量与流量大小成正比。这种流量计测量精度误差为4%，即测量值±4%。当需要高精度测量时，应使用涡轮流量计、椭圆流量计或齿轮流量计。

表 8-9　测 量 元 件

序　号	名　称	功　能	符　号
1	压力表	用于指示油口处压力	
2	流量计	流量计由连接转速表的齿轮马达组成	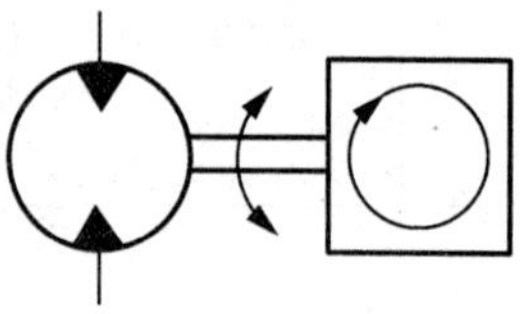

表 8-10　测量元件符号

名　称	符　号
温度计	
流量计	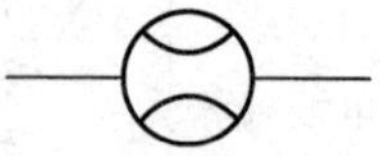
液面指示计	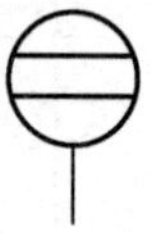

十、其他

除上述元件外，液压系统中还会应用表 8-11 ~ 表 8-13 中所示元件。

表 8-11　压力控制阀符号

名　称	符　号
溢流阀	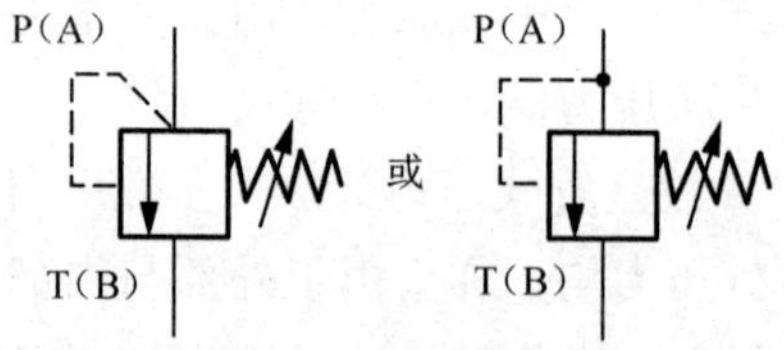 P(A) 或 P(A) T(B) T(B)
减压阀	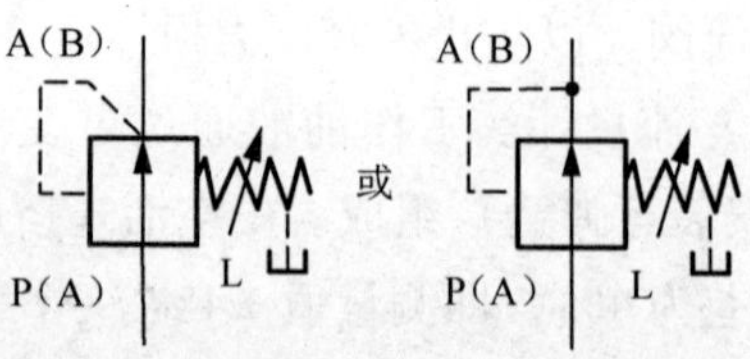 A(B) 或 A(B) P(A) L P(A) L

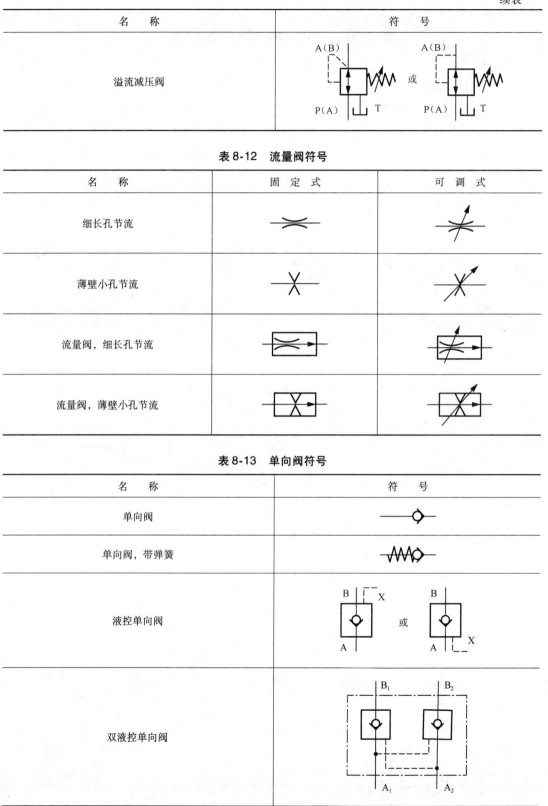

表 8-12　流量阀符号

表 8-13　单向阀符号

第二节 方向阀接口及其位置

一、换向阀结构

方向控制阀可以用其控制的接口数目和位置数目来表示，每一个位置对应一个单独的方块，如表 8-14 所示。表 8-15 所示为方向阀的接口及其位置。注意：在说明实际系统的回路符号和阀门时，每个接口要有专门的名称。为了保证线路连接的正确性，阀门与实际位置对应，必须明确控制回路和所用元件的关系。因此，要规定回路图中采用的符号，所用元件必须用正确的符号和名称加以标注。各种方向控制阀用数字符号加以区分（以前，曾用字母符号来表示不同的方向控制阀）。

表 8-14　换向阀结构

序　号	名　称	功　能	符　号
1	n 位二通换向阀	具有两个油口，用户可以定义其阀体和驱动方式。此外，油口可用堵头关闭	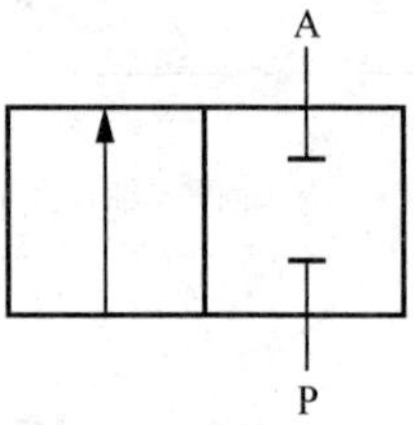
2	n 位三通换向阀	具有三个油口，用户可以定义其阀体和驱动模式。此外，油口可用堵头关闭	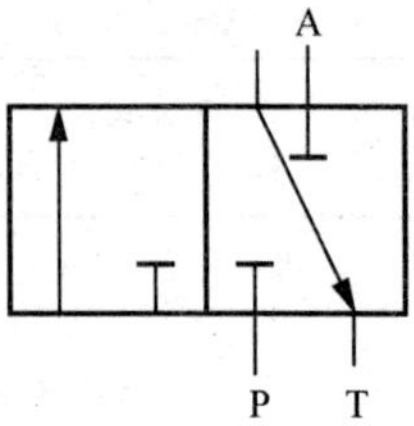
3	n 位四通换向阀	具有四个油口，用户可以定义其阀体和驱动模式。此外，油口可用堵头关闭	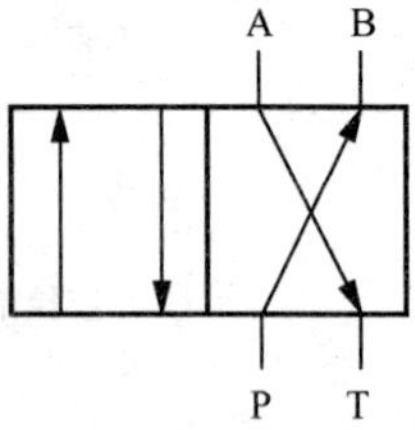
4	n 位五通换向阀	具有五个油口，用户可以定义其阀体和驱动模式。此外，油口可用堵头关闭	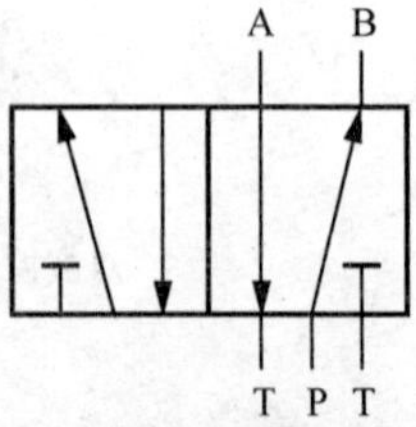

表 8-15 $\frac{4}{3}$ 方向阀接口及其位置

换向阀结构	中位机能	图形符号
4/3	O 型（P，A，B，T）	
4/3	M 型（P-T，A，B）	
4/3	H 型（P-A-B-T）	
4/3	Y 型（P-A-B-T）	
4/3	P 型（P-A-B，T）	

　　换向阀符号由油口数和工作位置数表示，通常，换向阀至少含有两个油口和工作位置。在换向阀符号中，方框数为换向阀的工作位置数，方框内箭头表示工作油液流动方向，而直线则表示在不同工作位置上各油口的接通情况。换向阀符号一般对应于其静止位置。

二、换向阀接口标识

　　为标识油口，通常采用下列两种方法，一种为采用字母 P、T、R、A、B、L，而另一种则采用连续字母 A、B、C、D 等。在相关标准中，通常首选第一种方法，如表 8-16 所示。

表 8-16 方向阀接口符号

接 口	字母符号系统	字母符号系统（连续）
油压口	P	A
回油口	T	B
泄油口	L	L
信号输出口（工作）	A，B	C，D

第三节　阀门控制方式

液压方向控制阀的控制方式可以根据任务的要求来决定，控制方式分为机械式，液压式，电气式和组合操作方式。

当使用一个方向控制阀时，必须考虑阀门采用何种控制方式，同时也应考虑复位动作的方式。通常，这是两种不同的方式；它们画在阀门符号的两侧。有的阀门可能有附加操作方法。换向阀工作位置切换可通过各种驱动方式来实现。在换向阀符号中，应采用相应符号表示驱动方式，例如按钮和踏板符号。弹簧通常用于换向阀复位，不过，换向阀复位也可通过再次驱动来实现，例如在带手柄操作和锁定装置的换向阀中。

1. 人工控制方式

人工控制方式的阀门类型如图 8-1 所示。

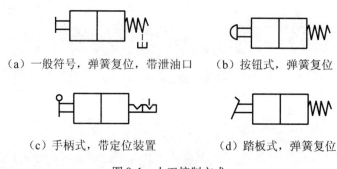

（a）一般符号，弹簧复位，带泄油口　　（b）按钮式，弹簧复位

（c）手柄式，带定位装置　　（d）踏板式，弹簧复位

图 8-1　人工控制方式

2. 机控方式

图 8-2 所示为推杆式、弹簧控制式和滚轮式驱动方式的图形符号。

（a）推杆式　　（b）弹簧控制式　　（c）滚轮式

图 8-2　机控方式

3. 纯液压控制方式

纯液压控制方式类型如图 8-3 所示。

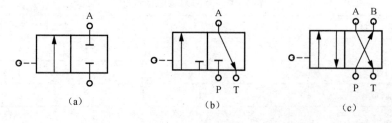

（a）　　　　　　（b）　　　　　　（c）

图 8-3　纯液压控制方式

4. 电子控制方式

电子控制方式类型如图8-4所示。

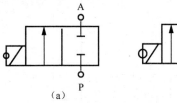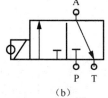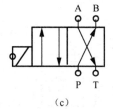

图8-4　电子控制方式

5. 液压/电子控制方式

液压/电子控制方式类型如图8-5所示。

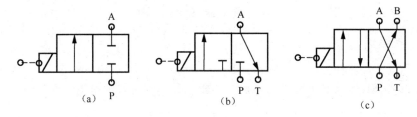

图8-5　液压/电子控制方式

　　换向阀的控制，并不是对立的；有时，可能会有几种控制信号同时具备的，例如手动控制信号（按钮）、液压/电子、弹簧控制信号等组合一起。这种控制方式一般称为组合式控制，如图8-6所示。

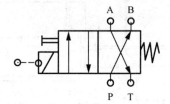

图8-6　组合式控制方式

第四节　控制流程图的绘制

　　在设计液压系统时，首先是要了解该系统的组成。一般来说，液压系统主要有两个部分，即液压动力部分（通常指主回路）和信号控制部分（通常指控制回路）。在理解了上述的基础上，再根据要实现的功能，画出液压控制的流程图。

一、液压系统结构

　　由图8-7所示的液压系统结构示意图可知：液压系统由信号控制和液压动力两部分组成，信号控制部分用于驱动液压动力部分中的控制阀动作。

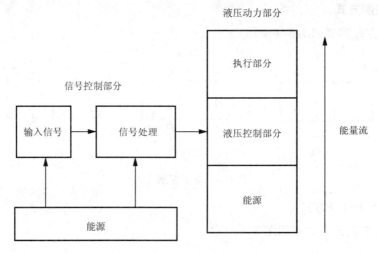

图 8-7　液压系统结构示意图

二、控制系统方框

在分析和设计实际任务时，一般采用图 8-8 所示的控制系统方框图显示设备中实际运行状况。图 8-8 中，空心箭头表示信号流，而实心箭头则表示能量流。

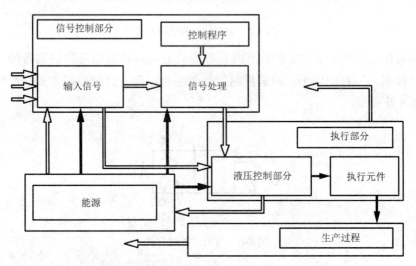

图 8-8　控制系统方框图

三、液压动力部分

液压动力部分采用回路图方式表示，以表明不同功能元件之间的相互关系。液压源含有液压泵、电动机和液压辅助元件；液压控制部分含有各种控制阀，其用于控制工作油液的流量、压力和方向；执行部分含有液压缸或液压马达，其可按实际要求来选择。

由此可见，控制信号本身也是一种能量的流动，它与人体神经元信号的传递或电流信号的传递本质上是极相似的。当然简单的液压系统可以不画流程图，而直接绘制液压回路图。复杂的液压系统在绘制流程图时尚需具体化。

图 8-9 所示为液压动力（能量流）信号回路图。

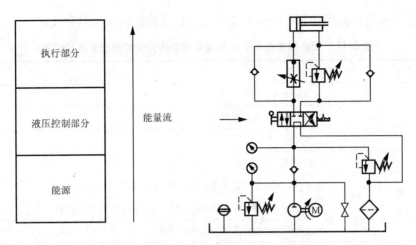

图 8-9　液压动力（能量流）信号回路图

第五节　液压回路的编号

一、液压回路编号

根据系统工作原理，可对所有回路依次进行编号。如果第一个执行元件编号为 0，则与其相关的控制元件标识符则为 1。如果与执行元件伸出相对应的元件标识符为偶数，则与执行元件回缩相对应的元件标识符则为奇数。在实际的工作中，不仅要对液压回路进行编号，也要对实际设备进行编号，以便发现系统故障。图 8-10 所示为液压回路编号示意图。

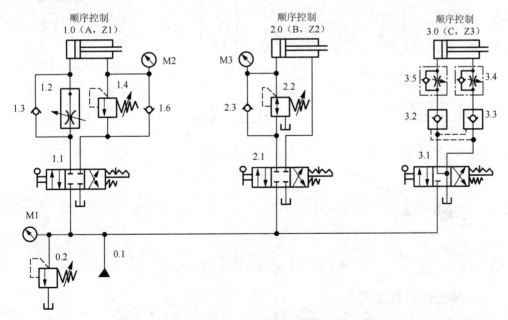

图 8-10　液压回路编号

表 8-17 所示是回路图中每个元件的编号与工作元件的对应关系和规定。

表 8-17　回路图中每个元件的编号与工作元件的对应关系和规定

元 件 编 号	工 作 元 件
0	液压系统
1、2、3…	各个工段或控制部分的编号
1.0、2.0…	工作元件
$n.1$	控制元件
$n.01$、$n.03$…	介于控制元件和工作元件间的元件，回程有作用（奇数）
$n.02$、$n.04$…	介于控制元件和工作元件间的元件，前向冲程有作用（偶数）
$n.2$、$n.4$…	对油缸前向冲程有作用的元件（偶数）
$n.3$、$n.5$…	对油缸回程有作用的元件（奇数）

注：n——1、2、3…。

二、按 DIN ISO 1219-2 标准编号

DIN ISO 1219-2 标准定义了元件的编号组成，它包括下面四个部分：设备编号、回路编号、元件标识符和元件编号。如果整个系统仅有一种设备，则可省略设备编号，如图 8-11 所示。

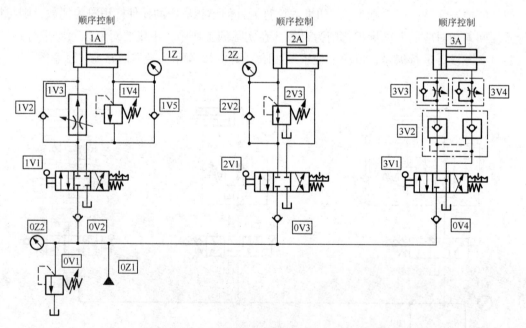

图 8-11　按 DIN ISO 1219-2 标准编号

三、按元件列表编号

对液压系统中所有元件进行连续编号，此时，元件编号应该与元件列表中编号相一致。这种方法特别适用于复杂液压控制系统，每个控制回路都与其系统编号相对应，如图 8-12 所示。

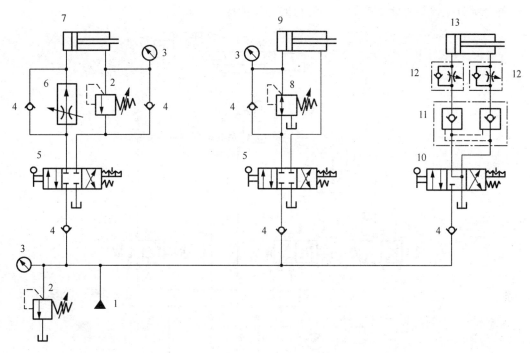

图 8-12　按元件列表编号

对于上述三种方法的选用，要视具体场合（情况）而定。但一般情况下，选用第一种和第三者较为广泛。

第六节　液压回路的绘制

液压系统应当根据控制流程图来画回路图。回路图中的信号流向是从下向上。一个控制系统中，能量供给是重要的，应当包括在回路图中。液压系统所需的元件应当画在回路图的下面，可以采用简化符号或者画出全部元件的符号。在大的回路图中，液压系统部分（梭阀，各种油路管道连接等等）可以另外单独画。

回路图在布局时，不必考虑系统每个元件的实际位置。建议将图中所有油缸和方向控制阀门水平布置，且油缸运动的方向均为从左往右，这样使回路图更容易阅读理解。

一、液压回路图的布局

如图 8-13 所示，按下手动按钮 1.2 或 1.4，双作用油缸 1.0 的活塞杆就伸出。油缸完全伸出以后，如果这时手动按钮已经释放，则油缸返回它的初始位置。

如图 8-13 所示，3/2 机控换向阀（单控/1.3）安装在 1.0 缸完全伸出时所能碰到的位置。这个元件在回路图中画在信号输入层，不直接反映阀门所处的位置。油缸伸出时所能碰到的位置处有一个标记，这才是阀门 1.3 在工作线路中的实际位置。表 8-18 所示为元件清单。

当控制回路很复杂，包含许多工作元件时，可将控制系统分成几个控制部分。每个部分可根据其功能划分。

各个部分应该尽可能地按照操作运行的顺序依次画出来。

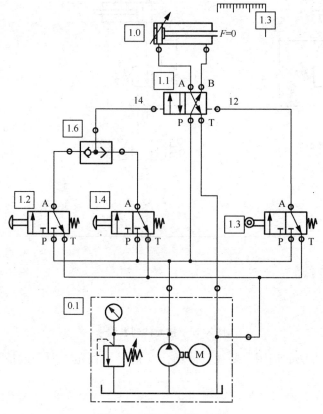

图 8-13　液压回路和元件

表 8-18　图 8-13 元件清单

序　号	元 件 符 号	元 件 名 称
1	0.1	液压源
2	1.0	双作用油缸
3	1.1	4/2 双向液控换向阀
4	1.2	手动按钮阀
5	1.3	3/2 机控换向阀（单控）
6	1.4	手动按钮阀
7	1.6	梭阀（或门阀）

二、回路中各元件的表示法

如图 8-14 所示，回路图中所画的每个元件应处于初始位置；按钮阀 1.1 的初始位置是处于被开通的状态。应当表示出来（例如，用一个箭头，或者对限位开关来说画一个带阴影线的凸起部分）。处于开通状态的阀门左边位置的管道（P 口）接通了液压源。由于按钮阀被按下，此时 A 处有信号。

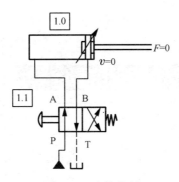

图 8-14　直接控制

三、绘制回路图的要点

绘制回路图时要注意如下几点：

（1）信号流向是从回路图的下方向上表示。

（2）液压源可以用简化形式画出。

（3）图中不考虑实际元件的排列。

（4）尽可能将油缸和方向控制阀门水平绘制，油缸运动方向是从左往右。

（5）安装时使用的所有元件要与回路图中元件的名称标记一致。

（6）用标记表示输入信号的位置（例如限位阀）。如果信号的产生是单方向的，就在标记上加一个箭头。

（7）图中每个元件处于控制的初始位置。已经被启动而动作的元件用带阴影线的凸起部分或者箭头加以区分。

（8）在画管道线时尽可能用直线，不要交叉，连接处用一个点表示。

小　　结

在液压系统中，液压图是工程交流的语言，在液压设备交货时更是必不可少的随机文件，也是用户日后维护、修理、培训的依据。本章重点是要学会了解液压元件的图形符号、液压系统的信号流程和液压回路的位移步骤图，以及利用位移步骤图来查找故障。在实验中，仔细体会元件的作用、实际接线、调整，以及回路的信号流，掌握回路的画法。

第九章 组合机床液压系统

学习目标

1. 通过分析典型液压系统学会阅读液压系统原理图和掌握分析液压系统的方法。

2. 了解设备的功用及对液压系统动作和性能的要求。

3. 能初步分析液压系统图,以执行元件为中心,将系统分解为若干个子系统。

4. 能掌握对每个子系统进行分析;能分析组成子系统的基本回路及液压元件的作用;能按执行元件的工作循环分析实现每步动作的进油和回油路线。

5. 能够根据系统中对各执行元件之间的顺序、同步、互锁、防干扰或联动等要求分析各子系统之间的联系,弄懂整个液压系统的工作原理。

6. 归纳出设备液压系统的特点和使设备正常工作的要领,加深对整个液压系统的理解。

组合机床液压系统

一、组合机床液压系统

组合机床液压系统主要由通用滑台和辅助部分(例如定位、夹紧)组成。动力滑台本身不带传动装置,可根据加工需要安装不同用途的主轴箱,以完成钻、扩、铰、镗、刮端面、铣削及攻螺纹等工序。

图 9-1 所示为带有液压夹紧的他驱式动力滑台的液压系统原理图,这个系统采用限压式变量泵供油,并配有二位二通电磁阀卸荷,变量泵与进油路的调速阀组成容积节流调速回路,用电液换向阀控制液压系统的主油路换向,用行程阀实现快进和工进的速度换接,可实现多种工作循环,下面以定位夹紧→快进→一工进→二工进→死挡铁停留→快退→原位停止松开工件的自动工作循环为例,说明液压系统的工作原理。

1. 夹紧工件

夹紧油路一般所需压力要求小于主油路,故在夹紧油路上装有减压阀 6,以减低夹紧缸的压力。按下启动按钮,泵启动并使电磁铁 4YA 通电,夹紧缸 24 松开以便安装并定位工件。当工件定好位以后,发出讯号使电磁铁 4YA 断电,夹紧缸活塞夹紧工件。其油路:泵 1→单向阀 5→减压阀 6→单向阀 7→换向阀 11 左位→夹紧缸上腔,夹紧缸下腔的回油→换向阀 11 左位回油箱。于是夹紧缸活塞下移夹紧工件。单向阀 7 的作用用以保压。

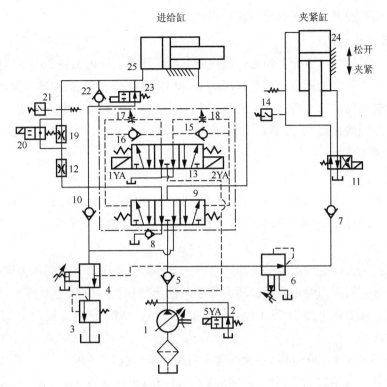

进给缸　　　　　夹紧缸

图 9-1　液压系统工作原理

1—变量泵；2、20—二位二通电磁阀；3—溢流阀；4—顺序阀；5、7、8、10、15、16、22—单向阀；

6—减压阀；9—液动阀；11—电磁阀；13—电磁换向阀；17、18—节流阀；12、19—调速阀；

14、21—压力继电器；23—行程阀；24—夹紧缸；25—进给缸

2. 进给缸快速前进

当工件夹紧后，油压升高，压力继电器 14 发出讯号使 1YA 通电，电磁换向阀 13 和液动换向阀 9 均处于左位。其油路为：

（1）进油路：泵 1→单向阀 5→液动阀 9 左位→行程阀 23 右位→进给缸 25 左腔。

（2）回油路：进给缸 25 右腔→液动阀 9 左位→单向阀 10→行程阀 23 右位→进给缸 25 左腔。

这样形成差动连接，液压缸 25 快速前进。因快速前进时负载小，压力低，故顺序阀 4 打不开（其调节压力应大于快进压力），变量泵以调节好的最大流量向系统供油。

3. 一工进

当滑台快进到达预定位置（即刀具趋近工件位置），挡铁压下行程阀 23，于是调速阀 12 接入油路，压力油必须经调速阀 12 才能进入进给缸左腔，负载增大，泵的压力升高，打开液控顺序阀 4，单向阀 10 被高压油封死，此时油路为

进油路：泵 1→单向阀 5→换向阀 9 左位→调速阀 12→换向阀 20 右位→进给缸 25 左腔。

回油路：进给缸 25 右腔→换向阀 9 左位→顺序阀 4→背压阀 3→油箱。

一工进的速度由调速阀 12 调节。由于此压力升高到大于限压式变量泵的限定压力 p_B，

泵的流量便自动减小到与调速阀的节流量相适应。

4. 二工进

当第一工进到位时，滑台上的另一挡铁压下行程开关，使电磁铁 3YA 通电，于是阀 20 左位接入油路，由泵来的压力油须经调速阀 12 和 19 才能进入 25 的左腔。其他各阀的状态和油路与一工进相同。二工进速度由调速阀 19 来调节，但阀 19 的调节流量必须小于阀 12 的调节流量，否则调速阀 19 将不起作用。

5. 死挡铁停留

当被加工工件为不通孔且轴向尺寸要求严格，或需刮端面等情况时，则要求实现死挡铁停留。当滑台二工进到位碰上预先调好的死挡铁，活塞不能再前进，停留在死挡铁处，停留时间用压力继电器 21 和时间继电器（装在电路上）来调节和控制。

6. 快速退回

滑台在死挡铁上停留后，泵的供油压力进一步升高，当压力升高到压力继电器 21 的预调动作压力时（这时压力继电器入口压力等于泵的出口压力，其压力增值主要决定于调速阀 19 的压差），压力继电器 21 发出信号，使 1YA 断电，2YA 通电，换向阀 13 和 9 均处于右位。这时油路为

(1) 进油路：泵 1→单向阀 5→换向阀 9 右位→进给缸 25 右腔。

(2) 回油路：进给缸 25 左腔→单向阀 22→换向阀 9 右位→单向阀 8→油箱。

这样液压缸 25 便快速左退。由于快速时负载压力小（小于泵的限定压力 p_B），限压式变量泵便自动以最大调节流量向系统供油。又由于进给缸为差动缸，所以快退速度基本等于快进速度。

7. 进给缸原位停止，夹紧缸松开

当进给缸左退到原位时，挡铁碰行程开关发出信号，使 2YA、3YA 断电，同时使 4YA 通电，于是进给缸停止，夹紧缸松开工件。当工件松开后，夹紧缸活塞上挡铁碰行程开关，使 5YA 通电，液压泵卸荷，一个工作循环结束。当下一个工件安装定位好后，则又使 4YA、5YA 均断电，重复上述步骤。

二、液压系统的特点

本系统采用限压式变量泵和调速阀组成容积节流调速系统，把调速阀装在进油路上，而在回油路上加背压阀。这样就获得了较好的低速稳定性、较大的调速范围和较高的效率。而且当滑台需挡铁停留时，用压力继电器发出信号实现快退比较方便。

采用限压式变量泵并在快进时采用差动连接，不仅使快进速度和快退速度相同（差动缸），而且比不采用差动连接的流量可减小一倍，其能量得到合理利用，系统效率进一步得到提高。

采用电液换向阀使换向时间可调，改善和提高了换向性能。采用行程阀和液控顺序阀来实现快进与工进的转换，比采用电磁阀的电路简化，而且使速度转换动作可靠，转换精度也较高。此外，用两个调速阀串联来实现两次工进，使转换速度平稳而无冲击。

夹紧油路中串接减压阀，不仅可使其压力低于主油路压力，而且可根据工件夹紧力的

需要来调节并稳定其压力；当主系统快速运动时，即使主油路压力低于减压阀所调压力，因为有单向阀 7 的存在，夹紧系统也能维持其压力（保压）。夹紧油路中采用二位四通阀 11，它的常态位置是夹紧工件，这样即使在加工过程中临时停电，也不至于使工件松开，保证了操作安全可靠。

本系统可较方便地实现多种动作循环，可实现多次工进和多级工进。工作进给速度的调速范围可达 6.6～660 mm/min，而快进速度可达 7 m/min。所以它具有较大的通用性。

此外，本系统采用两位两通阀卸荷，比用限压式变量泵在高压小流量下卸荷方式的功率消耗要小。

小　结

1. 典型液压系统设备的功用及对液压系统动作和性能的要求。

2. 以执行元件为中心，将系统分解为若干个子系统。掌握液压系统的分析方法。

3. 对每个子系统进行分析；组成子系统的基本回路及液压元件的作用；按执行元件的工作循环分析实现每步动作的进油和回油路线。

4. 归纳设备液压系统的特点和使设备正常工作的要领，加深对整个液压系统的理解。

复习思考题

图 9-1 所示的动力滑台液压系统是由哪些基本液压回路组成的？单向阀 10 在油路中起什么作用？

第十章　电液压技术

学习目标

1. 了解液压系统的电气控制原理。

2. 掌握液压系统的电子/电气控制，掌握开关式电控阀、电液伺服阀、电液比例阀、典型液压系统及其电气控制的结构原理。

3. 掌握常用的基本回路，进行简单的液压系统设计。

现代液压技术是电子和机械技术相结合的一种技术，它已经从传统的机控发展到电控，从状态控制发展到过程控制，当代的液压设备已经向自动化和智能化方向发展。液压传动正向高速化、高压化、集成化、大流量、大功率、高效、低噪声、经久耐用方向发展。

第一节　液压系统的电气控制原理

一、电液压开关系统的工作原理

当电磁换向阀通电时，液压缸活塞杆以一定速度伸出或回缩，该速度大小可通过流量控制阀确定，因此，电磁换向阀本身并不控制液压缸活塞运动速度。

如图 10-1 所示，在液压系统中的三位四通电磁换向阀，可以完成如下功能：液压缸活塞杆伸出；液压缸活塞杆回缩；停止液压缸。因此，电磁换向阀的作用就像电气回路中的开关一样。在一个位置上，关闭灯；而在另一个位置上，接通灯，但并没有中间位置。因此，电磁换向阀可被认为是简单的开关阀。其可以通过电气装置来控制，这些电气装置能够接通或关断电流。因此，普通的电控阀是采用开关控制原理来控制液气压系统的通断和换向的。

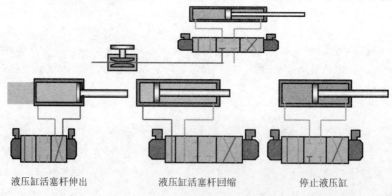

液压缸活塞杆伸出　　　液压缸活塞杆回缩　　　停止液压缸

图 10-1　三位四通电磁换向阀

二、电液压比例系统的工作原理

比例方向阀相当于电开关中的光度调整开关。它可以通过类似于光度调整开关的电气装置来控制。因此，阀芯移动不仅限于三个位置，而且在行程范围内可以无级调节。偏离中位的阀芯移动方向将决定液压缸运动方式，其大小可以控制液压缸活塞运动速度。因而比例方向阀既可以完成换向阀的功能，也可以控制流量。

如上所述，输入给比例电磁铁的电流需要调节，而不是简单的接通或关断（像在电磁换向阀中一样）。理论上，这可以通过光度调整类型元件（例如可调电阻）来实现，但由于热量产生和漂移等问题，实际上并不使用这种元件，除非在最简单的应用场合。通常比例电磁铁的线圈电流由功率放大器（电子放大器）来控制。

第二节　开关式电控阀

一、电磁换向阀

1. 直动式电磁换向阀

直动式电磁换向阀的结构如图 10-2 所示。

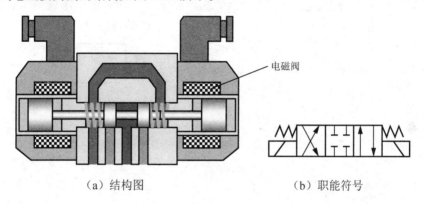

| （a）结构图 | （b）职能符号 |

图 10-2　直动式电磁换向阀

2. 先导式电磁换向阀

图 10-3 所示是一个先导式双向双电控电磁换向阀，上面部分实际是一个双电控直动式电磁换向阀。有了这样的整合，就可以以小尺寸的电磁铁和较小的电流控制大流量的液压油的通断和换向，而如果采用直动式电磁换向阀来控制就需要很大的电磁铁和电流。

二、电控溢流阀

图 10-4 所示为电控溢流阀，它是在普通的先导溢流阀的先导进油腔（相当于远程控制口）和卸油腔之间加装了一个电控开关阀。只要电控开关阀通电，先导溢流阀就溢流。

三、压力开关

压力开关是一个能够利用液压系统的压力变化来控制电气开关的通断的元件。其示意图如图 10-5 所示。

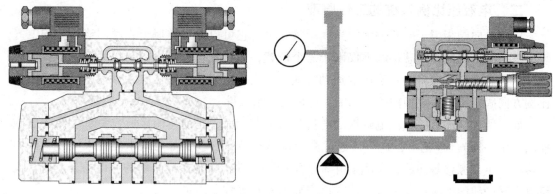

图 10-3　先导式双向双电控电磁换向阀　　　　　图 10-4　电控溢流阀

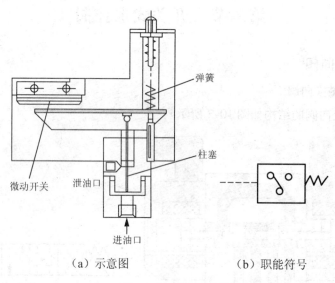

弹簧

柱塞

微动开关　　泄油口

进油口

（a）示意图　　　　　　　（b）职能符号

图 10-5　压力开关

第三节　电液伺服阀

　　电液伺服阀是电液转换元件，也是功率放大元件，它能够将小功率的电信号输入转换成大功率的液压能（流量和压力）输出，实现执行元件的位移、速度、加速度及力的控制，是电液控制系统的核心和关键元件。

　　电液伺服阀输入信号是由电气元件来完成的。电气元件在传输、运算和参量的转换等方面既快速又简便，而且可以把各种物理量转换成为电量。所以在自动控制系统中广泛使用电气装置将其作为电信号的比较、放大、反馈检验等元件；而液压元件具有体积小、结构紧凑、功率放大倍率高、线性度好、死区小、灵敏度高、动态性能好、响应速度快等优点，可作为电液转换功率放大的元件。因此，在一控制系统中常以电气为"神经"，以机械为"骨架"，以液压控制为"肌肉"，最大限度地发挥机、电、液的长处。

一、电液伺服阀的结构

（1）阀体：是电液伺服阀的主要"骨架"。

（2）阀套：为了使阀芯凸肩与油口精确匹配，在阀体内应安装阀套，如图 10-6（a）所示。

（3）阀芯：如图 10-6（b）所示，它是工作时可以移动的部分。

（4）预过滤器：如图 10-6（c）所示，在主阀体内，还应安装用于过滤控制油液的预过滤器，安装预过滤器是因为伺服阀十分精密，对压力油要求高。

（5）阀体端盖：如图 10-6（d）所示，阀体端盖起密封保护作用。

（6）力矩马达的机体（阀座）：如图 10-6（e）所示，它主要起骨架固定作用。

（7）喷嘴：如图 10-6（f）所示，此电液伺服阀含有两个喷嘴。

（8）挡板和力矩马达：挡板一方面与力矩马达衔铁连接；另一方面，其穿过两个喷嘴，与主阀芯连接，如图 10-6（g）所示。

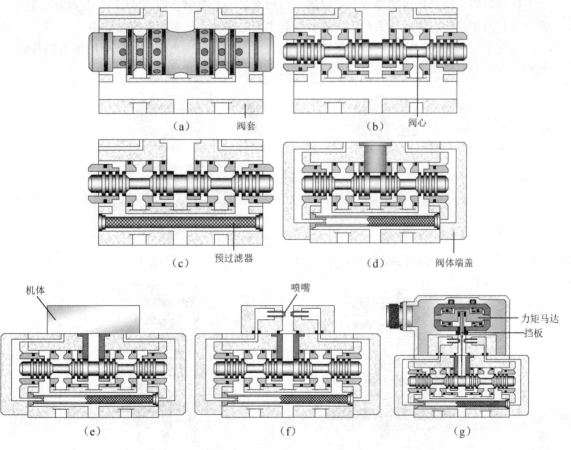

图 10-6　电液伺服阀的结构

二、电液伺服阀的工作原理

（1）当伺服阀失电时，挡板位于两个喷嘴中间，所以主阀两个控制腔中的压力是相等的，即主阀芯位于中位，如图 10-7 所示。

（2）当伺服阀得电时，因为在力矩马达中，安装有环绕在衔铁四周的永久磁铁磁轭。在力矩马达线圈中通入电流会激磁衔铁，并引起其倾斜（衔铁倾斜方向由电压极性来确定，倾斜程度则取决于电流大小）。衔铁倾斜会使挡板更加靠近一个喷嘴，而远离另一个喷嘴。这样会使主阀两端控制腔中压力产生压差，引起主阀芯移动，伺服阀有流量输出。随着主阀芯移动，当两控制腔中的压力相等时，挡板又处于两喷嘴中间，这是主阀芯停止移动。就这样伺服阀可以通过改变输入电信号（电流）的大小，来输出的油液的量。具体工作过程如下：

当伺服阀失电时，挡板位于两个喷嘴中间，所以主阀两个控制腔中的压力是相等的，即主阀芯也是位于中位，如图10-7（a）所示。在力矩马达中，安装有环绕在衔铁四周的永久磁铁磁轭。

在力矩马达线圈中通入电流会激磁衔铁，并引起其倾斜，如图10-7（b）所示。衔铁倾斜方向由电压极性来确定，倾斜程度则取决于电流大小。

衔铁倾斜会使挡板更加靠近一个喷嘴，而远离另一个喷嘴，如图10-7（c）所示。这样会使主阀两端控制腔中的压力产生压差。引起主阀芯移动，比例阀有流量输出。

引起主阀芯移动，比例阀有流量输出。随着主阀芯移动，当两控制腔中的压力相等时，挡板又处于两喷嘴中间，这时主阀芯停止移动，如图10-7（d）所示。

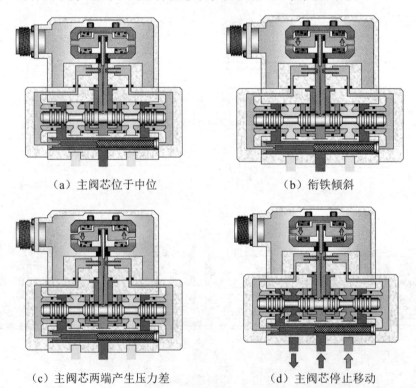

（a）主阀芯位于中位　　　　　　　　　　（b）衔铁倾斜

（c）主阀芯两端产生压力差　　　　　　　（d）主阀芯停止移动

图10-7　电液伺服阀的工作原理

三、电液伺服阀的应用

电液伺服阀目前广泛应用于要求高精度控制的自动控制设备中，用以实现位置控制、速度控制和力的控制等。

伺服阀控制精度高，响应速度快，特别是电液伺服系统容易实现计算机控制，在航空航天、军事装备中得到广泛应用。但其加工工艺复杂、成本高，对油液污染敏感，维护保养难，以前一般工业应用较少，现在随着科技的进步，广泛应用在一般机械的自动控制系统中。

第四节　电液比例阀

一、电液比例阀的原理

阀对流量的控制可以分为以下两种。

（1）开关控制：开关控制只能全开或全关，因此流量只有最大和最小流量一说，没有中间状态，例如普通的电磁直通阀、电磁换向阀、电液换向阀。

（2）连续控制：阀口可以根据需要打开任意一个开度，由此控制通过流量的大小，这类阀有手动控制的，例如节流阀，也有电控的，例如伺服阀。

电液比例阀属于连续控制阀，阀内的比例电磁铁输入电压信号产生相应动作，使阀芯产生位移，阀口开度发生改变，并且其改变量与输入电压成比例。其工作原理是通过改变线圈电流，改变阀芯位移大小，从而实现了比例阀出口流量的控制，如图10-8所示。

二、电液比例阀的结构

电液比例阀主要由比例电磁铁、比例阀芯和功率放大器组成。

1. 比例电磁铁

比例电磁铁的工作原理如图10-8所示，当在线圈上施加电压时，将有电流流过线圈，电流产生磁场，该磁场集中在金属导磁套、磁极片和衔铁中。在磁极片与衔铁之间的磁回路中存在间隙，所以，就会产生电磁力，该电磁力将闭合这个间隙，从而使磁路导通。

如图10-8所示，推杆比例电磁铁与比例阀阀芯连接起来，推动阀芯向挤压弹簧方向移动。

电磁力大小由磁场强度决定，而磁场强度与线圈电流成正比。增加线圈电流将使电磁力增大，因此，阀芯移动距离也增大。在设计比例电磁铁时，应使电磁力 F 与线圈电流 I 之间呈线性关系，即电磁力仅取决于线圈电流。比例电磁铁的电磁力与线圈电流成正比，并在有效行程范围内保持稳定。比例电磁铁可用于工业、民用级军用设备的阀门、喷油泵、打印机、医疗器械等装置的控制。

比例电磁铁的工作过程如下：

（1）当在线圈上施加电压时，将有电流流过线圈。电流产生磁场，该磁场集中在金属导磁套、磁极片和衔铁中。

（2）在磁极片与衔铁之间的磁回路中存在间隙，所以会产生电磁力，该电磁力将闭合这个间隙，从而使磁路导通，如图10-8（a）所示。

（3）推杆将比例电磁铁与比例阀阀芯连接起来，其通常推动阀芯向挤压弹簧方向移动，如图10-8（b）所示。

（4）电磁力大小由磁场强度决定，而磁场强度与线圈电流成正比。

增加线圈电流将使电磁力增大，因此，阀芯移动距离也增大。

与电磁换向阀不同，比例阀线圈的电流可调，不仅是接通或关断。在结构上，比例电磁铁与开关式电磁铁相类似。如图10-8（c）所示，比例电磁铁的组成：①为线圈，②为磁轭，③为衔铁，④为磁极片，⑤为推杆，⑥为导磁套，⑦为塑料树脂材料。

衔铁密闭在导磁套中，比例电磁铁通常采用塑料树脂材料封装。当在线圈上施加电压时，将有电流流过线圈。

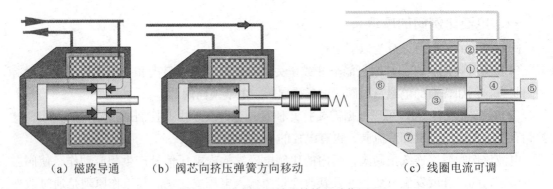

（a）磁路导通   （b）阀芯向挤压弹簧方向移动   （c）线圈电流可调

图10-8 比例电磁铁的结构及动作原理

2. 比例阀芯

比例阀阀芯在刃口上开有 V 形槽，如图10-9（b）所示，这样可使比例阀开口具有较宽的变化区间。所以，与电磁换向阀相比，尽管比例阀的最大流量较低，但是更容易实现小流量控制，比例阀开口是逐渐变化的。根据控制的最大流量，可配装不同的阀芯，阀芯有不同的形状、大小和 V 形槽数。

电磁换向阀与比例阀之间的不同就在于阀芯结构上。对于电磁换向阀，当通电时，阀芯结构应使其压降最小。为了控制小流量，所需阀开口度会很小（小开口度是很难控制的），如图10-9（a）所示。比例阀阀芯在刃口上开有 V 型槽，这样可使比例阀开口具有较宽的变化区间，如图10-9（b）所示。

与电磁换向阀相比，尽管比例阀的最大流量较低，但是，其更容易实现小流量控制，即比例阀开口是逐渐变化的。

在设计比例电磁铁时，应使电磁力 F 与线圈电流 I 之间呈线性关系，即电磁力仅取决于线圈电流，如图10-9（c）所示。

3. 功率放大器

液气压系统的控制信号的电流都是很小的（通常仅为几毫安），而驱动比例电磁铁的电流较大（一般为 2~3A）。因此，输入信号装置可以为简单的电位计，不能直接驱动比例电磁铁。

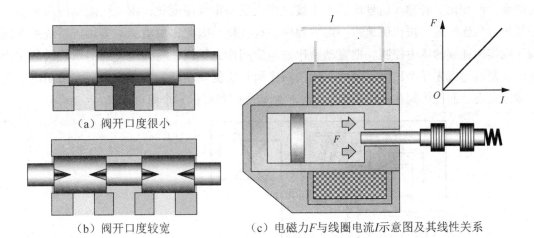

（a）阀开口度很小

（b）阀开口度较宽

（c）电磁力F与线圈电流I示意图及其线性关系

图 10-9　比例阀芯

　　功率放大器（即电子放大器）是控制比例电磁铁的线圈电流的电器元件。功率放大器本身需要一个电源（一般为 12V 或 24V 直流）和一个输入信号，如图 10-10 所示。

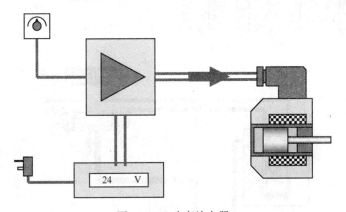

图 10-10　功率放大器

　　功率放大器输出（电流）的大小是由输入信号控制的，当输入信号为零时，输出信号也为零。当输入信号增大时，功率放大器的输出信号也相应地增大。

　　在车载液压系统中，输入信号装置可以采用操纵杆式电位计。在许多应用场合中，输入信号通常由控制器本身（例如可编程控制器 PLC）来产生。然后，输入信号直接输入给功率放大器，以产生相应的输出。

三、电液比例阀的类型

（一）按执行功能分

1. 比例溢流阀（比例压力控制阀）

　　用比例电磁铁取代直动型溢流阀的手调装置，称为直动型比例溢流阀，如图 10-11 所示。比例电磁铁的推杆通过弹簧座对调压弹簧施加推力。随着输入电信号强度的变化，比例电磁铁的电磁力将随之变化，从而改变调压弹簧的压缩量，使锥阀的开启压力随输入信号的变化而变化。若输入信号连续地或按比例地按一定程序变化，则比例溢流阀所调节的系统压力也连续地、按比例地按一定的程序进行变化。因此比例溢流阀多用于系统的多级调压或实现连续的压力控制。把直动型比例溢流阀作先导阀，与其他普通的压力阀的主阀相配，便可组成先导型比例溢流阀、比例顺序阀和比例减压阀。机器控制通常采用电子控制器来实现，而比例阀在液压系统与电子控制器之间可提供一个简单接口。

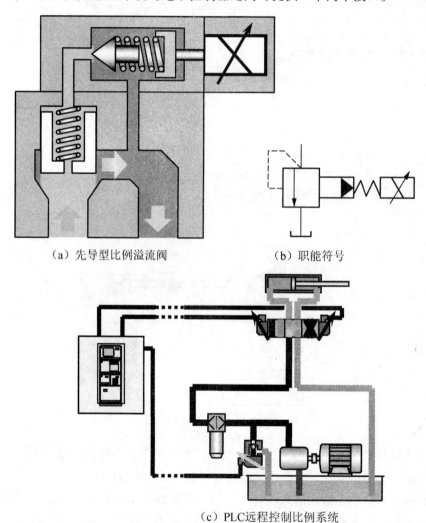

（a）先导型比例溢流阀　　　　　　　　（b）职能符号

（c）PLC远程控制比例系统

图 10-11　直动式比例溢流阀（比例压力控制阀）

2. 比例换向阀

用比例电磁铁代替电池换向阀的普通电磁铁，便成为比例换向阀，其职能符号如图 10-12 所示。其功能是完成换向，在换向的同时控制压力油的流量。

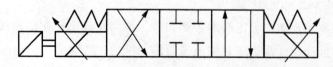

图 10-12　三位四通比例换向阀的图形符号

3. 比例流量控制阀

用比例电磁铁代替节流阀或调速阀的手调装置，以输入电信号控制节流口开度，便可连续地或按比例地远程控制其输出流量，实现执行部件的速度调节。图 10-13 所示为电液比例节流阀的实物图及职能符号。节流阀芯由比例电磁铁的推杆操纵，输入的电信号不同，则电磁力不同，由此便有不同的节流口开度。所以一定的输入电流就对应着不同的输出流量。

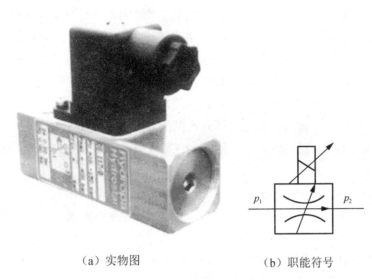

　　（a）实物图　　　　　　　　（b）职能符号

图 10-13　电液比例流量控制阀

（二）按有无反馈分类

1. 无反馈式比例阀

为了满足不同应用场合的要求，可使用不同类型的比例阀，这些比例阀具有不同的性能。如图 10-14 所示，在最简单的比例方向阀类型中，电磁力与弹簧力相平衡，以此对阀芯进行定位。功率放大器的输入信号可产生相应的输出电流，以输出给比例电磁铁。这个电流信号在阀芯上产生一个电磁力，从而使阀芯移动，直至电磁力与弹簧力相平衡。输入信号调小对应阀开度也会小，逐渐增加输入信号会使阀开度也变大，且允许较大流量通过，直至达到阀的最大开度，即通过流量最大。

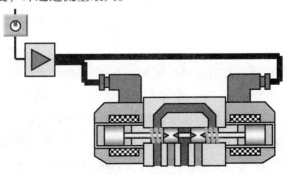

图 10-14　无反馈式比例阀

因此，对于任何输入信号，阀芯定位都是通过电磁力和弹簧力相平衡来实现的。不过，其他形式的力实际上也作用在阀芯上。当流体流过比例阀时，通常产生液动力，这些液动力与弹簧力一起克服电磁力，从而使阀口开度变小。所以，这种类型的比例阀具有一定的局限性，例如允许通过的最大流量较小和其他性能较低等。

2. 反馈式比例阀

反馈式比例阀的阀芯中有一位移传感器，这种传感器将阀芯位移信号反馈给功率较大器，如图 10-15 所示，从而实现对阀芯更加精确地定位。当增加输入信号，可使阀口逐渐开启。

与无反馈式比例阀一样，反馈式比例阀中也将产生克服电磁力的液动力，该液动力试图将阀口开度变小。不过，阀口开度变化可通过阀芯位移传感器测量，并从功率放大器输出已增大的电流，即采用已增大的电磁力来补偿液动力。

随着阀口压降和流量的不断增大，液动力最终将克服电磁力，并使阀口开度减小，不过，这种情况发生时阀口流量要比无反馈式比例阀大得多。因此，对于给定规格的比例阀，反馈式的通流能力要比无反馈式强，且阀芯定位精度更高（流量控制更精确）。但反馈式比例阀的制造成本要比无反馈式比例阀高得多，且需要专用功率放大器来控制。

3. 高性能比例阀反馈式比例阀

在高性能比例阀中，阀芯与阀套研配，阀芯由单比例电磁铁驱动，阀芯工作边为半边，当单比例电磁铁通电时，即获得相应工作位置，如图 10-16 所示。增加电磁力（电流）可使阀芯一个工作边打开，减小电磁力可使阀芯另一个工作边打开。这种类型结构可使比例阀动作更快，性能更好，但其成本较高。因此，在实际应用中，应根据要求选择最合适的比例阀形式。

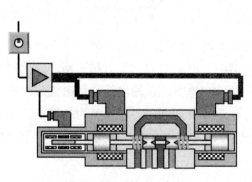

图 10-15　反馈式比例阀

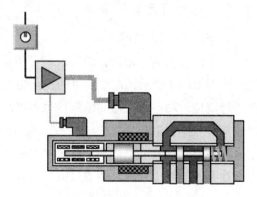

图 10-16　高性能比例阀

4. 先导式比例阀

当需要控制较大流量时，采用先导式比例阀是最佳解决方案（而不是采用大规格和大比例电磁铁）。与直动式比例阀一样，先导式比例阀与电池换向阀也有许多相似之处，但也有相当大的差别。先导式比例阀结构原理图如图 10-17 所示。

主阀芯上的 V 形槽可以实现阀口开度的无级调节。先导级作用可使比例电磁铁中电流变化，从而产生主阀两控制腔中的压力变化。先到级可像两个比例压力阀一样工作。主阀芯采用一个弹簧，表明无论主阀芯哪一个工作边工作，都压缩同一个弹簧，因此，这种结构并不需要精确匹配两个弹簧。减压装置有时安装在先到级与主阀之间，这样，当系统压力较高时（通常大于 20 MPa），可使先导压力减小。图 10-18 所示为先导式比例阀结构原理图。

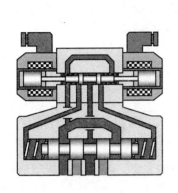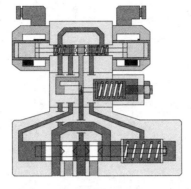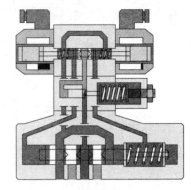

（a）减压先导式比例阀　　　　　（b）反馈先导式比例阀

图 10-17　先导式比例阀　　　　　　　图 10-18　先导式比例阀

先到级中的一个比例电磁铁通电，就会在主阀相应控制腔中产生与电流成比例的压力，该压力推动主阀芯运动，直至作用在主阀芯上的液压力与弹簧力相平衡。另一个比例电磁铁通电，主阀芯向相反的方向运动，但弹簧仍然处于压缩状态。

第五节　液气压传动系统的电气控制

一个自动化程度稍高的液压回路一般都包括液动回路和电气回路两部分。液动回路一般指动力部分，电气回路则为控制部分。通常在分析、设计液动回路的同时，要了解和掌握电气控制阀以及电气控制系统的构成和原理。

在液压系统中液压系统和电气控制系统是紧密结合的，但液压回路图和电气回路图必须分开绘制。在整个系统设计中，液压回路图按照习惯放置于电气回路图的上方或左侧。本章主要介绍有关电气控制的基本知识及典型电气液压回路。

一、基本电气回路

1. 是门电路

是门电路是一种简单的通断电路，能实现是门逻辑电路。图 10-19（a）所示为是门电路，按下按钮 SB，电路 1 导通，继电器线圈 KM 励磁，其常开触点闭合，电路 2 导通，指示灯亮。若放开按钮 SB，则指示灯熄灭。

2. 或门电路

图 10-19（b）所示的或门电路又称并联电路。只要按下三个手动按钮中的任何一个开关使其闭合，就能使继电器线圈 KM 通电。例如，要求在一条自动生产线上的多个操作点可以进行作业。或门电路的逻辑方程为 $S = a + b + c$。

3. 与门电路（AND）

图 10-19（c）所示的与门电路又称串联电路。将按钮 a、b、c 同时按下，则电流通过

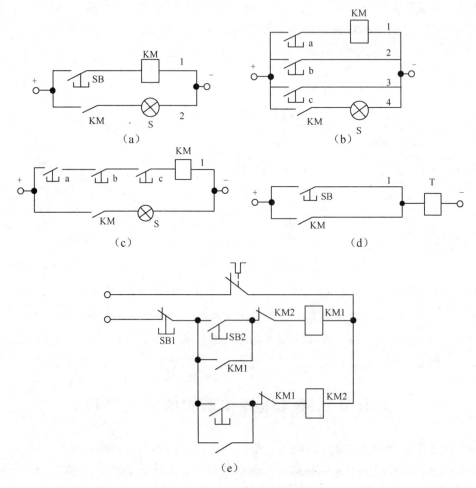

图 10-19　基本电气回路图

继电器线圈 KM。例如，一台设备为防止误操作，保证安全生产，安装了两个启动按钮，只有操作者将两个启动按钮同时按下时，设备才能开始运行。与门电路的逻辑方程为 $S = a \times b \times c$。

4. 自保持电路

自保持电路又称记忆电路，在各种液、气压装置的控制电路中很常用，尤其是使用单电控电磁换向阀控制液、液压缸的运动时，需要自保持回路，如图 10-19（d）所示。

5. 互锁电路

互锁电路用于防止错误动作的发生，以保护设备、人员安全。例如电动机的正转与反转，气缸的伸出与缩回，为防止同时输入相互矛盾的动作信号，使电路短路或线圈烧坏，控制电路应加互锁功能。图 10-19（e）所示为互锁电路。

6. 延时电路

随着自动化设备的功能和工序越来越复杂，各工序之间需要按一定的时间紧密巧妙地配合，要求各工序时间可在一定时间内调节，这需要利用延时电路来加以实现。延时控制分为两种，即延时闭合和延时断开。

如图 10-20 所示，当按下开关 SB 后，时间继电器 T 的触点也同时接通，电灯点亮，当放开开关 SB 后，延时断开继电器开始计时，到规定时间后，时间继电器触点 T 才断开，电灯熄灭。

二、简单液气压电气控制系统设计

电气控制回路和液动动力回路须分开画，两个图上的文字符号应一致，以便对照。电气控制回路的设计方法有多种，在此主要介绍经验法和串级法。

1. 经验法（直觉法）电气回路图

用经验法设计电气回路图即是应用液动的基本控制方法和自身的经验来设计，如图 10-21 所示。

优点：适用于较简单的回路设计，可凭借设计者本身的积累经验，快速的设计出控制回路。

缺点：设计方法较主观，对于较复杂的控制回路不宜设计。

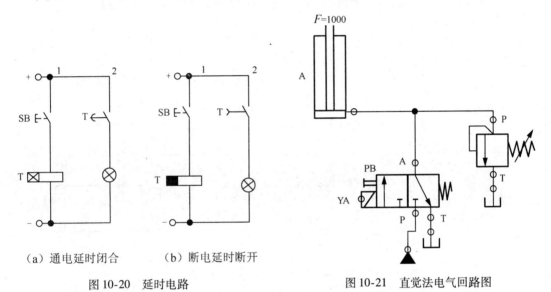

（a）通电延时闭合　　（b）断电延时断开

图 10-20　延时电路　　　　　图 10-21　直觉法电气回路图

2. 串级法电气回路图

用直觉法设计电气回路图，对于复杂的电路容易出错。本节介绍串级法设计电气回路，原则与纯液动控制回路类似。

用串级法设计电气回路并不能保证使用最少的继电器，但却能提供一种方便而有规则的方法。根据此法设计的回路易懂，可不必借助位移步骤图来分析其动作，可减少对设计技巧和经验的依赖。

用串级法既适用于双电控电磁阀也适用于单电控电磁阀控制的电气回路。

用串级法设计电气回路的基本步骤如下：

（1）画出液动动力回路图，按照程序要求确定行程开关位置，并确定使用双电控电磁阀或单电控电磁阀。

（2）按照液缸动作的顺序分组。

（3）根据各液缸动作的位置，决定其行程开关。

（4）根据第（3）步画出电气回路图。

（5）加入各种控制继电器和开关等辅助元件。

第六节 典型液压系统及其电气控制

本节先介绍了电磁换向符号，然后又列举了两个典型液压系统的电气控制实例，说明了控制原理及控制过程。表 10-1 所示是电磁换向阀符号及简介。

表 10-1 电磁换向阀符号及简介

序号	名称	功能	符号
1	电磁线圈	驱动电磁阀动作	
1	二位四通电磁换向阀（i）	在静止位置，P 口与 B 口接通，A 口与 T 口接通。当电磁线圈通电时，换向阀换向，P 口与 A 口接通，B 口与 T 口接通。如果电磁线圈无电流，该换向阀可以手动操作	
2	二位四通电磁换向阀（ii）	在静止位置，P 口与 A 口接通，B 口与 T 口接通。当电磁线圈通电时，换向阀换向，P 口与 B 口接通，A 口与 T 口接通。如果电磁线圈无电流，该换向阀可以手动操作	
3	三位四通电磁换向阀，中位机能 O 型（i）	在静止位置，所有油口关闭。当电磁线圈通电，换向阀向右换向时，P 口与 A 口接通，B 口与 T 口接通，反之则 P 口与 B 口接通，A 口与 T 口接通。如果电磁线圈无电流，该换向阀可以手动操作	
4	三位四通电磁换向阀，中位机能 O 型（ii）	在静止位置，所有油口关闭。当电磁线圈通电，换向阀向右换向时，P 口与 B 口接通，A 口与 T 口接通，反之则 P 口与 A 口接通，B 口与 T 口接通。如果电磁线圈无电流，该换向阀可以手动操作	
5	三位四通电磁换向阀，中位机能 Y 型（i）	在静止位置，P 口关闭，A 口和 B 口与 T 口接通。当电磁线圈通电，换向阀向右换向时，则 P 口与 A 口接通，B 口与 T 口接通，反之则 P 口与 B 口接通，A 口与 T 口接通。如果电磁线圈无电流，该换向阀可以手动操作	

序号	名称	功能	符号
6	三位四通电磁换向阀，中位机能 M 型（ii）	在静止位置，P 口关闭，A 口和 B 口与 T 口接通。当电磁线圈通电，换向阀向右换向时，则 P 口与 B 口接通，A 口与 T 口接通，反之则 P 口与 A 口接通，B 口与 T 口接通。如果电磁线圈无电流，该换向阀可以手动操作	（符号图）

【例10-1】 如图 10-21 所示，A 为单作用油缸，用单控电磁阀控制。当按钮开关 PB 闭合时，则油缸前进，当按钮开关 PB 断开时，则油压缸 A 后退。试分析并画出系统的工作状态图及电控回路图。

解：根据题意，可以画出系统的工作状态图，如图 10-21 所示。再根据电气控制的基本知识，可以知道该控制原理为"直接"并且是"点动"的控制方式。由此，可以得到图 10-22 所示的电控原理图。由于单作用油缸不能自动返回，所以必须借助于外力（图 10-21 中，F = 1 000 N）来复位。图 10-21 中的"溢流阀"主要起保护单作用油缸的作用。

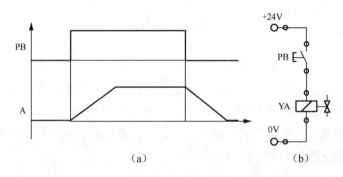

（a）　　　　　　　　　　　（b）

图 10-22　电控原理

【例10-2】 如图 10-23 所示。A 为单作用油缸，以单控电磁阀控制。当按钮开关 PB1 闭合时，则油压缸前进，此时放开 PB1 断开时，油压缸仍保持在前位状态（自保），当按钮开关 PB2 闭合时，则油压缸后退。请根据要求，试分析并画出系统的电控回路图。

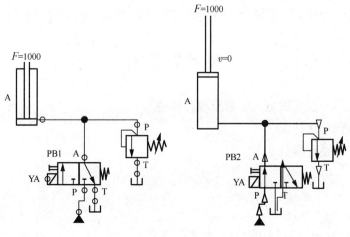

图 10-23　例 10-2 图

解：根据题意，可以画出系统的工作状态图，参见图 10-23 所示。再根据电气控制的基本知识，可以知道该控制原理为"间接"并且是"自保持"的控制方式。由此，可以得到图 10-24 所示的电控原理图。

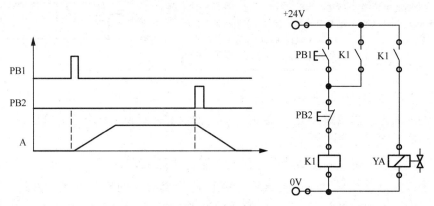

图 10-24　电控原理图

小　结

现代液压技术是电子和机械技术相结合的一种技术，已经从传统的机控发展到电控，从状态控制发展到过程控制，当代的液压设备已经向自动化和智能化方向发展。

在液压控制系统中，控制方式用得最多的往往是电子控制或 PLC 控制。虽然，纯液压系统也有这些控制方式，但由于其控制较复杂，且纯液压系统也不能实现复杂的控制。

本章主要介绍了液压的电子控制：

1. 液压系统的电气控制原理。
2. 开关式电控阀的构造及工作原理。
3. 电液伺服阀的构造及工作原理。
4. 电液比例阀的构造及工作原理。
5. 典型液压系统及其电气控制。
6. 电子控制的设计方法：顺序法（继电器依次控制），可以从实例的控制回路中得知。

复习思考题

1. 举例说明液压系统的电气控制原理有哪些？
2. 简述伺服阀的优缺点。
3. 基本电气回路有哪些？

第十一章　液压系统维护

学习目标

1. 了解实际的工业系统中液压的维护工作。
2. 了解液压系统故障的类型、产生的原因、解决的方法。
3. 了解液压系统维护的注意事项。

一台液压装置，如果不注意维护保养工作，就会过早损坏或频繁发生故障，使装置的使用寿命大大降低。在对液压装置进行维护保养时，应针对发现的事故苗头，及时采取措施，这样可减少和防止故障的发生，延长元件和系统的使用寿命。因此，设备管理人员应制定液压装置的维护保养管理规范，并严格执行。

维护保养工作的中心任务是保证供给液压系统清洁的液压油；保证液压系统的封闭性；保证液压元件和系统得到规定的工作条件（例如使用压力、电压等），以保证液压执行机构按预定的要求进行工作。

维护工作可以分为经常性的维护工作和定期的维护工作。前者是每时每天必须进行的维护工作，后者可以是每周、每月或每季度进行的维护工作。维护工作应有记录，以利于今后的故障诊断和处理。

第一节　经常性的维护工作

液压装置是由各种不同设备安装组成的，故障是由很多复杂因素引起的。一般来说，在出现重大（严重）故障之前，一些轻微的异常现象可以通过警告信号来察觉到，包括气味、声音和振动。这些反常现象可以通过每天仔细的检查察觉到。换句话说，日常检查能够较早地发现潜在的故障，在发生重大故障之前和设备停止运行前能够采取重要的防范措施。

关于日常检查一共有两个要点：一个是防止泄漏。另一个是液压流体的处理。

据相关不完全统计，超过90%的故障是由于漏油和对液压流体不正当的处理引起的。要想完全克服这两个因素，系统地执行日常检查是非常重要的。

发现异常的处理方法：如果在日常检查过程中发现任何异常现象，应报告给维修部门，并尽可能地在不耽误工作的情况下调查原因。

同时，保持设备、周边及地面清洁是检查项目中比较容易的检查（设备"5S"的完全执行）。

第二节　定期的维护工作

每周维护工作的主要目的是提早发现事故的苗头。

漏油检查应在白天车间休息的空闲时间或下班后进行。这时，液压装置已停止工作，车间内噪声小，但管道内还有一定的压力，根据漏油的声音及气味便可知何处存在泄漏。严重泄漏处必须立即处理，例如软管破裂、连接处严重松动等。其他泄漏应做好记录。

每季度的维护工作应比每日和每周的维护工作更仔细，但仍限于外部能够检查的范围。其主要内容是：仔细检查各处泄漏情况，紧固松动的螺钉和管接头，检查换向阀排出油液的质量，检查各调节部分的灵活性，检查指示仪表的正确性，检查电磁阀切换动作的可靠性，检查油缸活塞杆的质量以及一切从外部能够检查的内容。

泄漏的主要原因是阀内或缸内的密封不良，复位弹簧生锈或折断、油压不足等所致。间隙密封阀的泄漏较大时，可能是阀芯、阀套磨损所致。像安全阀、紧急开关阀等，平时很少使用。定期检查时，必须确认其动作可靠性。

让电磁阀反复切换，从切换声音可判断阀的工作是否正常。对交流电磁阀，若有蜂鸣声，应考虑动铁心与静铁心没有完全吸合，吸合面有灰尘，分磁环脱落或损坏等。

油缸活塞杆常露在外面。观察活塞是否被划伤、腐蚀和存在偏磨。根据有无漏油，可判断活塞杆与端盖内的导向套、密封圈的接触情况、油液的处理质量，油缸是否存在横向载荷等。

回转活动部件的配合部位应特别加强保养，并根据活动部件的使用期限备足备品、坚持定期检查更换，以免产生故障，因小失大，影响使用。

在进行维护、保养时应注意劳动保护，员工间互相协助配合。

第三节　故障诊断与对策

一、液压传动装置故障概念

一套好的液压传动装置能正常、可靠地工作，它的液压系统必须具备许多性能要求。这些要求包括液压缸的行程、推力、速度及其调节范围；液压马达的转向、扭矩、速度及其调节范围等技术性能；运转平稳性、精度、噪声、效率等。在实际运行过程中，如果出现了某些不正常情况，而不完全能或不能满足这些要求，则认为液压系统出现了故障。

二、液压系统故障特点

液压系统的故障既不如机械传动那样显而易见，也不如电气传动那样易于检测，其具有以下特点。

1. 故障的多样性和复杂性

液压系统出现的故障可能是多种多样的，而且在大多数情况下是几个故障同时出现。例如系统的压力不稳定，常和振动噪声故障同时出现；而系统压力达不到要求经常又和动作故障联系在一起；甚至机械、电气部分的弊病也会与液压系统的故障交织在一起，使得故障变得复杂，新系统的调试更是如此。

2. 故障的隐蔽性

液压系统是依靠在密闭管道内并具有一定压力能的油液来传递动力的；系统所采用的元件内部结构及工作状况不能从外表直接观察。因此，它的故障具有隐蔽性，不如机械传动那样直观，也不如电气传动那样易于检测。

3. 引起同一故障原因和同一原因引起故障的多样性

液压系统同一故障引起的原因可能有多个，而且这些原因常常是互相交织在一起，互相影响。例如系统压力达不到要求，其产生原因可能是泵引起的，也可能是溢流阀引起的，也可能是两者同时作用的结果。此外，油的黏度是否合适，以及系统的泄漏等都可能引起系统压力不足。

另一方面，液压系统中同一原因，因其程度的不同、系统结构的不同以及与其他配合的机械结构的不同，所引起的故障现象也可以是多种多样的。如同样是系统吸入空气，严重时能使泵吸不进油；轻者会引起流量、压力的波动，同时产生噪声，造成机械部件运行过程中的爬行。

4. 故障产生的偶然性与必然性

液压系统中的故障有时是偶然发生的，有时是必然发生的。

故障偶然发生的情况：油液中的污物偶然卡死溢流阀的阻尼孔或换向阀的阀芯，是系统突然失压或不能换向；电网电压的骤然变化，是电磁铁吸合不正常而引起电磁阀不能正常工作。这些故障不是经常发生的，也没有一定的规律。

故障必然发生的情况是指那些持续不断经常发生、并具有一定规律的原因引起的故障。例如油液黏度低引起系统泄漏，液压泵内部间隙大、内泄漏增加导致泵的容积效率下降等。

5. 故障的产生与使用条件的密切相关性

同一系统往往随着使用条件的不同，而产生不同的故障。例如环境温度低，使油液黏度增大引起液压泵吸油困难；环境温度高，油液黏度下降引起系统泄漏和压力不足等故障。系统在不干净的环境工作时，往往会引起油的严重污染，并导致系统出现故障。另外，维护人员的技术水平也会影响到系统的正常工作。

6. 故障难于分析判断而易于处理

由于液压系统故障有以上特性，所以当系统出现故障后，要想很快确定故障部位产生的原因是比较困难的。必须对故障进行认真地检查、分析、判断，才能找出其故障部位及其原因。然而，一旦找出原因后，往往处理却比较容易，有的甚至稍加调节或清洗即可。

三、故障种类

由于故障发生的时期不同，故障的内容和原因也不同。因此，可将故障分为初期故障、突发故障和老化故障。

1. 初期故障

在调试阶段和开始运转的两、三个月内发生的故障称为初期故障。其产生的原因有：

（1）元件加工、装配不良。例如元件内孔的研磨不符合要求，零件毛刺未清除干净，不清洁安装，零件装错、装反，装配时对中不良，紧固螺钉拧紧力矩不恰当，零件材质不符合要求，外购零件（例如密封圈、弹簧）质量差等。

（2）设计失误。设计元件时，对零件的材料选用不当，加工工艺要求不合理等。对元件的特点、性能和功能了解不够，造成回路设计时元件选用不当。回路设计出现错误。

（3）安装不符合要求。安装时，元件及管道内吹洗不干净，使灰尘、密封材料碎片等杂质混入，造成液压系统故障，安装气缸时存在偏载。管道的防松、防振动等没有采取有效措施。

（4）维护管理不善。

2. 突发故障

系统在稳定运行时期内突然发生的故障称为突发故障。例如管路中，残留的杂质混入元件内部，突然使相对运动件卡死；弹簧突然折断、软管突然爆裂、电磁线圈突然烧毁；突然停电造成回路误动作等。

有些突发故障是有先兆的。但有些突发故障是无法预测的，只能采取安全保护措施加以防范，或准备一些易损备件，以便及时更换失效的元件。

3. 老化故障

个别或少数元件达到使用寿命后发生的故障称为老化故障。参照系统中各元件的生产日期、开始使用日期，使用的频繁程度以及已经出现的某些征兆，例如声音反常、泄漏越来越严重、油缸运动不平稳等，大致预测老化故障的发生期限是可能的。

四、故障诊断

（一）故障排除前的准备工作

1. 阅读设备使用说明书

认真阅读设备使用说明书，掌握以下情况：

（1）设备的结构、工作原理及其性能。

（2）液压系统的功能、系统的结构、工作原理及设备对液压系统的要求。

（3）系统中所采用的各种元件的结构、工作原理、性能。

2. 查阅与设备使用有关的档案资料

查阅与设备使用有关的档案资料，例如生产厂家、制造日期、液压件状况、运输途中有无损坏、调试及验收时的原始记录、使用期间出现过的故障及处理方法等。

除上述外，还应掌握液压传动的基础知识。

（二）处理故障的步骤

1. 现场检查

任何一种故障都表现为一定的故障现象。这些现象是针对故障进行分析、判断的线索。由于同一故障可能是由多种不同的原因引起的，而这些不同原因所引起的同一故障又有着一定的区别，因此在处理故障时首先要查清故障现象，认真仔细地进行观察，充分掌握其特点，了解故障产生前后设备的运转情况，查清故障是在什么条件下产生的，并摸清与故障有关的其他因素。

2. 分析判断

在现场检查的基础上，对可能引起故障的原因做初步的分析判断，初步列出可能引起故障的原因。分析判断正确可使故障得到及时处理，分析判断不正确会使故障排除工作走许多弯路。

分析判断时应注意：首先，充分考虑外界因素对系统的影响，在查明确实不是外界原因引起故障的情况下，再集中注意力在系统内部查找原因；其次，分析判断时，一定要把机械、电气、液压三个方面联系在一起考虑，不可孤立地单纯对液压系统进行考虑；最后，要分清故障是偶然发生的还是必然发生的。对必然发生的故障，要认真查出故障原因，并彻底排除，对偶然发生的故障原因，只要查出故障原因并做出相应的处理即可。

3. 调整试验

调整试验就是对仍能运转的设备经过上述分析判断后所列出的故障原因进行压力、流量和动作循环的试验，以去伪存真，进一步证实并找出哪些更可能是以故障的原因。

调整试验可按照已列出的故障原因，依照先易后难的顺序一一进行；如果把握性较大，也可首先对怀疑较大的部位直接进行试验。

4. 拆卸检查

拆卸检查就是对经过调整试验后，进一步对认定的故障部位进行打开的检查。拆卸检查时，要注意保持该部位的原始状态，仔细检查有关部位，且不可用脏手乱摸有关部位，以防手上污物粘到该部位上，或用手将该处的污物摸掉，影响拆卸检查的效果。

5. 处理

对检查出的故障部位，按照技术规程的要求，仔细认真的处理。切勿进行违反章程的草率处理。

6. 重试与效果测试

在故障处理完毕后，重新进行试验和测试。注意观察其效果，并与原来故障现象进行对比。如果故障已经消除，就证实了对故障的分析判断与处理正确；否则，就要对其他怀疑部位进行同样的处理，直至故障消失。

7. 故障原因分析总结

按照上述步骤排除故障后，对故障要进行认真地定性、定量分析总结，以便对故障产生的原因、规律得出正确的结论，从而提高处理故障的能力，也可防止同类故障的再次发生。

五、故障诊断方式

（一）分块法

将系统分成小单元来考虑，思路会清晰、故障易呈现。

（二）经验法

主要依靠实际经验，并借助简单的仪表，诊断故障发生的部位，找出故障原因的方法，称为经验法。经验法可按中医诊断病人的四字"望、闻、问、切"进行。

1. 望

看执行元件的运动速度有无异常变化；各测压点的压力表显示的压力是否符合要求，有无大的波动；换向阀回油口排出的油是否有污染（可借助于污染指示器）；电磁阀的指示灯显示是否正常；紧固螺钉及管接头有无松动；管道有无扭曲和压偏；有无明显振动存在；加工产品质量有无变化等。

2. 闻

闻包括耳闻和鼻闻。例如油缸及换向阀换向时有无异常声音；液压泵在运行时有无异常；系统停止工作时，各处有无漏油，漏油声音大小及其每天的变化情况；电磁线圈和密封圈有无因过热而发出的特殊气味等。

3. 问

问即查阅液压系统的技术档案，了解系统的工作程序、运行要求及主要技术参数；查阅产品样本，了解每个元件的作用、结构、功能和性能；查阅维护检查记录，了解日常维护保养工作情况；访问现场操作人员，了解设备运行情况，了解故障发生前的征兆及故障发生时的状况，了解曾经出现过的故障及其排除方法。

4. 切

切即触摸相对运动件外部的手感和温度，电磁线圈处的温升，管道的温升等。触摸两秒钟感到烫手，则应查明原因。油缸、管道等处有无振动感，油缸有无爬行感，各接头处及元件处手感有无漏油等。

经验法简单易行，但由于每个人的感觉、实际经验和判断能力的差异，诊断故障会存在一定的局限性。

（三）推理分析法

利用逻辑推理，从现象慢慢推理到本质寻找出故障的真实原因的方法。

1. 推理步骤

从故障的症状到找出故障发生的真实原因，可按下面三步进行：

（1）从故障的症状，推理出故障的本质原因。

（2）从故障的本质原因，推理出可能导致故障的常见原因。

（3）从各种可能的常见原因中，推理出故障的真实原因。

由故障的本质原因逐步推理出来的众多可能的故障常见原因是依靠推理和经验积累起来的。

2. 推理方法

由简到繁、由易到难、由表及里、由后向前、由结果向原因逐一进行分析，排除掉不可能的和非主要的故障原因；故障发生前曾调整或更换过的元件先查；优先查故障概率高的常见原因。

（1）仪表分析法。利用检测仪器仪表，例如压力表、差压计、电压表、温度计、电秒表及其他电子仪器等，检查系统或元件的技术参数是否合乎要求。

（2）部分停止法。部分停止法即暂时停止液压系统某部分的工作，观察对故障征兆的影响。

（3）试探反证法。试探反证法即试探性地改变液压系统中部分工作条件，观察对故障征兆的影响。如阀控油缸不动作时，除去油缸的外负载，察看油缸能否正常动作，便可反证是否由于负载过大造成油缸不动作。

（4）比较法。比较法即用标准的或合格的元件代替系统中相同的元件，通过工作状况的对比，来判断被更换的元件是否失效。

（5）排它法。排它法即假如满足其一定条件，看其是否有此现象，从而作出判断。

为了从各种可能的常见故障原因中推理出故障的真实原因，可根据上述推理原则和推理方法，画出故障诊断逻辑推理框图，以便于快速准确地找到故障的真实原因。除上述之外，还可从以下三方面找到故障原因：

（1）应用铁谱技术对液压系统的故障进行诊断和状态监控。铁谱技术是以机械摩擦副的磨损为基本出发点，借助于铁谱仪把液压油中的磨损颗粒和其他污染颗粒分离出来，并制成铁谱片，然后置于铁谱显微镜或扫描电子显微镜下进行观察，或按尺寸大小依次沉积在玻璃管内，应用光学方法进行定量检测。通过以上分析，可以准确地获得系统内有关磨损方面的重要信息。据此进一步研究磨损现象、检测磨损状态、诊断故障前兆，最后做出系统失效预报。

例如油中发现有铜的磨粒，说明了液压泵中的铜质部件有疲劳磨损；出现有红色的氧化铁磨粒，可能是油中混入了水分；油中有许多非金属杂质的研磨物、尼龙丝、塑料等，说明过滤器有局部损坏；油中有呈回火色的磨粒，可断定是液压泵配油盘处有局部摩擦高温；油中有 $1 \sim 5 \mu m$ 发白的球状磨粒，说明液压泵上的滚动轴承有损坏。

铁谱技术能有效地应用于工程机械液压系统油液污染程度的检测、监控、磨损过程的分析和故障诊断，并具有直观、准确、信息多等优点。因此，它已成为对工程机械液压系统故障进行诊断分析的有力工具。

（2）利用设备的自诊断功能查找液压故障。随着电子技术的不断发展，目前，许多大中型工程机械都采用了电子计算机控制，通过接口电路及传感器技术，对其液压系统进行自诊断，并显示在荧光屏上；使用、维护者可根据显示故障的内容进行故障排除。

（3）利用故障现象与故障原因相关分析表查找液压故障。根据工作实践，总结出故障现象与故障原因相关关系表（或由厂家提供），可以用于一般液压故障的查找和处理。

第四节　维　修　工　作

液压系统能正常工作多长时间，这是用户非常关心的问题。

各种液压元件通常都给出了它们的耐久性指标，可以大致估算出某液压系统在正常条件下的使用时间。譬如，若电磁阀的耐久性为 1000 万次，油缸的耐久性为 6000 km，油缸行程为 200 mm，阀控缸的切换频率为 3 次/min，每天工作 20 h，每年按 250 个工作日计算，则电磁阀可使用 11 年，油缸能使用 16 年。故该阀控缸系统的寿命为 11 年。因为许多因素未考虑，故这是最长寿命估算法。例如各种元件中橡胶件的老化，金属件的锈蚀，液压处理质量的优劣，日常保养维护工作能否坚持等，都直接影响液压系统的使用寿命。

液压系统中各类元件的使用寿命差别较大，如换向阀、油缸等有相对滑动部件的元件，其使用寿命较短。而许多辅助元件，由于可动部件少，相对寿命就长些。各种过滤器的使用寿命，主要取决于滤芯寿命，这与液压源处理后油的质量关系很大。如急停开关这种不经常动作的阀，要保证其动作可靠性，就必须定期进行维护。因此，液压系统的维修周期，只能根据系统的使用频度，液压装置的重要性和日常维护、定期维护的状况来确定。一般是每年大修一次。

维修之前，应根据产品样本和使用说明书预先了解该元件的作用、工作原理和内部零件的运动状况。必要时，应参考维修手册。根据故障的类型，在拆卸之前，对哪一部分问题较多应有所估计。

维修时，对日常工作中经常出现问题的地方要彻底解决。对重要部位的元件、经常出问题的元件和接近其使用寿命的元件，宜按原样换成一个新元件。许多元件内仅仅是少量零件损伤，如密封圈、弹簧等，为了节省经费，可只更换这些零件。

拆卸前，应清扫元件和装置上的灰尘，保持环境清洁。必须切断电源和液压源，确认液压油已全部排出后方能拆卸。仅关闭截止阀，系统中各个部分还是有压力很大的液压油，所以必须认真分析检查各部位，并设法将余压排尽。如观察压力表是否回零，调节电磁先导阀的手动调节杆排油等。

拆卸时，要慢慢松动每个螺钉，以防元件或管道内有残压。一面拆卸，一面逐个检查零件是否正常。应按组件为单位进行拆卸。滑动部分的零件要认真检查，要注意各处密封圈和密封垫的磨损，损伤和变形情况。

要注意节流孔，喷嘴和滤芯的堵塞情况。要检查塑料和玻璃制品有否裂纹或损伤。拆卸时，应将零件按组件顺序排列，并注意零件的安装方向，以便今后装配。

更换的零件必须保证质量。锈蚀、损伤、老化的元件不得再用。必须根据使用环境和工作条件来选定密封件，以保证元件的气密性和稳定地进行工作。

拆下来准备再用的零件，应放在清洗液中清洗。不得用汽油等有机溶剂清洗橡胶件，塑料件。可以使用优质煤油清洗。

零件清洗后，不准用棉丝、化纤品擦干。可用干燥清洁空气吹干。涂上润滑脂，以组件为单位进行装配。注意不要漏装密封件，不要将零件装反。螺钉拧紧力矩均匀，力矩大小应合理。

安装密封件时应注意：有方向的密封圈不得装反。密封圈不得装扭。为容易安装，可在密封圈上涂敷润滑脂。要保持密封件清洁，防止棉丝、纤维、切屑末、灰尘等附着在密封件上。安装时，应防止沟槽的棱角处、横孔处碰伤密封件。与密封件接触的配合面不能有毛边，棱角应倒圆。塑料类密封件几乎不能伸长。橡胶材料密封件也不要过度拉伸，以免产生永久变形。在安装带密封圈的部件时，注意不要碰伤密封圈。螺纹部分通过密封圈，可在螺纹上卷上薄膜或使用插入用工具。活塞插入缸筒壁上开孔的元件时，孔端部应倒角 $15° \sim 30°$。

配管时，应注意不要将灰尘、密封材料碎片等异物带入管内。

装配好的元件要进行水压试验。缓慢升压到规定压力，应保证升压过程中直至规定压力都不漏水。

检修后的元件一定要试验其动作情况。如对油缸，开始将其缓冲装置的节流部分调节到最小。然后，调节速度控制阀使油缸以非常慢的速度移动，逐渐打开节流阀，使油缸达到规定速度。这样便可检查油阀、油缸的装配质量是否合乎要求。若油缸在最低工作压力下动作不灵活，必须仔细检查安装情况。

第五节　液压维护案例

一般而言，对于公司的系统设备的维护，除了机器部件、润滑、油压、气压（气动）、驱动系统和电气等这些基本的检查项目外，还要根据每个公司的需要，选择设备的安全性和工艺条件等。

维护的实施一般按照下列程序：

（1）画出系统流程图。

（2）画出系统图。

（3）设定检查区域。

（4）指出检查对象。

一、液压系统流程图

如图 11-1 所示为一般企业的液压系统流程图。

二、液压系统图

图 11-2 为一般的液压系统图。

液压油箱
↓
吸滤器
↓
泵装置
↓
压力控制阀
↓
线路滤油器
↓
方向控制阀
↓
流量控制阀
↓
管道和接头

图 11-1　液压系统流程图

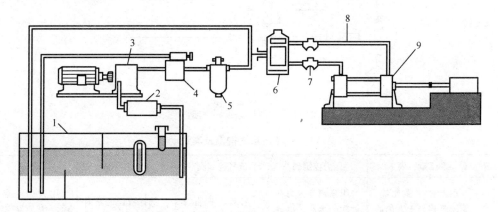

图 11-2　液压系统图

1—液压油箱；2—吸滤器；3—泵装置；4—压力控制阀；5—线路过滤器；

6—方向控制阀；7—流量控制阀；8—管道和接头；9—传动装置

三、液压系统检查项目

液压系统检查项目如下：

（1）液压油箱。

（2）吸滤器。

（3）泵装置。

（4）压力控制阀。

（5）线路过滤器。

（6）方向控制阀。

（7）流量控制阀。

（8）管道和接头。

（9）传动装置。

液压动力设备的基本结构如下：

与由各种组装部件组成的机械一样，液压动力设备也是由驱动源、控制段（用人体来比喻，控制段相当于内脏器官，控制着做功的大小、速度和方向）和传动装置组成的。

图 11-3 所示为一般液压系统的构造，表 11-1 所示为系统的主要部分及其作用。

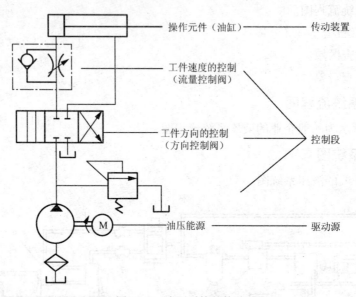

图 11-3 液压系统的构造

表 11-1 液压系统构造及其说明

构 造	驱 动 源	压力控制阀	流量控制阀	方向控制阀	传 动 装 置
说明	用人体来做比喻，驱动源相当于人的心脏，通过输送油，也就是机械中的血液，产生油（水）压	用来调节压力和做功的大小，也就是滚筒推力，并且还可以保护油压回路	用来调节油的流量和做功的速度，也就是滚筒的速度	选择液压回路内部油流动的方向来控制做功开始、停止和方向	用人体来做比喻，传动装置相当于人的胳膊和腿，它是实际做功的部位

四、检测对象及其检测点

一般而言，漏油是不可预料经常发生的现象；下面是最普遍泄漏的情况。

（1）每个装置的接头部位。

（2）安全阀的插头。

（3）容器的垫片。

（4）容器损坏。

（5）润滑物的油塞。

（一）工厂常见的液压设备检查

表11-2所示为工厂设备常见的检查点及其处理方法。

表11-2　工厂常见液压设备检测

检查设备	检查点	处理方法	备注和循环期
油箱	油量是否在限定的范围内	加油	一次/月 一次/周
	油温是否在限定的范围内	拧紧和更换垫片	
	是否漏油	紧固	
	油中是否有气泡或乳化	清洗	
	地脚螺栓是否松动	紧固	
	滤油器入口或过滤器是否有污垢	清洗	
	是否有未使用的孔或损坏的密封	更换密封	
	管子是否漏水或漏油	更换管子	
压力泵	是否有松动的定位螺钉	紧固	一次/月
	是否漏油（泵出口/入口，轴密封）	检查	
	泵排放声音是否过大	检查齿轮	
	泵加热是否正常	检查	
	泵振动是否正常	检查紧固	
压力计	是否在限定的范围内	恢复到限定范围内	每日 一次/月
	玻璃容器是否破裂、破碎、变形或有咔哒声	修理或更换	
	是否漏油	紧固	
	检查是否很容易地执行	紧固	
	是否提供停止阀	显示	
	是否有重叠的平缝？松动机时是否用螺钉	紧固	
	是否指出限定	指出限定	
压力开关	是否在限定的范围内	恢复到限定范围内	每日 一次/月
	是否漏油	紧固	
	是否有松动的定位螺钉	紧固	
止回阀	是否漏油	紧固	一次/月
压力安全阀	是否漏油	紧固	一次/月
	锁紧螺母是否安全	安全	
	在加压过程中是否有噪音和振动	紧固	
	是否有松动的定位螺钉	紧固	

续表

检 查 设 备	检 查 点	处 理 方 法	备注和循环期
液压电磁阀	是否漏油	紧固	两次/月 一次/月 两次/月
	是否有松动的螺栓	紧固	
	电气接点电线是否裸露在外面	紧固	
	线圈的固定螺栓帽是否松动	紧固	
节流阀	是否漏油	紧固	一次/周
	是否有松动的锁紧螺母	安全	
	紧固方向是否正确	检查线路图	
压力保持阀	是否漏油	紧固	一次/周 一次/周
	是否有松动的定位螺钉	紧固	
	锁紧螺母是否安全	安全	
液压泵	是否漏油	紧固	一次/周
	支柱螺栓是否松动	紧固	
	管子接头螺栓是否松动	紧固	
	是否有物体堵塞液压管或是否有损坏的软管	清洗或更换	
	是否有异常振动	紧固	
液压 泵缸	是否有松动的定位螺钉	紧固	一次/月 一次/周
	是否有注塑机拉杆螺母	对角线紧固	
	是否有松动的拉杆	紧固	
	拉杆是否前后平稳地移动	紧固	
	拉杆是否损坏或生锈	更换	
	是否漏油	紧固	
	是否有松动的缓冲阀或螺母	更换	
	防尘风箱是否损坏	更换	

一般来说，维修工在检测时，油压检查过程中需要检查的重要部位：

（1）电磁阀是否有异常声音、松动或损坏的电线。

（2）设备或管道中是否有咔哒声、振动或泄漏。

（3）后端是否有未使用的管子或软管。

（4）油箱中是否装有规定的油量。

（5）液压流体是否被污染。

（6）过滤器是否堵塞。

（7）液压油的温度是否过高。

（8）排油管是否过热。

（二）其他注意事项

1. O型密封圈的使用

（1）在拉力作用下采用小的O型密封圈。O型密封圈一般用于气缸的活塞部位。O型密封圈还必须用于指定尺寸的操作部件中。即使是在紧急情况下，不同尺寸的 O 型密封圈也不能使用。这是因为使用同一厚度且外部直径较小的 O 型密封圈容易发生损坏甚至在受到拉力的时候就会破碎。图 11-4 为密封圈错误安装示意图。

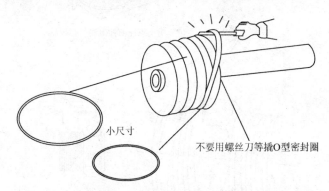

图 11-4　密封圈错误安装示意图

（2）不要拧紧突出的 O 型密封圈。在管子接头中，一旦套筒螺母被紧固，那么就看不到 O 型密封圈。图 11-5 为密封圈安装示意图。在安装 O 型密封圈时，要注意下列事项。

① O 型密封圈的外部直径是否符合管子接头的外径。

② 涂一些油脂保证 O 型密封圈不会掉下来。

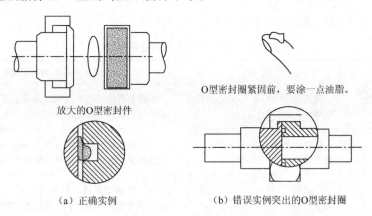

图 11-5　密封圈安装示意图

2. 管道维修

对于螺栓部件，密封带是防止发生泄漏的必需品。采用 Teflon 胶带，一般具有约 200 ℃耐热度。图 11-6 所示为胶带缠绕示意图。

维修说明：

（1）从末端保留 1～1.5 圈的螺纹线圈。

（2）缠绕 1.5～2 圈密封带（不要在周围缠绕太多胶带）。

（3）按照管子螺旋大小顺时针方向从末端向后方 50% 重叠缠绕密封带。

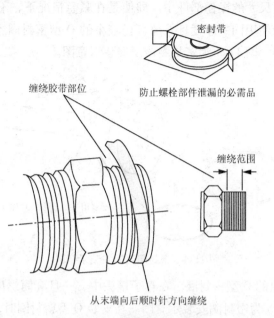

图 11-6　胶带缠绕示意图

五、案例维护小结

表 11-3 列出了工厂常见的液压设备系统维护知识。

表 11-3　工厂常见液压设备维护知识

部　位	序　号	检查项目	检查方法和判定标准
润滑油	1	检查是否使用了指定的液压流体	确认是否使用适当地液压流体，新油储存罐中液压流体的类型是否和设备说明中的一致
	2	检查液压流体中是否含有灰尘或杂质	适当地从罐内中间油位取出一些油作油样。通过在过滤纸纸上滴两三滴油目视检查是否有灰尘或杂质
	3	检查液压油中是否含有任何水分	从一些油中取样，目视检查是否呈乳状白色（乳化）或者明显地混浊。加热钢板，检查是否有油喷射
	4	检查液压流体中是否有气泡	将油放在有光源的地方，目视检查表面上是否有小的气泡
	5	检查液压流体的黏度	采用黏度计检查黏度是否降低
	6	检查液压油的颜色是否有变化	将油的颜色和油样作比较，检查是否因 NO 而产生的颜色变化范围在 ±2.5 之内
	7	检查管子吸入口处的液压流体的温度	在滤油器口插入一个温度计，检查液压流体的温度是否在 ±10 ℃内

部　位	序　号	检　查　项　目	检查方法和判定标准
液压箱	8	检查油位计	清洗时，检查油位计是否损坏，油量是否在上下限位之间
	9	检查液压箱是否损坏	检查液压箱周围地面是否被污染，进行清洗，然后用手检查是否漏油、损坏或有松动的螺栓
	10	检查液压箱上顶板的密封剂	清洗时，应对液压箱的顶板、吸入管和回油管进行了正确地密封
	11	检查设备部件的水平度	在基准板上放置一个水平仪，检查水平度是否降低
	12	检查设备框架的硬度	采用示波仪检查设备框架的振动情况，并判定它的硬度
	13	检查基础的情况	清理基础和外围时，检查是否因地面的下沉等导致基础混凝土出现裂缝
	14	检查地脚螺栓和水平调节螺母的情况	清理基础和外围时，检查地脚螺栓和水平调节螺栓是否有缺陷
	15	检查滤油口和过滤器	取下盖子，清除滤油口及其周围的灰尘和污垢。检查是否有滤油器。取下过滤器，检查是否有污垢、堵塞和损坏
	16	检查滤油口盖和通气孔	清洗滤油口盖时，检查包装是否退化，通气孔是否有碰撞，滤芯是否有灰尘或堵塞
	17	检查液压箱底部是否有灰尘和污垢	插入磁棒，清理液压箱底内部，检查是否有黏着的金属粉末或杂质
	18	检查箱内磨损碎屑	除去液压箱的顶板，检查是否有磨损碎屑，是否位于准确的位置、高度和是否有损坏
	19	检查吸入管和回油管	从箱底测量吸入管的长度为30mm，回油管的长度等于油位计的较低限位。注意：检查在吸入管的末端是否有吸滤器
S形过滤器	20	检查过滤套的内表面及滤芯内是否有灰尘、污垢和损坏	取下过滤器，拿出滤芯，清理附着在过滤器内表面上的污垢，检查滤芯可更换部件上是否有污垢、损坏和堵塞
	21	检查过滤芯的网眼	取下过滤器，拿出滤芯，检查网眼个数是否在130和150之间
	22	检查过滤器的容量	探测过滤器的容量，并且确认至少是2倍
	23	检查过滤器管子接头是否漏油	清洗时，检查管子接头是否漏油

部　位	序号	检查项目	检查方法和判定标准
泵装置	24	检查泵内是否有异常声音和振动	开动泵，检查在无负荷状态下压力计上是否有异常振动
	25	检查泵轴承内是否有异常声音	用诊断仪器检查轴承是否有异常声音
	26	检查泵的异常发热	泵连续运转两个小时或更长时间后，采用温度计或热温色标签检查是否温度异常
	27	检查泵管子接头是否漏油	当泵停止运转时，清理管子接头，用手检查是否漏油
	28	检查电动机的异常声音	采用诊断仪器检查是否有异常声音
	29	检查电动机的异常发热	泵连续运转两个小时或更长时间后，采用温度计或热温色标签检查是否温度异常
	30	检查泵和电动机是否水平	检查泵和电动机的水平是很必要的，采用水平导板在共同基上的 X 轴和 Y 轴上两点来检查水平度，并且校验 X、Y 轴方向调整值为 0.02mm 或更小
	31	检查泵和电动机是否置于中心	取下链条，采用刻度盘定中心。如果测量值是 0.02mm 或更小，那么就比较合适
	32	检查链形联轴器	取下端盖对应检查： 1）检测链轮的中心位置。 2）用一个量规/量表来测量链轮齿的间距
压力控制阀	33	检查压力阀的工作条件	清洗压力阀，检查接头是否漏油，损坏的玻璃容器，弯针和是否有控制标签。停止泵，检查指针是否指向 0
	34	检查压力控制阀和管子接头是否漏油	用抹布清洗管子接头，然后用手检查是否漏油
	35	检查压力控制阀的操作条件	松动锁定螺母来提高和降低压力，在阅读压力计时，检查压力安全阀是否良好地工作
方向控制阀	36	检查方向控制阀的异常发热	采用温度计检查温度是否在 $-10\,℃ \sim +10\,℃$
	37	检查方向控制阀的异常声音	采用诊断仪器检查温度是否在 $-10\,℃ \sim +10\,℃$
	38	检查方向控制阀的工作条件	用手动方式向前、中和后转换液压流体方向，和检查传动装置的运动方向是向前、中和后
	39	检查工作条件	用抹布清洗方向控制阀，然后用手检查是否漏油
流量控制阀	40	检查流量调整阀的异常声音	采用诊断仪器检查是否因孔的堵塞而产生异常声音
	41	检查流量调整阀的工作条件	旋转流量控制旋钮，观察传动装置的运动，检查流量是否得到了精确地控制。完成检查后，调节到正常的流量，作出控制标记
	42	检查管子接头是否漏油	清洗节流阀时，用手检查管子接头是否漏油

续表

部　位	序号	检　查　项　目	检查方法和判定标准
管子和接头	43	检查管子接头是否漏油	清洗管子时，用手检查是否漏油
	44	检查是否有破裂或损坏的管子	清洗管子时，检查管子是否破裂和损坏
	45	检查管子半径	清洗管子时，检查半径
	46	检查管子是否振动	清洗管子时，检查管子振动处是否有支撑物
传动装置	47	检查活塞杆套和顶盖是否漏油	清洗液压缸时，用手检查活塞杆套和顶盖处是否漏油
	48	检查活塞杆是否弯曲、有划痕、磨损或生锈	拉动活塞，使它完全伸到前面位置，并检查活塞杆是否弯曲。目视检查活塞杆是否有划痕、磨损和生锈
	49	检查活塞的工作条件。	使活塞杆前后运动，检查运动是否一致。检查操作停止时，活塞是否也停止工作
	50	检查液缸固定螺栓是否松动	清洗附件时，检查是否松动液压缸固定螺栓
	51	检查活塞杆和加工点连接	检查活塞杆和加工点连接处是否有咔哒的声音

小　结

在液压系统中，维护工作往往占了很大部分。当液压系统完成设计，到工厂开始运行时，就已经开始了维护任务。

本章主要介绍了一下内容，使学员能够在去公司或工厂以前有一个概念。

1. 维护的中心任务、维护保养的分类，以及各类维护的手段和注意事项。

2. 液压故障的分类，各类故障产生的原因和分析、解决的方法。

3. 液压系统的安全事项。

4. 维修时的注意事项。同时，在本章的最后也列举了一些液压系统的维护要点；请仔细体会。

复习思考题

1. 为什么要进行维护保养工作？其中心任务是什么？

2. 维护工作的分类及其各自的任务是什么？

3. 液压系统中安全问题有哪些？

4. 故障种类有几种？各类故障是如何发生的，其原因是什么？故障诊断方法有几种？

5. 对于维修工作，维修之前应注意哪些问题？维修时应注意哪些问题？拆卸前应注意哪些问题？拆卸时应注意哪些问题？

6. 对于维修工作，装配应注意哪些问题？更换的零件应注意哪些问题？零件清洗应注意哪些问题？

7. 对于维修工作，安装密封件时应注意哪些问题？配管时应注意哪些问题？装配好的元件要进行什么试验，如何进行？

8. 检修结束后应注意哪些问题？

9. 液压系统维护时，要注意哪些要点？

第二篇
气动技术

气压传动与控制技术，简称气动技术，是生产过程自动化和机械化的最有效手段之一，具有高速高效、清洁安全、低成本、易维护等优点，被广泛应用于轻工机械领域中，在食品包装及生产过程中正在发挥越来越重要的作用。

气压传动以压缩气体为工作介质，靠气体的压力传递动力或信息的流体传动。传递动力的系统是将压缩气体经由管道和控制阀输送给气动执行元件，把压缩气体的压力能转换为机械能而做功；传递信息的系统是利用气动逻辑元件或射流元件以实现逻辑运算等功能，称为气动控制系统。

本篇主要内容包括：气源装置、辅件及执行元件的结构原理、气动控制元件、气动控制回路、电子气动技术等内容。

第十二章　气源装置、辅件及执行元件

学习目标

1. 掌握执行元件及辅件的基本结构和原理。
2. 了解气源装置及辅助元件的基本结构和原理。

气压传动系统一般由气源装置、辅助元件、执行机构、控制元件和工作介质组成。气压传动系统的工作介质是压缩空气，在进入气压传动系统时，压缩空气必须保持清洁和干燥。

第一节　气源装置及辅件

气源装置包括压缩空气的发生装置以及压缩空气的贮存、净化等辅助装置。它为气动系统提供合乎质量要求的压缩空气，是气动系统的一个重要组成部分。气动系统对压缩空气的主要要求是具有一定压力和流量，具有一定的净化程度。

气源装置一般由气压发生装置、净化及贮存压缩空气的装置和设备、传输压缩空气的管道系统和气动三大件四部分组成，如图 12-1 所示。

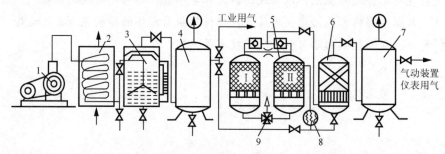

图 12-1　压缩空气站设备组成及布置示意图

1—空气压缩机；2—后冷却器；3—油水分离器；4、7—贮气罐；

5—干燥器；6—过滤器；8—加热器；9—四通阀

如图 12-1 中，1 为空气压缩机，用以产生压缩空气，一般由电动机带动。其吸气口装有空气过滤器，以减少进入空气压缩机内气体的杂质量。2 为后冷却器，用以降温冷却压缩空气，使气化的水、油凝结起来。3 为油水分离器，用以分离并排出降温冷却凝结的水滴、油滴、杂质等。4 和 7 均为贮气罐，用来贮存压缩空气，稳定压缩空气的压力，并除去部分油分和水分。贮气罐 4 输出的压缩空气可用于一般要求的气压传动系统，贮气罐 7 输出的压缩空气可用于要求较高的气动系统（例如气动仪表及射流元件组成的控制回路等）。5 为干燥器，用于进一步吸收或排除压缩空气中的水分及油分，使之变成干燥空气。6 为过滤器，用于进一步过滤压缩空气中的灰尘、杂质颗粒。8 为加热器，可将空气加热，使热空气吹入闲置的干燥器中进行再生，以备干燥器 Ⅰ、Ⅱ 交替使用。9 为四通阀，用于转换两个干燥器的工作状态。

一、气压发生装置

1. 空气压缩机的分类

空气压缩机简称空压机，是气源装置的核心，将原动机输出的机械能转化为气体的压力能。空压机有以下两种分类方法：

（1）按原理分。按原理分空气压缩机可分为容积型压缩机和速度型压缩机两类。

① 容积型压缩机的工作原理是压缩气体的体积，使单位体积内气体分子的密度增加以提高压缩空气的压力。

② 速度型压缩机的工作原理是提高气体分子的运动速度，使气体分子具有的动能转化为气体的压力能，从而提高压缩空气的压力。

（2）按运动形式分。按运动形式分空气压缩机可分为往复式和回转式两类。

（3）按空气压缩机输出压力大小分类，分类如下：

① 低压空气压缩机：$0.2 \sim 1.0$ MPa。

② 中压空气压缩机：$1.0 \sim 10$ MPa。

③ 高压空气压缩机：$10 \sim 100$ MPa。

④ 超高压空气压缩机：>100 MPa。

（4）按空压机输出流量分类，分类如下：

① 微型：$<1\ m^3/min$。

② 小型：$1 \sim 10\ m^3/min$。

③ 中型：$10 \sim 100\ m^3/min$。

④ 大型：$>100\ m^3/min$。

（5）二级空气压缩机。二级空气压缩机由两级三个阶段将吸入的大气压空气压缩到最终的压力。如果最终压力为 0.7 MPa，第一级通常将它压缩到 0.3 MPa，然后经过中间冷却器被冷却，压缩空气通过中间冷却器后温度大大下降，再输送到第二级气缸中压缩到 0.7 MPa。因此，比单级压缩机效率高。最后输出温度可控制在 120°左右。

2. 空气压缩机的工作原理

气动系统中最常用的是往复活塞式空气压缩机，其工作原理如图 12-2 所示。

如图 12-2 所示，当活塞 3 向右运动时，左腔容积增加，压力下降。当压力低于大气压力时，吸气阀 9 被打开，气体进入气缸 2 内，此为吸气过程。当活塞向左运动时，吸气阀 9 关闭，缸内气体被压缩，压力升高，此过程即为压缩过程。当缸内气体压力高于排气管道内的压力时，顶开排气阀 1，压缩空气被排入排气管内，此过程为排气过程。至此完成一个工作循环，电动机带动曲柄作回转运动，通过连杆、滑块、活塞杆、推动活塞作往复运动，

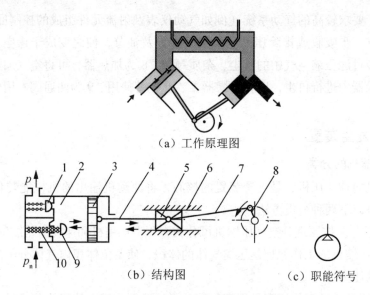

（a）工作原理图

（b）结构图　　　　　　（c）职能符号

图 12-2　往复活塞式空气压缩机工作原理图

1—排气阀；2—气缸；3—活塞；4—活塞杆；5、6—十字头与滑道；

7—连杆；8—曲柄；9—吸气阀；10—弹簧

空气压缩机就连续输出高压气体。

3. 空气压缩机的选用原则

选择空压机的依据是根据气动系统所需的工作压力和流量两个主要参数。空气压缩机的额定压力应等于或略高于气动系统所需的工作压力，一般气动系统的工作压力为 0.4 ~ 0.8 MPa，故常选用低压空压机，如有特殊需要时，可选用中、高压或超高压空气压缩机。

输出流量的选择，要根据整个气动系统对压缩空气的需要再加一定的备用余量，作为选择空气压缩机（或机组）流量的依据。空气压缩机铭牌上的流量是指自由空气流量。

二、压缩空气净化设备

直接由空气压缩机排出的压缩空气，如果不进行净化处理，不除去混在压缩空气中的水分、油分等杂质是不能为气动装置使用的。因此必须设置一些除油、除水、除尘并使压缩空气干燥的提高压缩空气质量、进行气源净化处理的辅助设备。

压缩空气净化设备一般包括后冷却器、油水分离器、贮气罐和干燥器。

1. 后冷却器

后冷却器安装在空气压缩机出口管道上，空气压缩机排出具有 140 ~ 170 ℃，的压缩空气经过后冷却器，温度降至 40 ~ 50 ℃。这样，就可使压缩空气中油雾和水汽达到饱，使其大部分凝结成滴而析出。后冷却器的结构形式有蛇管式、列管式、散热片式和套管式等，冷却方式有水冷和气冷式两种。蛇管式和列管式后冷却器结构见图 12-3 所示。

2. 油水分离器

油水分离器安装在后冷却器后的管道上，作用是分离压缩空气中所含的水分、油分等杂质，使压缩空气得到初步净化。油水分离器的结构形式有环形回转式，撞击折回式、离心旋转式、水浴式以及以上形式的组合使用等。油水分离器主要利用回转离心、撞击、水

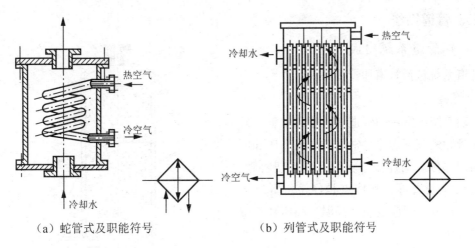

（a）蛇管式及职能符号　　　　　（b）列管式及职能符号

图 12-3　后冷却器

浴等方法使水滴、油滴及其他杂质颗粒从压缩空气中分离出来。撞击折回式油水分离器结构形式如图 12-4 所示。

3. 贮气罐

贮气罐的主要作用是贮存一定数量的压缩空气，减少气源输出气流脉动，增加气流连续性，减弱空气压缩机排出气流脉动引起的管道振动；进一步分离压缩空气中的水分和油分。贮气罐的结构图如图 12-5 所示。

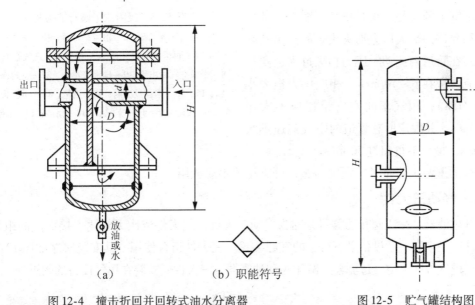

图 12-4　撞击折回并回转式油水分离器　　　　图 12-5　贮气罐结构图

4. 干燥器

干燥器的作用是进一步除去压缩空气中含有的水分、油分和颗粒杂质等，使压缩空气干燥，提供的压缩空气，用于对气源质量要求较高的气动装置、气动仪表等。压缩空气干燥方法主要采用吸附、离心、机械降水及冷冻等方法。干燥器的结构图如图 12-6 所示。

三、管道系统

（一）管道系统组成

管道系统包括管道和管接头。

1. 管道

气动系统中常用的管道有硬管和软管。硬管以钢管和紫铜管为主，常用于高温高压和固定不动的部件之间连接。软管有各种塑料管、尼龙管和橡胶管等，其特点是经济、拆装方便、密封性好，但应避免在高温、高压和有辐射场合使用。

2. 管接头

管接头是连接、固定管道所必需的辅件，分为硬管接头和软管接头两类。硬管接头有螺纹连接及薄壁管扩口式卡套连接，与液压用管接头基本相同，对于通径较大的气动设备、元件、管道等可采用法兰连接。

（二）管道系统的选择

气源管道的管径大小是根据压缩空气的最大流量和允许的最大压力损失决定的。为免除压缩空气在管道内流动时压力损失过大，空气主管道流速应在 6 ~ 10 m/s（相应压力损失小于 0.03 MPa），用气车间空气流速应不大于 10 ~ 15 m/s，并限定所有管道内空气流速不大于 25 m/s，最大不得超过 30 m/s。

管道的壁厚主要是考虑强度问题，可查相关手册选用。

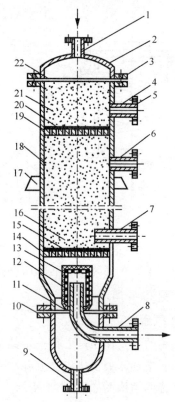

图 12-6　吸附式干燥器结构图

1—湿空气进气管；2—顶盖；3、5、10—法兰；

4、6—再生空气排气管；7—再生空气进气管；

8—干燥空气输出管；9—排水管；11、22—密封座；

12、15、20—钢丝过滤网；13—毛毡；14—下栅板；

16、21—吸附剂层；17—支撑板；18—筒体；19—上栅板

四、气动三大件

空气过滤器、减压阀和油雾器共称为气动三大件，三大件依次无管化连接而成的组件称为三联件，是多数气动设备必不可少的气源装置。三大件组合使用，其安装次序如图 12-7 所示，依次进气方向为空气过滤器、减压阀和油雾器。三大件应安装在用气设备的附近处。

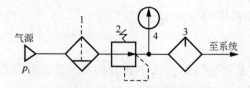

图 12-7　气动三大件安装次序

1—空气过滤器；2—减压阀；3—油雾器；4—压力表

压缩空气经过三大件的最后处理，将进入各气动元件及气动系统。因此，三大件是气动元件及气动系统使用压缩空气质量的最后保证。其组成及规格，须由气动系统具体的用气要求确定，可以少于三大件，只用一件或二件，也可多于三件。图 12-8 所示为气动三联件的实物图及其职能符号。

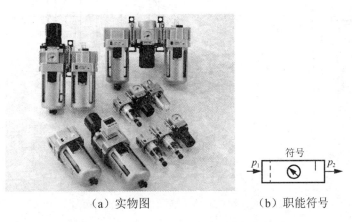

（a）实物图　　　　　　（b）职能符号

图 12-8　气动三联件的实物图及其职能符号

1. 空气过滤器

空气过滤器又称为分水滤气器或空气滤清器，其作用是滤除压缩空气中的水分、油滴及杂质，以达到气动系统所要求的净化程度。它属于二次过滤器，常与减压阀和油雾器一起构成气动三联件，安装在气动系统的入口处。

一次过滤器结构如图 12-9 所示，是一次过滤器，气流由切线方向进入筒内，在离心力的作用下分离出液滴，然后气体由下而上通过多片钢板、毛毡、硅胶、焦炭、滤网等过滤吸附材料，干燥清洁的空气从筒顶输出。

图 12-10 所示为普通空气过滤器（二次过滤器）的结构图。其工作原理：压缩空气从输入口进入后，被引入旋风叶子 1，旋风叶子 1 上有许多成一定角度的缺口，迫使空气沿切线方向产生强烈旋转。这样夹杂在空气中的较大水滴、油滴和灰尘便依靠自身的惯性与存水杯 3 的内壁碰撞，并从空气中分离出来沉到杯底。而微粒灰尘和雾状水汽则由滤芯 2 滤除。为防止气体旋转将存水杯中积存的污水卷起，在滤芯下部设挡水板 4。为保证其正常工作，必须及时将存水杯 3 中的污水通过手动排水阀 5 放掉。

空气过滤器要根据气动设备要求的过滤精度和自由空气流量来选用。空气过滤器一般装在减压阀之前，也可单独使用；要按壳体上的箭头方向正确连接其进、出口，不可将进、出口接反，也不可将存水杯朝上倒装。

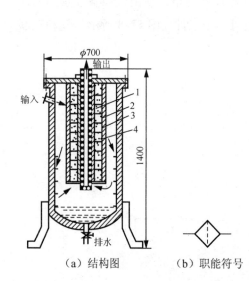

（a）结构图　　　（b）职能符号

图 12-9　一次过滤器结构图及职能符号

1—$\phi10$ 密孔网；2—280 目细钢丝网；

3—焦炭；4—硅胶等

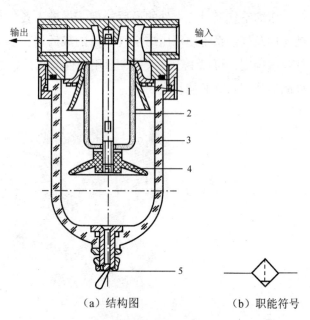

（a）结构图　　　（b）职能符号

图 12-10　普通空气过滤器结构图及职能符号

1—旋风叶子；2—滤芯；3—存水杯；

4—挡水板；5—手动排水阀

2. 油雾器

油雾器是一种特殊的注油装置，它以压缩空气为动力，将润滑油喷射成雾状并混合于压缩空气中，使压缩空气具有润滑气动元件的能力。目前气动控制阀、气缸和气马达主要是靠这种带有油雾的压缩空气来实现润滑的，其优点是方便、干净，且润滑质量高。

图 12-11 所示为普通型油雾器结构图，压缩空气由输入口进入，一小部分由小孔 2 进入单向阀 2 的阀座内腔。此时单向阀 2 的钢球在压缩空气和弹簧作用下处于中间位置，因此，气体经单向阀 2 进入储油杯 13 的上腔 A，油面受压油液经吸油管 1 上升，顶开单向阀 2。因钢球上部的管口有一边长小于钢球直径的四方孔，所以钢球不能封死上部管口，油液能不断经可调节流阀 9 流入视油器 3 内，再滴入喷嘴小孔中，被主管道中的气流引射出来，雾化后随气流从输出口 12 输出，送入气动系统。

油雾器的选择主要根据气压系统所需额定流量和油雾粒度大小来确定油雾器的形式和通径，所需油雾粒 50 μm 左右选用普通型油雾器。油雾器一般安装在减压阀之后，尽量靠近换向阀；油雾器进出口不能接反，使用中一定要垂直安装，储油杯不可倒置，它可以单独使用，也可以与空气过滤器、减压阀一起构成气动三大件联合使用。油雾器的给油量应根据需要调节，一般 10 m^3 的自由空气供给 1 mL 的油量。

3. 减压阀

气动三大件中所用的减压阀，起减压和稳压作用，工作原理与液压系统减压阀相同。

4. 气动三大件的安装次序

气动系统中气动三大件的安装次序如图 12-7 所示。目前新结构的三大件插装在同一支架上，形成无管化连接，如图 12-8 所示。其结构紧凑、装拆及更换元件方便，应用普遍。

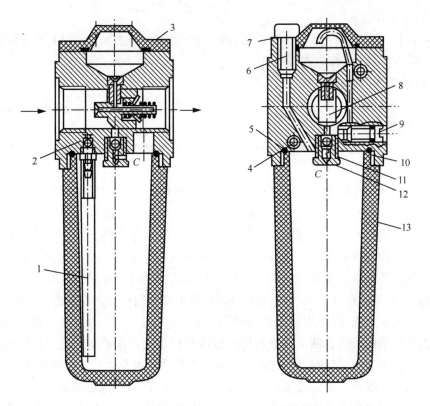

图 12-11　普通油雾器（一次油雾器）结构图

1—吸油管；2—单向阀；3—视油器；4—螺钉；5、7—密封垫；6—油塞；
8—喷嘴；9—节流阀；10—钢球；11—弹簧；12—阀座；13—储油杯

第二节　气动执行元件

气动执行元件是将压缩空气的压力能转换为机械能的装置，包括气缸和气马达。

一、气缸

气缸是气动系统的执行元件之一。它是将压缩空气的压力能转换为机械能并驱动工作机构作往复直线运动或摆动的装置。与液压缸比较，它具有结构简单，制造容易，工作压力低和动作迅速等优点。故应用十分广泛。

1. 气缸的分类

气缸种类很多，结构各异、分类方法也多，常用的有以下几种。

（1）按压缩空气在活塞端面作用力的方向不同分为单作用气缸和双作用气缸。

（2）按结构特点不同分为活塞式、薄膜式、柱塞式和摆动式气缸等；其中，活塞式又可分为单活塞和双活塞，单活塞可分为有活塞杆和无活塞杆之分，而无活塞杆分为机械耦合（无杆气缸）、磁性耦合（磁性气缸）、绳索、钢缆式。

（3）按安装方式可分为耳座式、法兰式、轴销式、凸缘式、嵌入式和回转式气缸等。

（4）按功能分为普通式、缓冲式、气-液阻尼式、冲击和步进气缸等。

（5）按尺寸分类。

通常将缸径为 2.5～6 mm 的称为微型气缸；8～25 mm 称为小型气缸；32～320 mm 称为中型气缸；大于 320 mm 称为大型气缸。

2. 气缸的工作原理和用途

气缸是气动系统的执行元件之一。除几种特殊气缸外，普通气缸其种类及结构形式与液压缸基本相同。

除此之外，还有几种较为典型的特殊气缸，例如气液阻尼缸、薄膜式气缸和冲击式气缸等。

大多数气缸的工作原理与液压缸相同，以下介绍几种具有特殊用途的气缸。

（1）气-液阻尼缸。普通气缸工作时，由于气体具有可压缩性，当外界负载变化较大时，气缸可能发生爬行或自走现象，因此，气缸不易获得平稳的运动；也不易使活塞有准确的停止位置。而液压缸因液压油在通常压力下是不可压缩的，故其运动平稳，且速度调节方便。在气压传动中，需要准确的位置控制和速度控制时，可采用综合了气压传动和液压传动优点的气-液阻尼缸。气-液阻尼缸按其组合方式不同可分为串联式和并联式两种。

图 12-12 所示为气-液阻尼缸工作原理图。图 12-12（a）所示为串联式气-液阻尼缸，由气缸和液压缸串联而成。两缸的活塞用一根活塞杆带动，在液压缸进出口之间装有单向节流阀，当气缸 1 右腔进气时，气缸带动液压缸 2 的活塞向左运动，此时液压缸左腔排油，由于单向阀关闭，油液只能通过节流阀缓慢流入液压缸右腔，对运动起阻尼作用。调节节流阀的开口量，即可调节活塞的运动速度。活塞杆的输出力等于气缸的输出力和液压缸活塞上的阻力之差。当换向阀换向至气缸左腔进气时，液压缸右腔的油液可通过单向阀迅速流向液压缸左腔，活塞快速返回原位。

串联式气-液阻尼缸的缸体较长，加工和安装时对同轴度要求较高，要注意解决气缸和液压缸之间的油与气的互窜问题。一般将双活塞杆缸作为液压缸，这样可使液压缸两腔进、排油量相等，以减小高位油箱 3 的容积。

图 12-12（b）所示为并联式气-液阻尼缸，由气缸和液压缸并联而成，其工作原理和作用与串联气-液阻尼缸相同。这种缸的缸体短，结构紧凑，消除了气缸和液压缸之间的窜气现象。但由于气缸和液压缸不在同一轴线上，安装时对其平行度要求较高，此外还须设置油箱，以便在工作时用来储油和补充油液。

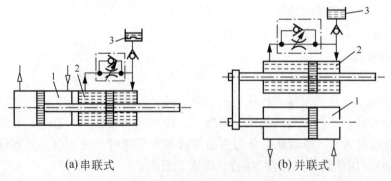

(a)串联式　　　　(b)并联式

图 12-12　气-液阻尼缸工作原理图

1—气缸；2—液压缸；3—高位油箱

（2）薄膜式气缸。薄膜式气缸是一种利用膜片在压缩空气作用下产生变形来推动活塞杆作直线运动的气缸。图 12-13 为薄膜式气缸结构简图。此种气缸可分为单作用式和双作用式。

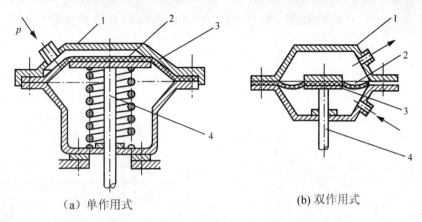

（a）单作用式　　　　　　　　　　（b）双作用式

图 12-13　薄膜式气缸结构简图

1—缸体；2—膜片；3—膜盘；4—活塞杆

薄膜式气缸与活塞式气缸相比较，具有结构紧凑、简单、成本低、维修方便、寿命长和效率高等优点。但因膜片的变形量有限，其行程较短，一般不超过 40～50 mm，且气缸活塞上的输出力随行程的加大而减小，因此其应用范围受到一定限制，适用于气动夹具、自动调节阀及短行程工作场合。

（3）冲击气缸。冲击气缸是把压缩空气的压力能转换为活塞和活塞杆的高速运动，输出动能，产生较大的冲击力，打击工件做功的一种气缸。冲击气缸与普通气缸相比较增加了蓄能腔和具有排气小孔的中盖 2，中盖 2 与缸体 1 固接在一起，它与活塞 4 把气缸分隔成蓄能腔、活塞腔和活塞杆腔三部分，中盖 2 中心开有一个喷气口，如图 12-14 所示。

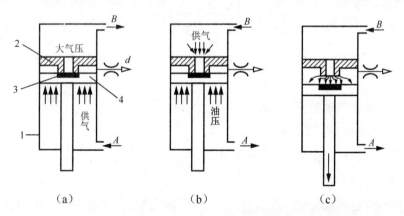

（a）　　　　　　　（b）　　　　　　　（c）

图 12-14　冲击气缸工作原理图

1—缸体；2—中盖；3—密封垫；4—活塞杆

冲击气缸结构简单、成本低，耗气功率小，且能产生相当大的冲击力，应用十分广泛。它可完成下料、冲孔、弯曲、打印、铆接、模锻和破碎等多种作业。为了有效地应用冲击气缸，应注意正确地选择工具，并正确地确定冲击气缸尺寸，选用适用的控制回路。

3. 标准化气缸

目前最常选用的是标准气缸，其结构和参数都已系列化、标准化、通用化。QGA 系列为无缓冲普通气缸，其结构如图 12-15 所示；QGB 系列为有缓冲普通气缸，其结构如图 12-16 所示。

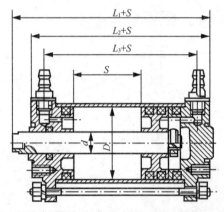

图 12-15　QGA 系列无缓冲普通气缸结构图

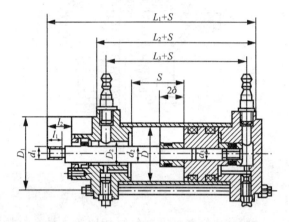

图 12-16　QGB 系列有缓冲普通气缸结构图

我国目前已生产出五种从结构到参数都已经标准化、系列化的气缸（简称标准化气缸）供用户优先选用，在生产过程中应尽可能使用标准化气缸，这样可使产品具有互换性，给设备的使用和维修带来方便。

（1）标准化气缸的系列和标记如下：

标准化气缸的标记是用字母"QG"表示气缸，其中，字母 A、B、C、D、H 表示五种系列。具体的标志方法如下：

| QG | A、B、C、D、H | 缸径×行程 |

例如，标记为 QG A80×100，表示气缸的直径为 80 mm，行程为 100 mm 的无缓冲普通气缸。

（2）五种标准化气缸的系列分类如下：

① QGA 表示无缓冲普通气缸。

② QGB 表示细杆（标准杆）缓冲气缸。

③ QGC 表示粗杆缓冲气缸。

④ QGD 表示气-液阻尼缸。

⑤ QGH 表示回转气缸。

（3）标准化气缸的主要参数。

标准化气缸的主要参数是缸径 D 和行程 S。缸径标志气缸活塞杆的输出力，行程标志气缸的作用范围。

① 标准化气缸的缸径 D 有 11 种规格：40、50、63、80、100、125、160、200、250、

320、400 mm。

② 标准化气缸的行程 S：无缓冲气缸和气-液阻尼缸，$S = (0.5 \sim 2)D$；有缓冲气缸，$S = (1 \sim 10)D$。

二、气动马达

气动马达是将压缩空气的压力能转换成旋转的机械能的装置。气动马达有叶片式、活塞式、齿轮式等多种类型，如图 12-17 所示。在气压传动中使用最广泛的是叶片式和活塞式马达，现以叶片式气动马达为例简单介绍气动马达的工作原理。

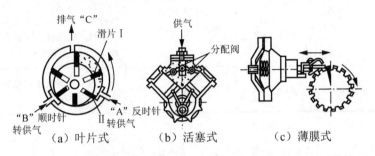

图 12-17　气动马达的工作原理图

图 12-18 所示为双向旋转叶片式气动马达的结构示意图。当压缩空气从进气口 A 进入气室后立即喷向叶片 1，作用在叶片的外伸部分，产生转矩带动转子 2 作逆时针转动，输出机械能。若进气、出气口互换，则转子反转，输出相反方向的机械能。转子转动的离心力和叶片底部的气压力、弹簧力（图 12-18 中未画出）使得叶片紧贴在定子 3 的内壁上，以保证密封，提高容积效率。叶片式气动马达主要用于风动工具、高速旋转机械及矿山机械等。

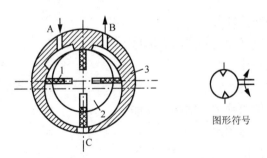

图 12-18　双向旋转叶片式气动马达
1—叶片；2—转子；3—定子

气动马达的突出特点是具有防爆、高速等优点，也有其输出功率小、耗气量大、噪声大和易产生振动等缺点，如表 12-1 所示。

表 12-1　各种气马达的特点及应用范围

形式	转矩	速度	功率	每千瓦耗气量 Q（m³·min）	特点及应用范围
叶片式	低转矩	高速度	由零点几千瓦到 1.3 kW	小型：1.8～2.3；大型：1，0～1.4	制造简单，结构紧凑，但低速启动转矩小，低速性能不好。适用于要求低或中功率的机械，如手提工具、复合工具传送带、升降机、泵、拖拉机等
活塞式	中高转矩	低速或中速	由零点几千瓦到 1.7 kW	小型：1.9～2.3；大型：1.0～1.4	在低速时有较大的功率输出和较好的转矩特性。启动准确，且启动和停止特性均较叶片式好，适用于载荷较大和要求低速转矩较高的机械，例如手提工具、起重机、绞车、绞盘、拉管机等
薄膜式	高转矩	低速度	小于 1 kW	1.2，1.4	适用于控制要求很精确、启动转矩极高和速度低的机械

小　结

1. 气源装置包括压缩空气的发生装置以及压缩空气的存贮、净化等辅助装置。它为气动系统提供合乎质量要求的压缩空气，是气动系统的一个重要组成部分。

2. 气动执行元件是将压缩空气的压力能转换为机械能的装置，包括气缸和气马达。

复习思考题

1. 气源装置包括哪些元件？
2. 气动系统对压缩空气的主要要求有哪些？
3. 气源装置的组成是什么？
4. 空气压缩机如何分类的？
5. 简述气动执行元件的种类、结构、功能。
6. 简述气缸的工作原理和用途。
7. 简述气动马达的作用。

第十三章 气动控制元件

1. 了解压力控制阀、流量控制阀、方向控制阀、气动逻辑元件的常用类型、用途和结构。
2. 掌握气动控制元件的工作原理。
3. 了解液压系统维护的注意事项。

第一节　压力控制阀

一、安全阀

当贮气罐或回路中压力超过某调定值，要用安全阀向外放气，安全阀在系统中起过载保护作用。

图 13-1 所示为安全阀工作原理图及职能符号。当系统中气体压力在调定范围内时，作用在活塞 3 上的压力小于弹簧 2 的力，活塞 3 处于关闭状态，如图 13-1（a）所示。当系统压力升高，作用在活塞 3 上的压力大于弹簧的预定压力时，活塞 3 向上移动，阀门开启排气如图 13-1（b）。直到系统压力降到调定范围以下，活塞又重新关闭。开启压力的大小与弹簧的预压量有关。

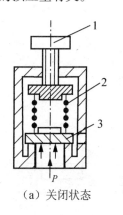
（a）关闭状态

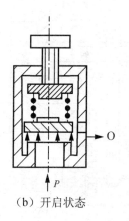
（b）开启状态

（c）职能符号

图 13-1　安全阀工作原理图
1—调节手柄；2—弹簧；3—活塞

二、减压阀（调压阀）

图 13-2 所示为 QTY 型直动式减压阀结构图。其工作原理：当阀处于工作状态时，调节

手柄1、压缩弹簧2、3及膜片5，通过阀杆6使阀芯8下移，进气阀口被打开，有压气流从左端输入，经阀口节流减压后从右端输出。输出气流的一部分由阻尼管7进入膜片气室，在膜片5的下方产生一个向上的推力，这个推力总是企图把阀口开度关小，使其输出压力下降。当作用于膜片上的推力与弹簧力相平衡后，减压阀的输出压力便保持一定。当输入压力发生波动时，例如输入压力瞬时升高，输出压力也随之升高，作用于膜片5上的气体推力也随之增大，破坏了原来的力的平衡，使膜片5向上移动，有少量气体经溢流口4、排气孔11排出。在膜片上移的同时，因复位弹簧10的作用，使输出压力下降，直到新的平衡为止。重新平衡后的输出压力又基本上恢复至原值。反之，输出压力瞬时下降，膜片下移，进气口开度增大，节流作用减小，输出压力又基本上回升至原值。调节手柄1使弹簧2、3恢复自由状态，输出压力降至零，阀芯8在复位弹簧10的作用下，关闭进气阀口，这样，减压阀便处于截止状态，无气流输出。

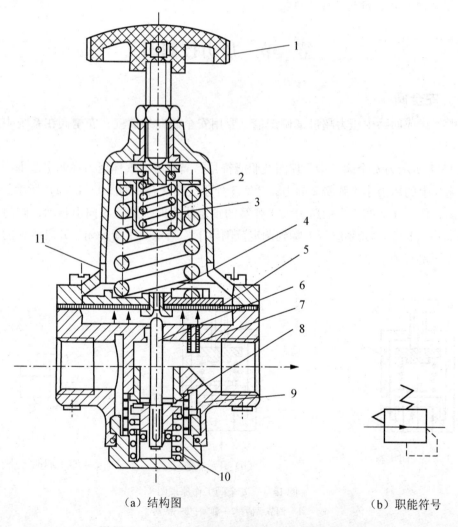

（a）结构图　　　　　　　　　　　（b）职能符号

图 13-2　QTY 型自动式减压阀结构图及其职能符号

1—手柄；2、3—调压弹簧；4—溢流口；5—膜片；6—阀杆；7—阻尼孔；
8—阀芯；9—阀座；10—复位弹簧；11—排气孔

QTY 型直动式减压阀的调压范围为 0.05～0.63 MPa。为限制气体流过减压阀所造成的压力损失，规定气体通过阀内通道的流速在 15～25 m/s 范围内。

安装减压阀时，要按气流的方向和减压阀上所示的箭头方向，依照分水滤气器→减压阀→油雾器的安装次序进行安装。调压时应由低向高调，直至规定的调压值为止。阀不用时应把手柄放松，以免膜片经常受压变形。

三、顺序阀

顺序阀是依靠气路中压力的作用而控制执行元件按顺序动作的压力控制阀，如图 13-3 所示，其根据弹簧的预压缩量来控制其开启压力。当输入压力达到或超过开启压力时，顶开弹簧，风压到 A 口才有输出；反之 A 口无输出。

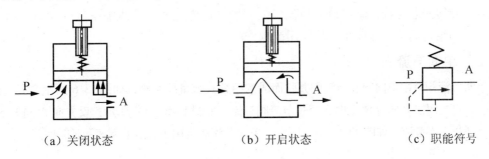

（a）关闭状态　　　　　　　（b）开启状态　　　　　　　（c）职能符号

图 13-3　顺序阀工作原理图及职能符号

顺序阀一般很少单独使用，往往与单向阀配合在一起，构成单向顺序阀。图 13-4 所示为单向顺序阀的工作原理图。当压缩空气由左端进入阀腔后，作用于活塞 3 上的气压力超过压缩弹簧 3 上的力时，将活塞顶起，压缩空气从 P 经 A 输出，如图 13-4（a）所示，此时单向阀 4 在压差力及弹簧力的作用下处于关闭状态。反向流动时，输入侧变成排气口，输出侧压力将顶开单向阀 4 由 O 口排气，如图 13-4（b）所示。

调节旋钮就可改变单向顺序阀的开启压力，以便在不同的开启压力下，控制执行元件的顺序动作。

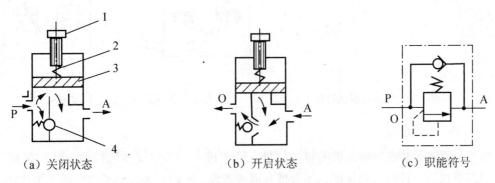

（a）关闭状态　　　　　　　（b）开启状态　　　　　　　（c）职能符号

图 13-4　单向顺序阀工作原理图及职能符号

1—调节手柄；2—弹簧；3—活塞；4—单向阀

第二节　流量控制阀

在气压传动系统中，有时需要控制气缸的运动速度，有时需要控制换向阀的切换时间和气动信号的传递速度，这些都需要调节压缩空气的流量来实现。流量控制阀就是通过改变阀的通流截面积来实现流量控制的元件。流量控制阀包括节流阀、单向节流阀、排气节流阀和快速排气阀等。

一、节流阀

图 13-5 所示为圆柱斜切型节流阀的结构图。压缩空气由 P 口进入，经过节流后，由 A 口流出。旋转阀芯螺杆，就可改变节流口的开度，这样就调节了压缩空气的流量。由于这种节流阀的结构简单、体积小，故应用范围较广。

二、单向节流阀

单向节流阀是由单向阀和节流阀并联而成的组合式流量控制阀，如图 13-6 所示。当气流沿着一个方向，例如 P 向 A 流动时，经过节流阀节流，如图 13-6（a）所示；反方向 A 向 P 流动，单向阀打开，不节流，如图 13-6（b）所示。单向节流阀常用于气缸的调速和延时回路。

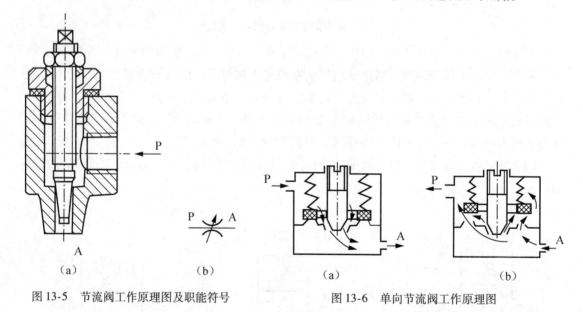

（a）　　　　　　（b）　　　　　　　　　（a）　　　　　　　　　（b）

图 13-5　节流阀工作原理图及职能符号　　　　图 13-6　单向节流阀工作原理图

三、排气节流阀

排气节流阀是装在执行元件的排气口处，调节进入大气中气体流量的一种控制阀。它不仅能调节执行元件的运动速度，还常带有消声器件，所以也能起降低排气噪声的作用。

图 13-7 所示为排气节流阀工作原理图。其工作原理和节流阀类似，靠调节节流口 1 处的通流面积来调节排气流量，由消声套 2 来减小排气噪声。

用流量控制的方法控制气缸内活塞的运动速度，采用气动比采用液压困难。特别是在极低速控制中，要按照预定行程变化来控制速度，只用气动很难实现。在外部负载变化很大时，仅用气动流量阀也不会得到满意的调速效果。为提高其运动平稳性，建议采用气液联动。

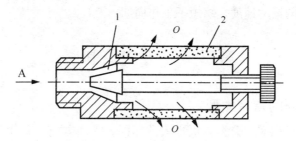

图 13-7　排气节流阀工作原理图

1—节流口；2—消声套

四、柔性节流阀

柔性节流阀的工作原理，依靠阀杆夹紧柔韧的橡胶管而产生节流作用，也可以利用气体压力来代替阀杆压缩胶管。柔性节流阀结构简单，压力降小，动作可靠性高。对污染不敏感，通常工作压力范围为 0.3 ~ 0.63 MPa。

应用气动流量控制阀对气动执行元件进行调速，比用液压流量控制阀调速要困难、因气体具有压缩性。所以用气动流量控制阀调速为防产生爬行应注意以下几点：

（1）管道上不能有漏气现象。

（2）气缸、活塞间的润滑状态要好。

（3）流量控制阀应尽量安装在气缸或气马达附近。

（4）尽可能采用出口节流调速方式。

（5）外加负载应当稳定。若外负载变化较大，应借助液压或机械装置（例如气液联动）来补偿由于载荷变动造成的速度变化。

五、快速排气阀

图 13-8 所示为快速排气阀工作原理图。进气口 P 进入压缩空气，并将密封活塞迅速上推，开启阀口 2，同时关闭排气口 O，使进气口 P 和工作口 A 相通，如图 13-8（a）所示。图 13-8（b）所示为 P 口没有压缩空气进入时，在 A 口和 P 口压差作用下，密封活塞迅速下降，关闭户口，使 A 口通过 O 口快速排气。

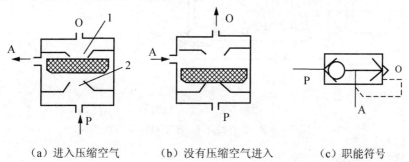

（a）进入压缩空气　　　（b）没有压缩空气进入　　　（c）职能符号

图 13-8　快速排气阀工作原理及职能符号

1、2—阀口

快速排气阀常安装在换向阀和气缸之间。它使气缸的排气不用通过换向阀而快速排出，从而加速了气缸往复的运动速度，缩短了工作周期。

第三节　方向控制阀

一、方向控制阀的常用类型

气动方向阀和液压相似，分类方法也大致相同。气动方向阀是气压传动系统中通过改变压缩空气的流动方向和气流的通断，来控制执行元件启动、停止及运动方向的气动元件。

根据方向控制阀的功能、控制方式、结构方式、阀内气流的方向及密封形式等，可将方向控制阀分如表 13-1 所示的几类形式。

表 13-1　方向控制阀的分类

分类方式	形式
按阀内气体的流动方向	单向阀、换向阀
按阀芯的结构形式	截止阀、滑阀
按阀的密封形式	硬质密封、软质密封
按阀的工作位数及通路数	二位三通、二位五通、三位五通等
按阀的控制操纵方式	气压控制、电磁控制、机械控制、手动控制

二、单向型方向控制阀

1. 气动单向阀

气动单向阀的结构原理如图 13-9 所示。其工作原理和职能符号和液压单向阀一致，只不过气动单向阀的阀芯和阀座之间是靠密封垫密封的。

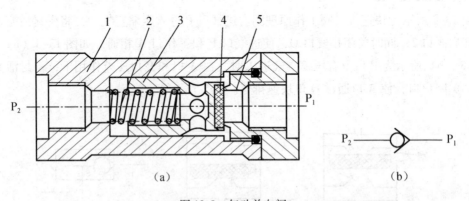

（a）　　　　　　　　　　　　　　　　　　　　（b）

图 13-9　气动单向阀

1—阀体；2—弹簧；3—阀芯；4—密封材料；5—截止型阀口

2. 或门型气动梭阀

如图 13-10 所示为或门型梭阀的结构原理。其工作特点是不论 P_1 和 P_2 哪条通路单独通气，都能导通其与 A 的通路；当 P_1 和 P_2 同时通气时，哪端压力高，A 就和哪端相通，另一端关闭，其逻辑关系为"或"，职能符号如图 13-10（b）所示。

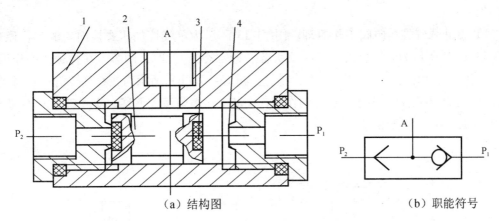

（a）结构图　　　　　　　　　　　（b）职能符号

图 13-10　或门型气动梭阀

1—阀体；2—阀芯；3—密封材料；4—截止型阀口

3. 与门型梭阀

与门型梭阀又称双压阀，结构原理如图 13-11 所示。其工作特点是只有 P_1 和 P_2 同时供气，A 口才有输出；当 P_1 或 P_2 单独通气时，阀芯就被推至相对端，封闭截止型阀口；当 P_1 和 P_2 同时通气时，哪端压力低，A 口就和哪端相通，另一端关闭，其逻辑关系为"与"，职能符号如图 13-11（b）所示。

4. 快速排气阀

快速排气阀是为加快气体排放速度而采用的气压控制阀。

如图 13-12 所示为快速排气阀的结构原理。当气体从 P 通入时，气体的压力使唇型密封圈右移封闭快速排气口 e，并压缩密封圈的唇边，导通 P 口和 A 口，当 P 口没有压缩空气时，密封圈的唇边张开，封闭 A 和 P 通道，A 口气体的压力使唇型密封圈左移，A、T 通过排气通道 e 连通而快速排气（一般排到大气中）。

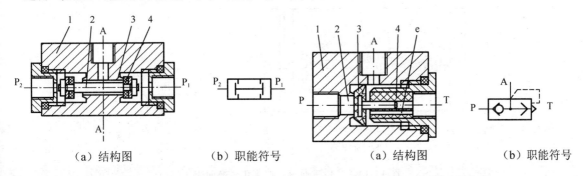

（a）结构图　　　（b）职能符号　　　　　　　（a）结构图　　　　（b）职能符号

图 13-11　双压阀（与门型梭阀）　　　　　　图 13-12　快速排气阀

1—阀体；2—阀芯；3—截止型阀口；4—密封材料　　　1—阀体；2—截止型阀口；3—唇形密封圈；4—阀套

三、换向型方向控制阀

1. 气压控制换向阀

气压控制换向阀是以压缩空气为动力切换气阀，使气路换向或通断的阀类。气压控制换向阀的用途很广,多用于组成全气阀控制的气压传动系统或易燃、易爆以及高净化等场合。

(1)截止式气控换向阀工作原理。图 13-13 所示为单气控加压式换向阀的工作原理。图 13-13(a)所示为无气控信号 K 时的状态(即常态),此时,阀芯 1 在弹簧 2 的作用下处于上端位置,使阀 A 与 O 相通,A 口排气。图 13-13(b)所示为在有气控信号 K 时阀的状态(即动力阀状态)。由于气压力的作用,阀芯 1 压缩弹簧 2 下移,使阀口 A 与 O 断开,P 与 A 接通,A 口有气体输出。

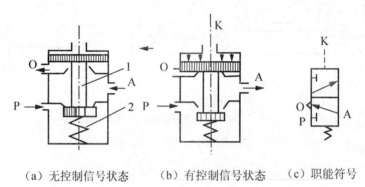

(a)无控制信号状态   (b)有控制信号状态   (c)职能符号

图 13-13 单气控加压截止式换向阀的工作原理图及职能符号

1—阀芯;2—弹簧

(2)截止式方向控制阀。图 13-14 所示为二位三通单气控截止式换向阀的结构原理。K 口为没有控制信号时的状态,阀芯 4 在弹簧 2 与 P 腔气压作用下右移,使 P 与 A 断开,A 与 T 导通;当 K 口有控制信号时,推动活塞 5 通过阀芯压缩弹簧打开 P 与 A 通道,封闭 A 与 T 通道。图示为常断型阀,如果 P、T 换接则成为常通型。这里,换向阀芯换位采用的是加压的方法,所以称为加压控制换向阀。相反情况则为减压控制换向阀。

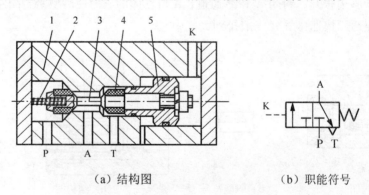

(a)结构图   (b)职能符号

图 13-14 二位三通单气控截止式换向阀

1—阀体;2—弹簧;3—阀芯;4—密封材料;5—控制活塞

2. 电磁控制换向阀

电磁换向阀是利用电磁力的作用来实现阀的切换以控制气流的流动方向。常用的电磁换向阀有直动式和先导式两种。

（1）直动式电磁换向阀。图 13-15 所示为直动式单电控电磁阀的工作原理图。它只有一个电磁铁。图 13-15（a）所示为常态情况，即激励线圈不通电，此时阀在复位弹簧的作用下处于上端位置。其通路状态为 A 与 T 相通，A 口排气。当通电时，电磁铁 1 推动阀芯向下移动，气路换向，其通路为 P 与 A 相通，A 口进气，如图 13-15（b）所示。

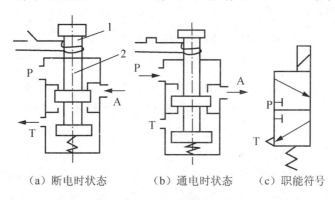

（a）断电时状态　　　（b）通电时状态　　　（c）职能符号

图 13-15　直动式单电控电磁阀的工作原理图及职能符号

1—电磁铁；2—阀芯

图 13-16 所示为直动式单电控电磁阀的工作原理图。它只有一个电磁铁。图 13-16（a）所示为常态情况，即激励线圈不通电，此时阀在复位弹簧的作用下处于上端位置。其通路状态为 A 与 T 相通，A 口排气。当通电时，电磁铁 1 推动阀芯向下移动，气路换向，其通路为 P 与 A 相通，A 口进气，如图 13-16（b）所示。

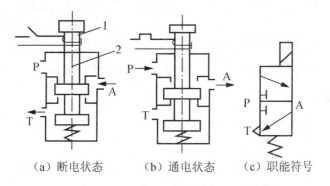

（a）断电状态　　　（b）通电状态　　　（c）职能符号

图 13-16　直动式单电控电磁阀工作原理图

图 13-17 所示为直动式双电控电磁阀的工作原理图。它有两个电磁铁，当电磁线圈 1 通电、2 断电，阀芯被推向右端，其通路状态是 P 与 A、B 与 O_2 相通，A 口进气、B 口排气，如图 13-17（a）所示。当线圈 1 断电时，阀芯仍处于原有状态，即具有记忆性。当电磁线圈 2 通电、1 断电，阀芯被推向左端，其通路状态是 P 与 B、A 与 O_1 相通，B 口进气、A 口排气，如图 13-17（b）所示。若电磁线圈断电，气流通路仍保持原状态。

（2）先导式电磁换向阀。直动式电磁阀是由电磁铁直接推动阀芯移动的，当阀通径较大时，用直动式结构所需的电磁铁体积和电力消耗都必然加大，为克服此弱点可采用先导式结构。

先导式电磁阀是由电磁铁首先控制气路，产生先导压力，再由先导压力推动主阀阀芯，使其换向。

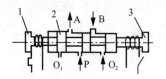　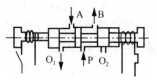　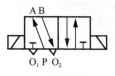

（a）电磁线圈1通电、2断电　　　（b）电磁线圈2通电、1断电　　　（c）职能符号

图 13-17　直动式双电控电磁阀工作原理图

1、3—电磁铁；2—阀芯

图 13-18 所示为先导式双电控换向阀的工作原理图。当电磁先导阀 1 的线圈通电，而先导阀 2 断电时，由于主阀 3 的 K_2 腔进气，K_2 腔排气，使主阀阀芯向右移动。此时户与 A、B 与 O_2 相通，A 口进气、B 口排气，如图 13-18（a）所示。当电磁先导阀 2 通电，而先导阀 1 断电时，主阀的 K_2 腔进气，K_2 腔排气，使主阀阀芯向左移动。此时 P 与 B、A 与 O_1 相通，B 口进气、A 口排气，如图 13-18（b）所示。先导式双电控电磁阀具有记忆功能，即通电换向，断电保持原状态。为保证主阀正常工作，两个电磁阀不能同时通电，电路中要考虑互锁。

先导式电磁换向阀便于实现电气联合控制，所以应用较为广泛。

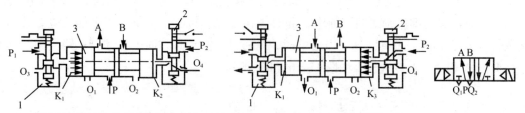

（a）先导式双电控换向阀1通电，2断电时状态　　（b）先导阀2通电，1断电时状态　　（c）职能符号

图 13-18　先导式双电控换向阀的工作原理图

3. 时间控制换向阀

时间换向阀是通过气容或气阻的作用对阀的换向时间进行控制的换向阀，包括延时阀和脉冲阀两类。

（1）延时阀。如图 13-19 所示为二位三通气动延时阀的结构原理。由延时控制部分和主阀组成。常态时，弹簧的作用使阀芯 2 处在左端位置。当从 K 口通入气控信号时，气体通过可调节流阀 4（气阻）使气容腔 1 充气，当气容内的压力达到一定值时，通过阀芯压缩弹簧使阀芯向右动作，换向阀换向；气控信号消失后，气容中的气体通过单向阀快速卸压，当压力降到某值时，阀芯左移，换向阀换向。

（2）脉冲阀。脉冲阀是靠气流经过气阻、气容的延时作用，使输入的长信号变成脉冲信号输出的阀。图 13-20 所示为一滑阀式脉冲阀的结构原理。P 口有输入信号时，由于阀芯上腔气容中压力较低，并且阀芯中心阻尼小孔很小，所以阀芯向上移动，使 P、A 相通，A 口有信号输出，同时从阀芯中心阻尼小孔不断给上部气容充气，因为阀芯的上、下端作用面积不等，气容中的压力上升达到某值时，阀芯下降封闭 P、A 通道，A、T 相通，A 口没有信号输出。这样，P 口的连续信号就变成 A 口输出的脉冲信号。

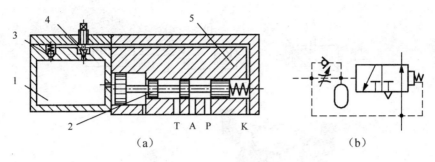

图 13-19　气动延时换向阀

1—气容腔；2—阀芯；3—单向阀；4—可调节流阀；5—阀体

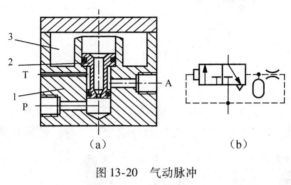

图 13-20　气动脉冲

1—阀体；2—阀芯；3—气容

第四节　气动逻辑元件

气动逻辑元件均是用压缩空气为工作介质，通过元件内部可动部件的动作，改变气流方向，从而实现逻辑控制功能。

一、梭阀

梭阀相当于两个单向阀组合的阀。图 13-21 所示为梭阀的工作原理图。

梭阀有两个进气口 P_1 和 P_2，一个工作口 A，阀芯 l 在两个方向上起单向阀的作用。其中 P_1 和 P_2 都可与 A 口相通，但这时 P_1 与 P_2 不相通。当 P_1 进气时，阀芯 l 右移，封住 P_2 口，使 P_1 与 A 相通，A 口进气，如图 13-21（a）所示。反之，P_2 进气时，阀芯 1 左移，封住 P_1 口，使 P_2 与 A 相通，A 口也进气。若 P_1 与 P_2 都进气时，阀芯就可能停在任意一边，这主要看压力加入的先后顺序和压力的大小而定。若 P_1 与 P_2 不等，则高压口的，通道打开，低压口则被封闭，高压气流从 A 口输出，如图 13-21（b）所示。

梭阀当输入口 1 有气信号时，输出口 2 才有气信号输出。也就是说，只要输入口 1 有气信号，输出口 2 就会有气信号输出（"或"逻辑功能），如图 13-21 所示。

梭阀的应用很广，多用于手动与自动控制的并联回路中。

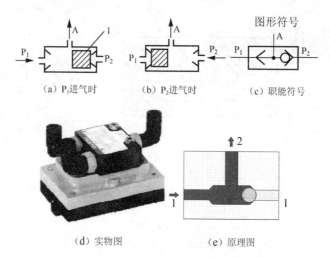

（a）P₁进气时　　　（b）P₂进气时　　　（c）职能符号

（d）实物图　　　　　　　（e）原理图

图 13-21　梭阀

二、双压阀

只有在两个输入口 1 都有气信号时，输出口 2 才有气信号输出。也就是说，只要两个输入口中有一个无气信号，输出口 2 就无气信号输出（"与"逻辑功能），如图 13-22 所示。

（a）　　　　　　　（b）　　　　　　（c）

图 13-22　双压阀

三、气动电液比例阀

气动电液比例控制阀是一种输出量与输入信号成比例的气动控制阀，它可以按给定的输入信号连续、按比例地控制气流的压力、流量和方向等。由于电液比例控制阀具有压力补偿的性能，所以其输出压力、流量等可不受负载变化的影响。

按控制信号的类型，可将气动电液比例控制阀分为气控电液比例控制阀和电控电液比例控制阀。气控电液比例控制阀以气流作为控制信号，控制阀的输出参量、可以实现流量放大，在实际系统中应用时一般应与电-气转换器相结合，才能对各种气动执行机构进行压力控制。电控电液比例控制阀则以电信号作为控制信号。

1. 气控比例压力阀

气控比例压力阀是一种比例元件，阀的输出压力与信号压力成比例，如图 13-23 所示为比例压力阀的结构原理。当有输入信号压力 p_1 时，膜片 6 变形，推动硬芯使主阀芯 2 向下运动，打开主阀口，气源压力 p_s 经过主阀芯节流后形成输出压力 p_2。膜片 5 起反馈作用，并使输出压力信号与信号压力之间保持比例。当输出压力小于信号压力时，膜片组向下运动。使主阀口开大，输出压力增大。当输出压力大于信号压力时，膜片 6 向上运动，溢流阀芯 3 开启，多余的气体排至大气。调节针阀的作用是使输出压力的一部分加到信号压力腔形成正反馈，增加阀的工作稳定性。

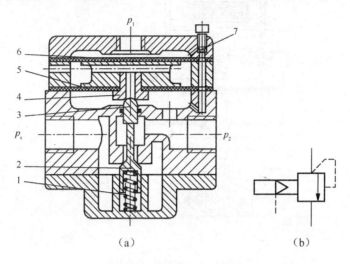

图 13-23　气控比例压力阀

1—弹簧；2—主阀芯；3—溢流阀芯；4—阀座；5—输出压力膜片；6—控制压力膜片；7—调节针阀

2. 电控比例压力阀

如图 13-24 所示为喷嘴挡板式电控比例压力阀。它由动圈式比例电磁铁、喷嘴挡板放大器、气控比例压力阀三部分组成，比例电磁铁由永久磁铁 l0、线圈 9 和片簧 8 构成。当电流输入时，线圈 9 带动挡板 7 产生微量位移，改变其与喷嘴 6 之间的距离，使喷嘴 6 的背压改变。膜片组 4 为比例压力阀的信号膜片及输出压力反馈膜片。背压的变化通过膜片 4 控制阀芯 2 的位置，从而控制由气源压力 P_s 输出压力 P_2。喷嘴 6 的压缩空气由气源节流阀 5 供给。

四、电气伺服控制阀

电气伺服控制阀的工作原理与气动比例阀类似，它也是通过改变输入信号来对输出信号的参数进行连续、成比例的控制。与电液比例控制阀相比，除了在结构上有差异外，主要在于伺服阀具有很高的动态响应和静态性能。但其价格较贵，使用维护较为困难。

气动伺服阀的控制信号均为电信号，故又称电气伺服阀。是一种将电信号转换成气压信号的电气转换装置。它是电气伺服系统中的核心部件。图 13-25 所示为力反馈式电气伺服阀结构原理图。其中第一级气压放大器为喷嘴挡板阀，由力矩马达控制，第二级气压放大器为滑阀。阀芯位移通过反馈杆 5 转换成机械力矩反馈到力矩马达上。其工作原理为：当有电流输入力矩马达控制线圈时，力矩马达产生电磁力矩，使挡板偏离中位（假设其向左偏转），反馈杆变形。这时两个喷嘴挡板阀的喷嘴前腔产生压力差（左腔高于右腔），在此压力差的作用下，滑阀移动（向右），反馈杆端点随着一起移动，反馈杆进一步变形，变形产生的力矩与力矩马达的电磁力矩相平衡，使挡板停留在某个与控制电流相对应的偏转角上。反馈杆的进一步变形使挡板被部分拉回中位，反馈杆端点对阀芯的反作用力与阀芯

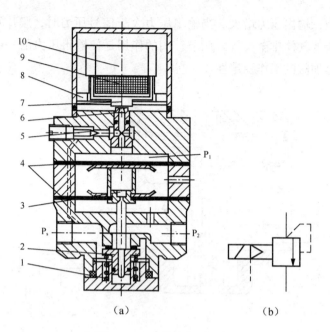

（a）　　　　　　　　　　　　　（b）

图 13-24　电控比例压力阀

1—弹簧；2—阀芯；3—溢流口；4—膜片组；5—节流阀；6—喷嘴；

7—挡板；8—片簧；9—线圈；10—磁铁

两端的气动力相平衡，使阀芯停留在与控制电流相对应的位移上。这样，伺服阀就输出一个对应的流量，达到了用电流控制流量的目的。

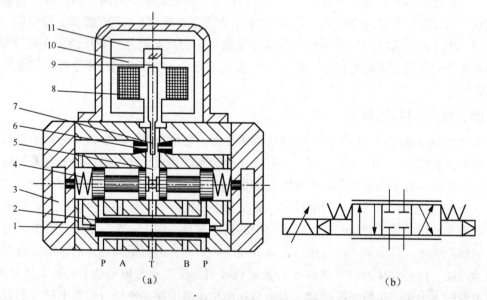

（a）　　　　　　　　　　　　　　　　（b）

图 13-25　力反馈式电、气伺服控制阀

1—节流口；2—滤气器；3—气室；4—补偿弹簧；5—反馈杆；6—喷嘴；

7—挡板；8—线圈；9—支撑弹簧；10—导磁体；11—磁块

小　结

在液压系统中，在气压传动系统中，气动控制元件是控制和调节压缩空气的压力、流量和方向的种类控制阀，其作用是保证气动执行元件（例如气缸、气马达等）按设计的程序正常地进行工作。

思考与练习题

1. 简述换向阀通口与切换位置的意义。

2. 换向阀的操作方式有几种，请用符号画出。

3. 换向阀按结构可分为哪几种？简述其特点。

4. 快速排气阀为什么能快速排气？在使用和安装快速排气阀时应注意什么问题？

5. 画出下列阀的图形符号：

（1）二位三通双气控加压换向阀。

（2）双电控二位五通先导式电磁换向阀。

（3）中位机能 O 型三位五通气控换向阀。

（4）二位三通手动换向阀。

（5）梭阀。

（6）快速排气阀。

（7）二位三通延时阀。

（8）减压阀。

6. 简述梭阀的工作原理，并举例说明其应用。

7. 在气动控制元件中，哪些元件具有记忆功能？记忆功能是如何实现的？

8. 使用节流阀时为何节流面积不宜太小？

9. 为何出口节流方式不适用于短行程气缸的速度控制？

10. 简述压力顺序阀的工作原理。

第十四章 气动控制回路

学习目标

1. 了解气压传动系统的基本气动回路组成及基本原理。
2. 掌握方向控制回路、压力控制回路、速度控制回路组成和基本原理。
3. 了解其他常用基本回路组成和基本原理。

气压传动系统的形式很多，是由不同功能的基本回路所组成，熟悉常用的基本回路是分析和安装调试、使用维修气压传动系统的必要基础。气动基本回路按其功能分为方向控制回路、压力控制回路、速度控制回路和其他常用基本回路。

第一节　方向控制回路

一、单作用气缸换向回路

图 14-1（a）所示为由二位三通电磁阀控制的换向回路，通电时，活塞杆伸出；断电时，在弹簧力作用下活塞杆缩回。

图 14-1（b）所示为由三位五通电磁阀控制的换向回路，该阀具有自动对中功能，可使气缸停在任意位置，但定位精度不高，定位时间不长。

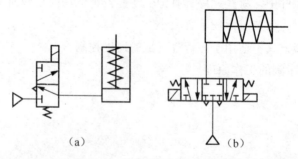

图 14-1　单作用气缸换向回路

二、双作用气缸换向回路

图 14-2（a）所示为小通径的手动换向阀控制二位五通主阀操纵气缸换向；图 14-2（b）所示为二位五通双电控阀控制气缸换向；图 14-2（c）所示为两个小通径的手动阀控制二位五通主阀操纵气缸换向；图 14-2（d）所示为三位五通阀控制气缸换向。该回路有中停功能，但定位精度不高。

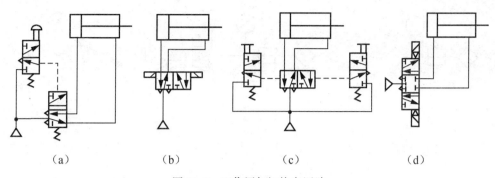

图 14-2　双作用气缸换向回路

第二节　压力控制回路

压力控制回路的功用是使系统保持在某一规定的压力范围内。常用的有一次压力控制回路、二次压力控制回路和高低压转换回路。

一、一次压力控制回路

图 14-3 所示为一次压力控制回路。此回路用于控制贮气罐的压力，使之不超过规定的压力值。常用外控溢流阀 1 或用电接点压力表 2 来控制空气压缩机的转、停，使贮气罐内压力保持在规定范围内。采用溢流阀，结构简单，工作可靠，但气量浪费大；采用电接点压力表对电动机及控制要求较高，常用于对小型空压机的控制。

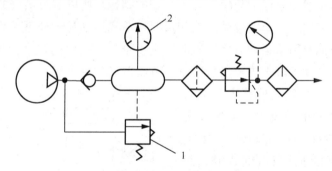

图 14-3　一次压力控制回路
1—溢流阀；2—电接点压力表

二、二次压力控制回路

图 14-4 所示为二次压力控制回路，图 14-4（a）所示是由气动三大件组成的，主要由溢流减压阀来实现压力控制；图 14-4（b）所示是由减压阀和换向阀构成的对同一系统实现输出高低压力 p_1、p_2 的控制；图 14-4（c）所示是由减压阀来实现对不同系统输出不同压力 p_1、p_2 的控制。为保证气动系统使用的气体压力为一稳定值，多用空气过滤器、减压阀、油雾器（气动三大件）组成的二次压力控制回路，但要注意，供给逻辑元件的压缩空气不要加入润滑油。

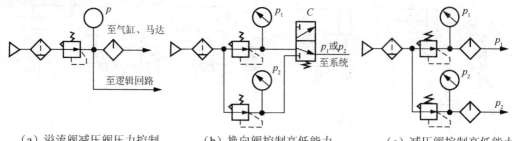

（a）溢流阀减压阀压力控制　　　（b）换向阀控制高低能力　　　（c）减压阀控制高低能力

图 14-4　二次压力控制回路

第三节　速度控制回路

气动系统因使用的功率都不大，所以主要的调速方法是节流调速。

一、单向调速回路

图 14-5 所示为双作用缸单向调速回路。图 14-5（a）所示为供气节流调速回路。当气控换向阀不换向时，进入气缸 A 腔的气流流经节流阀，B 腔排出的气体直接经换向阀快排。当节流阀开度较小时，由于进入 A 腔的流量较小，压力上升缓慢。当气压达到能克服负载时，活塞前进，此时 A 腔容积增大，结果使压缩空气膨胀，压力下降，使作用在活塞上的力小于负载，因而活塞就停止前进。待压力再次上升时，活塞才再次前进。这种由于负载及供气的原因使活塞忽走忽停的现象，称为气缸的爬行。所以节流供气的不足之处主要表现为：一是当负载方向与活塞的运动方向相反时，活塞运动易出现不平稳现象，即爬行现象。二是当负载方向与活塞运动方向一致时，由于排气经换向阀快排，几乎没有阻尼，负载易产生跑空现象，使气缸失去控制。所以，节流供气多用于垂直安装的气缸的供气回路中，在水平安装的气缸供气回路中一般采用图 14-5（b）所示的节流排气回路。当气控换向阀不换向时，从气源来的压缩空气经气控换向阀直接进入气缸的 A 腔，而B 腔排出的气体必须经节流阀到气控换向阀而排入大气，因而 B 腔中的气体就具有一定的压力。此时活塞在 A 腔与 B 腔的压力差作用下前进，而减少了爬行发生的可能性，调节节流阀的开度，就可控制不同的排气速度，从而也就控制了活塞的运动

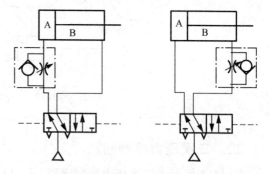

（a）供气节流调速回路　　（b）节流排气回路

图 14-5　双作用缸单向调速回路

速度，排气节流调速回路具有下述特点：

（1）气缸速度随负载变化较小，运动较平稳。

（2）能承受与活塞运动方向相同的负载（反向负载）。

二、双向调速回路

图 14-6 所示为双向调速回路。图 14-6（a）所示为采用单向节流阀式的双向节流调速回路。图 14-6（b）所示为采用排气节流阀的双向节流调速回路。它们都是采用排气节流调速方式，当外负载变化不大时，进气阻力小，负载变化对速度影响小，比进气节流调速效果要好。

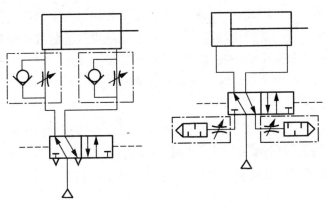

（a）单向节流阀调速回路　　　（b）双向节流阀调速回路

图 14-6　双向调速回路

三、气液调速回路

图 14-7 所示为气液调速回路。当电磁阀处于下位接通时，气压作用在气缸无杆腔活塞上，有杆腔内的液压油经机控换向阀进入气液转换器，活塞杆快速伸出。当活塞杆压下机控换向阀时，有杆腔油液只能通过节流阀到气液转换器，从而使活塞杆伸出速度减慢，而当电磁阀处于上位时，活塞杆快速返回。此回路可实现快进、工进、快退工况。因此，在要求气缸具有准确而平稳的速度时（尤其是在负载变化较大场合），就要采用气液相结合的调速方式。

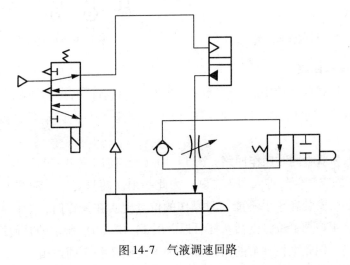

图 14-7　气液调速回路

第四节 其他常用基本回路

一、安全保护回路

若气动机构负荷过载或气压的突然降低以及气动执行机构的快速动作等原因都可能危及操作人员或设备的安全，因此在气动回路中，常常要加入安全回路。需要指出的是，在设计任何气动回路中，特别是安全回路中，都不可能缺少过滤装置和油雾器。因为，污脏空气中的杂物，可能堵塞阀中的小孔和通路，使气路发生故障。缺乏润滑油时，很可能使阀发生卡死或磨损，以致整个系统的安全都发生问题。下面介绍几种常用的安全保护回路。

1. 过载保护回路

图 14-8 所示为过载保护回路。按下手动换向阀 1，在活塞杆伸出的过程中，若遇到障碍 6，无杆腔压力升高，打开顺序阀 3，使阀 2 换向，阀 4 随即复位，活塞立即退回，实现过载保护。若无障碍 6，气缸向前运动时压下阀 5，活塞即刻返回。

2. 互锁回路

图 14-9 所示为互锁回路。在该回路中，四通阀的换向受三个串联的机动三通阀控制，只有三个阀都接通，主阀才能换向。

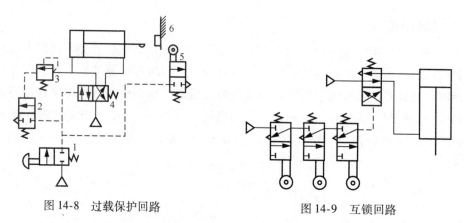

图 14-8 过载保护回路　　　　　　　图 14-9 互锁回路

3. 双手同时操作回路

双手同时操作回路就是使用两个启动阀的手动阀，只有同时按动两个阀才动作的回路。这种回路可确保安全，常用在锻造、冲压机械上，可避免产生误动作，以保护操作者的安全。

图 14-10 所示为双手同时操作回路。图 14-10（a）使用逻辑"与"回路，为使主控阀 3 换向，必须使压缩空气信号进入阀 3 左侧，为此必须使两只三通手动阀 1 和 2 同时换向，而且，这两只阀必须安装在单手不能同时操作的位置上。在操作时，如任何一只手离开时则控制信号消失，主控阀复位，则活塞杆后退。图 14-10（b）所示的是使用三位主控阀的双手同时操作回路。把此主控阀 1 的信号 A 作为手动阀 2 和 3 的逻辑"与"回路，亦即只有手动阀 2 和 3 同时动作时，主控阀 1 换向到上位，活塞杆前进；把信号 B 作为手动阀 2

和3的逻辑"或非"回路，即当手动阀2和3同时松开时，主控制阀1换向到下位，活塞杆返回，若手动阀2或3任何一个动作，将使主控阀复位到中位，活塞杆处于停止状态。

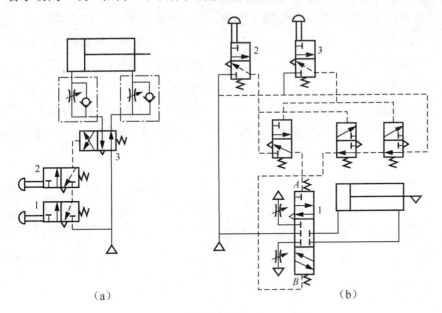

(a)   (b)

图 14-10 双手同时操作回路

二、延时回路

图 14-11 所示为延时回路。图 14-11（a）所示为延时输出回路，当控制信号切换阀4后，压缩空气经单向节流阀3向贮气罐2充气。当充气压力经过延时升高致使阀1换位时，阀1就有输出。图 14-11（b）所示为延时接通回路，按下阀8，则气缸向外伸出，当气缸在伸出行程中压下阀5后，压缩空气经节流阀到贮气罐6，延时后才将阀7切换，气缸退回。

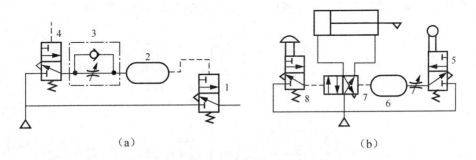

(a)   (b)

图 14-11 延时回路

三、顺序动作回路

顺序动作是指在气动回路中，各个气缸按一定顺序完成各自的动作。例如单缸有单往复动作、二次往复动作和连续往复动作等；多缸按一定顺序进行单往复或多往复顺序动作等。

1. 单缸往复动作回路

图 14-12 所示为三种单往复动作回路。图 14-12（a）所示为行程阀控制的单往复回路，当按下阀 1 的手动按钮后压缩空气使阀 3 换向，活塞杆向前伸出，当活塞杆上的挡铁碰到行程阀 2 时，阀 3 复位，活塞杆返回。图 14-12（b）所示为压力控制的往复动作回路，当按下阀 1 的手动按钮后，阀 3 阀芯右移，气缸无杆腔进气使活塞杆伸出（右行），同时气压还作用在顺序阀 4 上。当活塞到达终点后，无杆腔压力升高并打开顺序阀，使阀 3 又切换至右位，活塞杆就缩回（左行）。图 14-12（c）所示为利用延时回路形成的时间控制单往复动作回路，当按下阀 1 的手动按钮后，阀 3 换向，气缸活塞杆伸出，当压下行程阀 2 后，延时一段时间后，阀 3 才能换向，然后活塞杆再缩回。

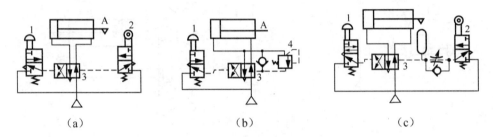

|（a）|（b）|（c）|

图 14-12　单缸往复动作回路

由上述可知，在单往复动作回路中，每按下一次按钮，气缸就完成一次往复动作。

2. 连续往复动作回路

图 14-13 所示为连续往复动作回路。它能完成连续的动作循环。当按下阀 1 的按钮后，阀 4 换向，活塞向前运动，这时由于阀 3 复位而将气路封闭，使阀 4 不能复位，活塞继续前进。到行程终点压下行程阀 2，使阀 4 控制气路排气，在弹簧作用下阀 4 复位，气缸返回，在终点压下阀 3，在控制压力下阀 4 又被切换到左位，活塞再次前进。就这样一直连续往复，只有提起阀 1 的按钮后，阀 4 复位，活塞返回而停止运动。

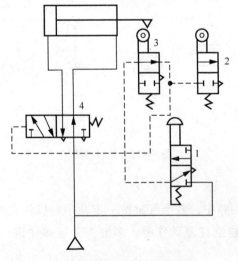

图 14-13　连续往复动作回路

第五节 电子气动基础

电子气动与电液压相似，本节只说明元器件。

1. 气动计数器

气动计数器按减 1 方式记录气动信号，如果预置值达到零，则该计数器就有气信号输出。输出信号一直被保持，直至通过手动或控制口 10 将计数器复位，如图 14-14 所示。

2. 可调压力开关

如果超过设定压力，则可调压力开关切换，并驱动相应电气元件动作，如图 14-15 所示。

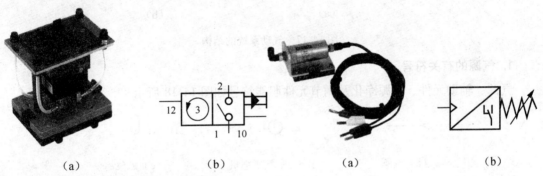

（a）　　　　　　（b）　　　　　　　　　（a）　　　　　　（b）

图 14-14　气动计数器实物图及符号　　　　图 14-15　可调压力开关实物图及符号

3. 压差开关

压差开关可以作为压力开关（P_1 口）、真空开关（P_2 口）或压差开关使用。当 P_1 与 P_2 之间压差（$p_1 - p_2$）达到设定切换压力时，压差开关动作，气信号转变成电信号输出，如图 14-16 所示。

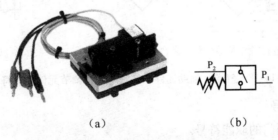

（a）　　　　　　（b）

图 14-16　压差开关实物图及符号

第六节 气动图形规范

一、气动系统的结构

气动系统的结构如图 14-17 所示。

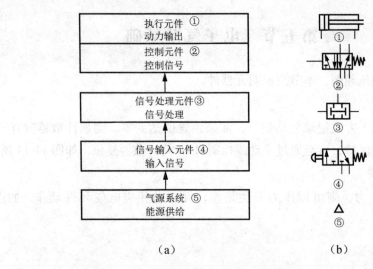

图 14-17 气动系统的结构

1. 气源的有关符号

气源、辅助元件、气源净化及调节元件职能符号如图 14-18 所示。

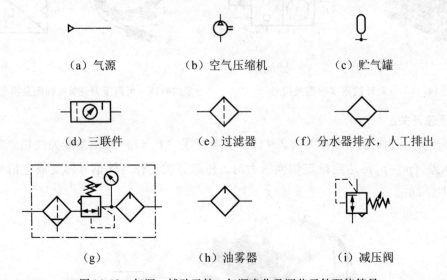

图 14-18 气源、辅助元件、气源净化及调节元件职能符号

2. 阀门的职能符号

图 14-19 所示为阀门的职能符号。

3. 方向阀接口及其位置

图 14-20 所示为方向阀接口及其位置。

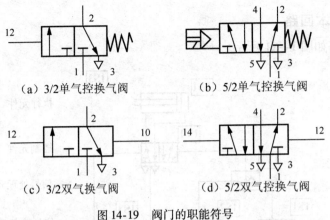

（a）3/2单气控换气阀   （b）5/2单气控换气阀

（c）3/2双气换气阀   （d）5/2双气控换气阀

图 14-19　阀门的职能符号

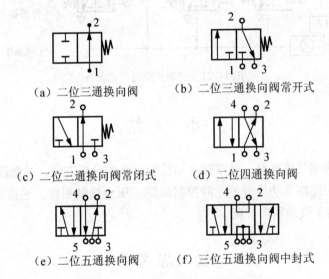

（a）二位三通换向阀   （b）二位三通换向阀常开式

（c）二位三通换向阀常闭式   （d）二位四通换向阀

（e）二位五通换向阀   （f）三位五通换向阀中封式

图 14-20　方向阀接口及其位置

4. 阀门的控制方式

阀门的控制方式如表 14-1 所示。

表 14-1　阀门的控制方式

控 制 方 式		图　　形
人工控制	一般手动操作 按钮式 手柄式，带定位 踏板式	
机械控制	弹簧复位 弹簧对中 滚轮式 单向滚轮式	

二、气动基本回路

气动基本回路如图 14-21 所示。

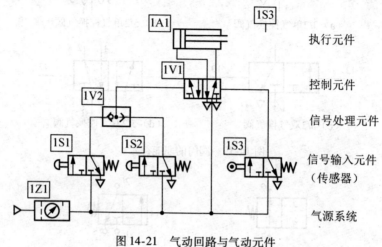

执行元件

控制元件

信号处理元件

信号输入元件
（传感器）

气源系统

图 14-21　气动回路与气动元件

小　结

1. 本章通过典型气压系统，要掌握气动控制回路的分析方法，并能够进行实际应用。

2. 气动基本回路按其功能分为方向控制回路、压力控制回路、速度控制回路和其他常用基本回路。介绍了气动图形规范。

复习思考题

1. 在林木球果采集机械手液压系统中的双向液压锁紧回路中，为什么要用 Y 型中位机能的换向阀？

2. 方向控制回路包括哪些元件？有哪些回路？

3. 压力控制回路有哪些？

4. 速度控制回路的组成是什么？有哪些？

5. 气动图形规范有哪些？

第十五章 电子气动技术

学习目标

1. 了解电气基础与用电安全知识。
2. 了解常用低压电气元件，掌握一般电气控制原理及简单应用。
3. 了解气动技术的特点，了解气动元件与相关电气控制元件的工作原理。
4. 掌握电子气动系统的工作原理，能搭建简单电气控制气动系统。

第一节　气动元件与电气控制元件的工作原理

一、气动技术概述

1. 气动的工作原理

气动是气动技术或气压传动与控制的简称。气动技术是以空气压缩机为动力源，以压缩空气为工作介质，进行能量传递或控制的工程技术。它是实现各种生产控制、自动控制的重要手段。

现以客车门开关机构来说明气动技术的工作原理。它是利用压缩空气来驱动气缸从而带动门的开关，当气缸活塞杆伸出，门就关上；气缸活塞杆收缩，门就打开，如图 15-1 所示。

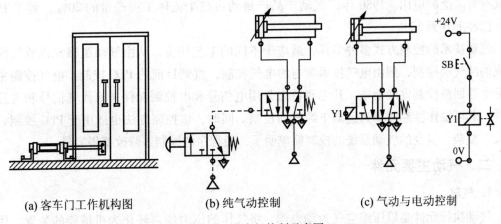

(a) 客车门工作机构图　　　(b) 纯气动控制　　　(c) 气动与电动控制

图 15-1　客车门控制示意图

气动系统的基本组成归纳如下：

（1）气源装置主要是提供洁净、干燥的压缩空气。

（2）执行元件是将气体的压力能转换成机械能的一种能量转换装置。它包括实现直线往复运动的气缸和实现连续回转运动或摆动的气马达或摆动马达等。

（3）控制元件用来调节和控制压缩空气的压力、流量和流动方向，使执行机构按要求的程序和性能工作。以控制方式而言，有纯气动控制和气动—电气控制之分。

（4）辅助元件是用来连接元件之间所需的一些元件，以及系统进行消声、冷却、测量等方面的一些元件。

2. 气压传动的优缺点

气压传动具有以下独特的优点：

（1）空气作为气压传动的工作介质，来源方便，用过以后直接排入大气，不会污染环境。

（2）工作环境适应性好。在易燃、易爆、多尘埃、辐射、强磁、振动、冲击等恶劣的环境中，气压传动系统工作都是安全可靠的。

（3）空气黏度小，流动阻力小，便于介质集中供应和远距离输送。

（4）气动控制动作迅速，反应快，可在较短的时间内达到所需的压力和速度。

（5）气动元件结构简单，易于加工，使用寿命长，可靠性高，易于实现标准化、系列化、通用化。

由于气动技术是以压缩空气作为工作介质，必然存在一些缺点，缺点如下：

（1）由于空气压缩性大，气缸的动作速度易随外加负载的变化而变化，稳定性差，给位置和速度控制带来较大影响。

（2）目前气动系统的压力级（一般小于 0.8 MPa）不高，总的输出力不大。

（3）工作介质（空气）没有润滑性，系统中必须采取措施进行给油润滑。

（4）噪声大，一般需要加装消声器。

当前的自动化系统中，气动技术虽然发展历史不长，但由于其优越的特性，其应用范围已越来越广泛。在自动化生产线，尤其是在汽车制造业、电子半导体制造业等工业生产领域有着广泛的应用。1980 年，气动产品产量约占整个流体工程产量的 20%，到了 1999 年，已经上升到 32%。

气动技术的控制方式多种多样，适应于不同的工艺环境，从由气动逻辑元件或气控阀组成的纯气动控制，到由电气技术参与的电气控制，直到目前的 PLC 控制。电气控制主要由继电器回路控制发展而来，其主要特点是用电信号和电控制元件来取代气信号和气控制元件，其可操作性和效率远远高于纯气动控制。同时，该控制方法也适用于 PLC 控制，使庞大、复杂、多变的气动系统的控制简单明了，使程序的编制、修改变得容易。

二、气动主要元件

1. 气缸

气动执行元件是以压缩空气为动力源，将气体的压力能再转化为机械能的装置，用来实现既定的动作。它主要有气缸和气马达。前者作直线运动，后者作旋转运动。

（1）单作用气缸。在压缩空气作用下，单作用气缸活塞杆伸出，当无压缩空气时，缸的活塞杆在弹簧力作用下回缩。气缸活塞上永久磁环可用于驱动磁感应传感器动作。对于单作用气缸来说，压缩空气仅作用在气缸活塞的一侧，另一侧则与大气相通。气缸只在一个方向上做功，气缸活塞在复位弹簧或外力作用下复位。在无负载情况下，弹簧力使气缸活塞以较快速度回到初始位置。复位力大小由弹簧自由长度决定。单作用气缸具有一个进气口和一个出气口。出气口必须洁净，以保证气缸活塞运动时无故障，如图 15-2 所示。

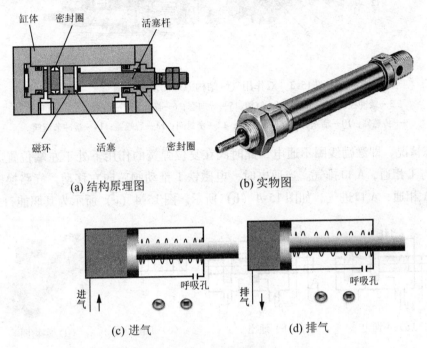

图 15-2　单作用气缸

（2）双作用气缸。气缸两个方向的运动都是通过气压传动进行的，气缸的内部结构如图所示，它的两端具有缓冲。在气缸轴套前端有一个防尘圈，以防止灰尘等杂质进入气缸腔内。前缸盖上安装的密封圈用于活塞杆密封，轴套可为气缸活塞杆导向，其由烧结金属或涂塑金属制成。由缸筒、活塞、活塞杆、前端盖、后端盖及密封件等组成。双作用气缸内部被活塞分成两个腔。

在压缩空气作用下，双作用气缸活塞杆既可以伸出，也可以回缩。通过缓冲调节装置，可以调节其终端缓冲，如图 15-3 所示。

2. 方向控制阀

换向阀的控制端的控制形式有很多种，例如电压、气压、机械压力等，在叙说某个换向阀时，需要加上控制形式的说明，比如单电控、双电控等。后面所涉及的方向控制阀都是采用电磁力来获得轴向力使阀芯迅速移动来实现阀的切换以控制气流的流动方向，称为电磁控制换向阀。

（1）单电控二位三通阀。二位三五通的含义是有两个确定的工作状态（两个工作位置）并且总共有五个通气口。同理如果有三个确定的工作状态，并且有五个通气口，那么就是三位五通阀。

图 15-4 所示为单电控二位三通电磁阀的工作原理图。它只有一个电磁铁。图 15-4（a）

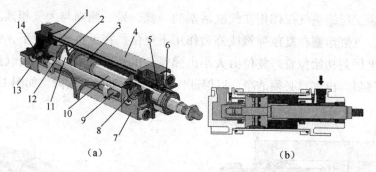

图 15-3　双作用气缸结构原理图及作用图

1、3—缓冲柱塞；2—活塞；4—缸筒；5—导向套；6—防尘圈 7—前端盖；8—气口；
9—传感器；10—活塞杆；11—耐磨环；12—密封圈；13—后端盖；14—缓冲节流阀

所示为常态情况，即激励线圈不通电，此时阀在复位弹簧的作用下处于左端位置。其通路状态为 A 与 T 相通，A 口排气。当通电时，电磁铁 1 推动阀芯向右移动，气路换向，其通路为 P 与 A 相通，A 口进气，如图 15-4（b）所示。图 15-4（c）所示为其职能符号。

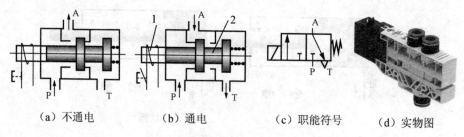

（a）不通电　　　　（b）通电　　　　（c）职能符号　　　（d）实物图

图 15-4　单电控二位三通阀

1—电磁铁；2—阀芯

（2）双电控二位五通阀。如图 15-3 所示为双电控二位五通阀的工作原理图。它有两个电磁铁，当右线圈通电、左线圈断电时，阀芯被推向右端，其通路状态是 P 与 A、B 与 T_2 相通，A 口进气、B 口排气，如图 15-5（a）所示。当右线圈断电时，阀芯仍处于原有状态，即具有记忆性。当电磁左线圈通电、右断电时，阀芯被推向左端，其通路状态是 P 与 B、A 与 T1 相通，B 口进气、A 口排气。若电磁线圈断电，气流通路仍保持原状态。图 15-5（c）所示为职能符号。

三、常用电气基本元件

电气控制回路主要由按钮开关、行程开关、继电器及其触点、电磁铁线圈等组成。通过按钮开关或行程开关使电磁铁通电或断电，控制触点，接通或断开被控制的主回路，这种回路称为继电器控制气动回路。电路中的触点有常开触点和常开触点。

控制继电器是一种当输入量变化到一定值时，电磁铁线圈通电励磁，吸合或断开触点，接通或断开交、直流小容量控制电路中的自动化电气。被广泛应用于电力拖动、程序控制、自动调节的自动控制系统中。控制继电器种类繁多，常用的有电压继电器、电流继电器、中间继电器、时间继电器、热继电器、温度继电器等。在电气气动控制系统中常用的是中间继电器、时间继电器。

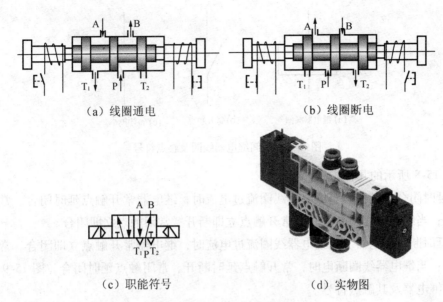

（a）线圈通电　　　　　　　　　（b）线圈断电

（c）职能符号　　　　　　　　（d）实物图

图 15-5　双电控二位五通阀

（1）中间继电器。如图 15-6 所示的继电器是由一个线圈、一个铁心、衔铁、复位弹簧及一组触点组成。由线圈产生的磁场来接通或断开触点。当继电器线圈流过电流时，衔铁就会在电磁吸力的作用下克服弹簧拉力，使常闭触点断开，常开触点闭合；当继电器无电流时，电磁力消失，衔铁在返回弹簧的作用下复位，使常闭触点闭合，常开触点断开。

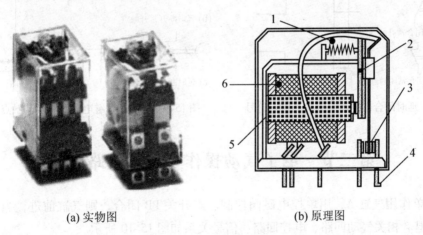

(a) 实物图　　　　　　　　　　(b) 原理图

图 15-6　中间继电器

1—复位弹簧；2—衔铁；3—触点；4—端子；5—铁心；6—线圈

继电器线圈消耗电力极小，故用很小的电流通过线圈使电磁铁激磁而其控制的触点，可通过相当大的电压电流，这就是继电器触点的容量放大机能。

图 15-7 所示为其线圈及触点符号。

（2）时间继电器。时间继电器用于各种生产工艺过程或设备的自动控制中，以实现通电或断电延时。它与中间继电器相同之处在于都是由线圈和触点构成的，不同之处在于当输入信号时，电路中的触点经过一定时间后才闭合或断开。按照其输出触点的动作形式可

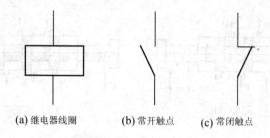

(a) 继电器线圈   (b) 常开触点   (c) 常闭触点

图 15-7 中间继电器线圈及触点符号

分为如图 15-8 所示的几种类型。

① 延时闭合继电器。当继电器线圈流过电流时，继电器常开触点延时闭合、常闭触点延时断开；当继电器线圈断电时，常开触点立即断开、常闭触点立即闭合。

② 延时断开继电器。当继电器线圈流过电流时，继电器常开触点立即闭合、常闭触点立即断开；当继电器线圈断电时，常开触点延时断开、常闭触点延时闭合。图 15-9 所示为延时断开继电器及其触点符号。

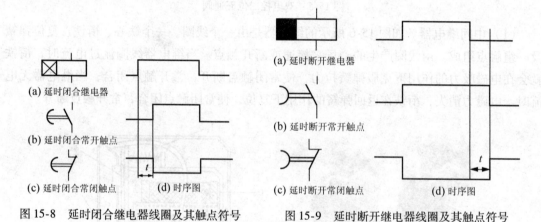

(a) 延时闭合继电器

(b) 延时闭合常开触点

(c) 延时闭合常闭触点   (d) 时序图

图 15-8 延时闭合继电器线圈及其触点符号

(a) 延时断开继电器

(b) 延时断开常开触点

(c) 延时断开常闭触点   (d) 时序图

图 15-9 延时断开继电器线圈及其触点符号

第二节 电子气动操作与电路气路关联

（1）单作用气缸 A，用单控电磁阀控制。当开关 PB 闭合，则气缸前进，当 PB 断开，则气缸后退。相关气动回路、电控回路、信号关系如图 15-10 所示。

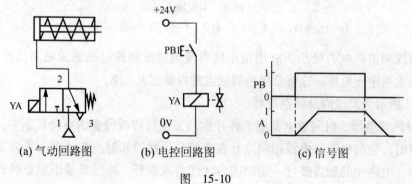

(a) 气动回路图   (b) 电控回路图   (c) 信号图

图 15-10

（2）单作用气缸 A，以单控电磁阀控制。当开关 PB1 闭合，则气缸前进，当开关 PB1 断开，气缸仍保持在前位状态（自保），当开关 PB2 闭合，则气缸后退。相关气动回路、电控回路、信号关系如图 15-11 所示。

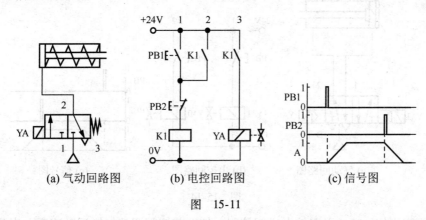

(a) 气动回路图　　(b) 电控回路图　　(c) 信号图

图　15-11

（3）单作用气缸 A，以单控电磁阀控制，加上节流阀调整气缸运动速度。当开关 PB 闭合，则气缸慢慢前进，一直到气缸触碰到前顶点 A_1，则气缸慢慢后退。相关气动回路、电控回路、信号关系如图 15-12 所示。

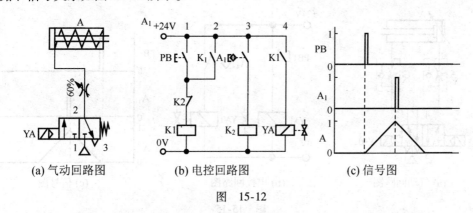

(a) 气动回路图　　(b) 电控回路图　　(c) 信号图

图　15-12

（4）双作用气缸 A，以单控电磁阀控制。当开关 PB 闭合，则气缸 A 前进；当开关 PB 断开，则气缸 A 后退。相关气动回路、电控回路、信号关系如图 15-13 所示。

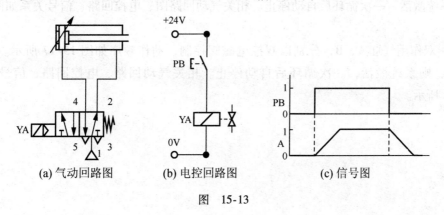

(a) 气动回路图　　(b) 电控回路图　　(c) 信号图

图　15-13

（5）双作用气缸 A，以双控电磁阀控制。当开关 PB1 闭合，则气缸 A 前进；当开关 PB2 闭合，则气缸 A 后退。相关气动回路、电控回路、信号关系如图 15-14 所示。

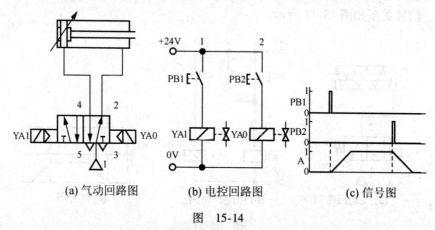

(a) 气动回路图　　　(b) 电控回路图　　　(c) 信号图

图　15-14

（6）双作用气缸 A，以双控电磁阀控制，加上节流阀调整气缸运动速度。当开关 PB 闭合，则气缸慢慢前进；当气缸触碰到前顶点 A_1，则气缸慢慢后退。相关气动回路、电控回路、信号关系如图 15-15 所示。

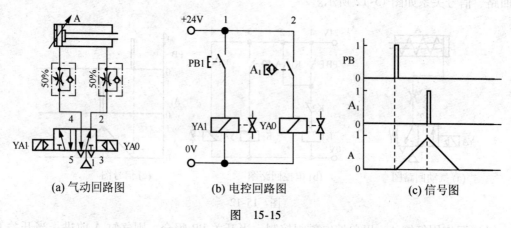

(a) 气动回路图　　　(b) 电控回路图　　　(c) 信号图

图　15-15

（7）单作用气缸 A、B，分别以单控电磁阀控制，动作顺序如图所示。当开关 PB 闭合，则系统激活，一次循环后自动停止。相关气动回路图、电控回路、信号关系如图 15-16 所示。

（8）双作用气缸 A、B，分别以双控电磁阀控制，动作顺序如图 15-17 所示。当开关 PB 闭合，则系统激活，一次循环后自动停止。相关气动回路、电控回路、信号关系如图 15-17 所示。

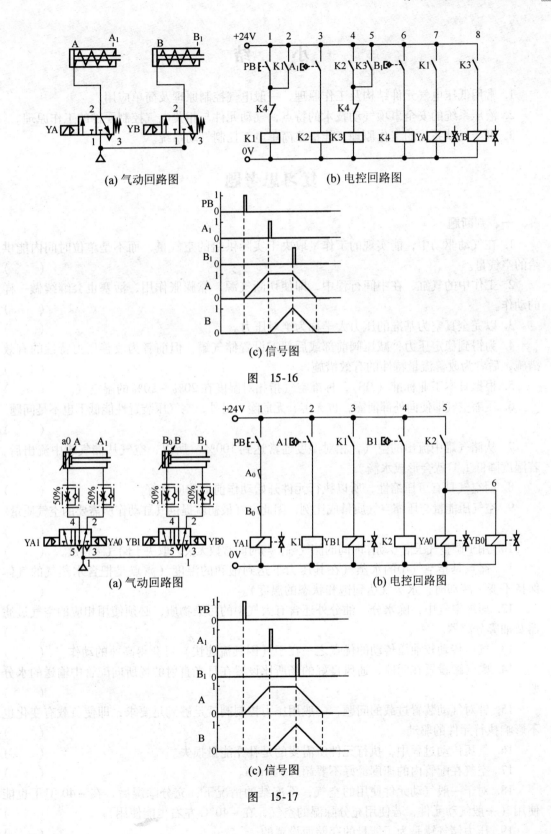

(a) 气动回路图　　　(b) 电控回路图

(c) 信号图

图　15-16

(a) 气动回路图　　　(b) 电控回路图

(c) 信号图

图　15-17

小　结

1. 常用低压电气元件结构及工作原理，一般电气控制原理及简单应用。
2. 液压系统的安全事项气动技术的特点，气动元件与相关电气控制元件的工作原理。
3. 电子气动系统的工作原理，能搭建简单电气控制气动系统。

复习思考题

一、判断题

1. 在气动驱动中，能实现的工作量取决于实际供给的空气量，而不是单位时间内能供给的空气量。　　　　　　　　　　　　　　　　　　　　　　　　　　（　　）
2. 工作中的气缸，在中间行程中，即使切断气源，靠膨胀作用，活塞也会继续做一样的动作。　　　　　　　　　　　　　　　　　　　　　　　　　　　　　（　　）
3. 以完全真空为基准的压力大学称为绝对压力。　　　　　　　　　　　（　　）
4. 为得到稳定压力，减压阀前部或后部需设置储气罐，但前者为改善压力特性的有效措施，后者为改善流量特性的有效措施。　　　　　　　　　　　　　　　　（　　）
5. 根据日本工业标准（JIS），标准空气指相对湿度在20%～50%的湿空气。　（　　）
6. 压缩空气即使向外部泄露，也无害、无危险。另外，空气压装置性能低下也不是问题。
　　　　　　　　　　　　　　　　　　　　　　　　　　　　　　　（　　）
7. 从储气罐中流出的空气，相对湿度通常达到100%。所以，空气从储气罐中流出后，若湿度降低1℃就会形成水滴。　　　　　　　　　　　　　　　　　　（　　）
8. 因空气具有可压缩性，所以执行元件开始动作前的响应良好。　　　（　　）
9. 空气压能量与压缩空气质量成比例，因此最好最初就提供气缸动作所需要的空气质量。
　　　　　　　　　　　　　　　　　　　　　　　　　　　　　　　（　　）
10. 用于调整气压信号动作时间的储气罐，与时间常数无关，取决于储气罐容量。　（　　）
11. 露点是指空气中的水蒸气在其压力下达到饱和的温度（露点是把含水蒸气的气体保持不变，冷却时，水蒸气达到饱和状态的温度）。　　　　　　　　　　（　　）
12. 压缩空气中，除水分、油分外还含有大气中的污染物质，必须使用相应的空气过滤器及油雾分离器。　　　　　　　　　　　　　　　　　　　　　　　　　（　　）
13. 气压传动较油压传动的优点之一在于（因其流速快）可获得高速的动作。　（　　）
14. 贮气罐设置在阴凉、通风良好的场所比设置在日光直射的场所向配管中输送的水分要少。　　　　　　　　　　　　　　　　　　　　　　　　　　　　　　（　　）
15. 针对气动装置过载的问题，一般用压力控制阀就足够满足要求，即使负载有变化也不影响执行元件的驱动。　　　　　　　　　　　　　　　　　　　　　　（　　）
16. 气压传动过程中，执行元件所需要的是补充能量损失。　　　　　　（　　）
17. 空气在配管内的速度最好不要超过30 m/s。　　　　　　　　　　　（　　）
18. 对于一般气动元件使用的空气，不冻结的情况下，充分除湿后，在-40℃下也能使用（一般气动元件，若使用充分除湿的空气，在-40℃左右也能使用）。　（　　）
19. 压力储气罐是为了能量的存储而设置的。　　　　　　　　　　　　（　　）

20. 空气越压缩，加压下的露点越低。 （　　）

21. 对于气动元件，空气供给量与元件的性能无关。 （　　）

22. 气动回路中的供给气压关闭后，配管与机器内部的残余压力称为背压。 （　　）

23. 压力过载特性是从阀开启到全开为止的压力变化与流量变化之比。 （　　）

24. 压缩空气流动在等长异径的串联管中时，各管两端的压差以内径小的管子要大一些。

（　　）

25. 残压是切断供给压力后，回路或元件内残余的不希望存在的压力。 （　　）

26. 表压为 0.2 MPa 的空气在等温状态下，体积压缩至 1/2 时，压缩后表压约为 0.5 MPa。 （　　）

二、选择题

1. 使用空气过滤器的目的，表达有错误的是（　　）。
    A. 去除固体物　　　B. 分离游离水分　　　C. 去除油雾　　　D. 不可去除臭气

2. 关于压缩空气的叙述，表达有错误的是（　　）。
    A. 冷凝水能防止机器干燥，起到润滑的作用，所以没有去除的必要
    B. 冷凝水中含有空压机油氧化后的焦油物质
    C. 冷凝水中含有气路管道遗留的锈迹与吸入的粉尘及有害气体等
    D. 气压回路中潮湿空气，在温度下降的情况下生成冷凝水

3. 关于气动回路的叙述，表达有错误的是（　　）。
    A. 双作用气缸驱动回路的利用度最高，一般为五通电磁阀驱动
    B. 触发器回路，信号与作用力之间的关系兼有记忆功能
    C. OR 回路是根据输入信号消除输出信号延迟到输出信号出现的机能的回路
    D. 延时回路（时间回路）是将输入信号延迟到输出信号出现的机能的回路

4. 关于安装空气干燥器的注意事项，表达有错误的是（　　）。
    A. 安装场地的环境温度要求在 40 ℃以下
    B. 安装场地的环境温度要求在 0 ℃以上
    C. 尽量避免空气干燥管受风、雨、霜等的影响
    D. 置于无粉尘、通风良好的场所

5. 关于梭阀的叙述中，表达有错误的是（　　）。
    A. 只允许单向流动，对侧方向不许流动
    B. 类似于两个单向阀相对安装的阀，称为 OR 阀
    C. 需要快速排放排气侧的背压时，快速排气时使用
    D. 装在阀内的弹簧用于提高阀座与阀芯的耐久性

三、简答题

1. 什么是气动技术？它有哪些组成部分？写出你所了解的气动技术应用有哪些。
2. 单电控二位三通阀与双电控二位五通阀在工作作用上的区别？
3. 简述磁性开关、光电开关的工作原理。
4. 延时闭合继电器、延时断开继电器在工作原理上有什么区别与联系？分别画出其职能符号与时序图。
5. 简述电动机控制及电子气动回路实训的心得体会，不少于 500 字。
6. 气动系统中常用的压力控制回路有哪些？其功用如何？
7. 什么是延时回路？它相当于电气元件中的什么元件？

参 考 文 献

［1］雷天觉. 新编液压工程手册［M］. 北京：北京理工大学出版社，1998.

［2］中国机械工程学会中国机械设计大典委会. 李壮云. 中国机械设计大典第 5 卷机械控制系统设计［M］. 南昌：江西科学技术出版社，2002.

［3］日本液压气动协会. 液压气动手册［M］. 北京：机械工程出版社，1984.

［4］黎启柏. 液压元件手册［M］. 北京：冶金工业出版社，2000.

［5］何存兴，张铁华. 液压传动与气压传动［M］. 武汉：华中科技大学出版社，2000.

［6］姜继海. 液压传动［M］. 哈尔滨：哈尔滨工业大学出版社，1997.

［7］明仁雄，王会雄. 液压与气动传动［M］. 北京：国防工业出版社，2003.

［8］官忠范. 液压传动系统［M］. 北京：机械工业出版社，1998.

［9］左建民. 液压与气动传动［M］. 3 版. 北京：机械工业出版，2005.

［10］贾铭新. 液压传动与控制［M］. 北京：国防工业出版社，2001.

［11］姜佩东. 液压与气动技术［M］. 北京：高等教育出版社，2000.

［12］王庆国，苏海. 二通插装阀控制技术［M］. 北京：机械工业出版社，2001.